Kerstin Diacont

PFERDE ANREITEN

→ Erziehung, Gleichgewicht, Problemlösung
→ Verständnis, Vertrauen, Respekt

Müller Rüschlikon

Einbandgestaltung: R2 I Ravenstein, Verden
Titelfoto: Andrea Dennemarck
Bildnachweis: Siehe Seite 3

ISBN 978-3-275-02154-3

Postfach 103743, 70032 Stuttgart
Ein Unternehmen der Paul Pietsch Verlage GmbH & Co. KG

Sie finden uns im Internet unter www.mueller-rueschlikon-verlag.de

1. Auflage 2019

Lektorat: Claudia König
Innengestaltung: Kerstin Diacont
Druck und Bindung: Graspo CZ, 76302 Zlin
Printed in Czech Republic

Bildnachweis
Fotos (Archiv Diacont)
Karin Anders: S. 158, 203 mitte · Ruth Aschberger: S. 56 unten · Martina Belzer: S. 70 oben · Martina Engelberg: S. 162, 202 unten, 221 oben · Annette Gaul: S. 193 · Anja Gebauer: S. 134 li, 205, 208 · Sabine Heil: S. 117 · Michaela Hentschel: S. 37, 86 mitte+unten, 98 oben+mitte · Julia Hielscher: S. 190, 203 li · Laura Idler: S. 138 li, 175 oben · Julia Jung: S. 21, 43, 80, 91, 197 · Barbara Juhnke: S. 40 li, 99 · Johanna Koch: S.134 oben re, 222 li · Florian Kupke: S. 121, 143, 161 unten, 191 · Andrea Löffler: S. 107 · Ulrike Lorkowski: S. 130, 141 li · Bettina Meints-Korinth: S. 93 unten, 222 re · Silvia Philippi: S. 134 unten · Effi B. Rolfs: S. 19, 35, 45, 52, 89, 147, 181 re, 214 · Anne Schwab: S. 201, 203 oben, 204 mitte, 206 unten · Christina Sölch: S. 192 · Silke Stenger: S. 137, 153, 157, 196, 204 unten · Christiane Sturm: S. 131 · Heidrin Süßmuth: S. 4 re, 5 mitte+re, 10, 47, 72, 74, 75, 77, 79, 90, 108, 110, 112, 113, 114, 115, 148, 163, 175 unten, 177, 211, 221 unten · Verena Troschke: S. 8, 39, 40 re, 50, 71 li, 116, 138 re, 145 li, 168, 171, 210 li, 218 · Ellen Venohr: S. 167 · Jürgen Wahrhusen: S. 33, 87, 88, 204 oben · Patricia Werner: S. 24, 98 unten
Alle übrigen Fotos sowie alle Grafiken stammen von Kerstin Diacont

Mein Dank gilt allen Reitern und Pferdebesitzern, mit denen ich in den letzten Jahren arbeiten konnte und allen Pferden, von denen ich gelernt habe und weiter lernen werde.
Insbesondere danke ich den nachfolgend genannten für die Hilfe bei der Fotoerstellung und für nützliche Kritik und Anregungen.
Karin Anders, Ruth Aschberger, Martina Belzer, Isabelle Deutschbein, Dr. Britta Eckert, Martina Engelberg, Karin Eisfeld, Annette Gaul, Anja Gebauer, Sabine Heil, MIchaela Hentschel, Julia Hielscher, Laura Idler, Barbara Juhnke, Julia Jung, Katrin Junker, Claudia König, Johanna Koch, Andrea Kosbadt, Florian Kupke, Judith Linke, Andrea Löffler, Ulrike Lorkowski, Bettina Meints-Korinth, Michaela Michel, Silvia Philippi, Effi B. Rolfs, Anne Schwab, Carolin Sellmann, Christina Sölch, Silke Stenger, Silke Strussione, Christiane Sturm, Heidrun Süßmuth, Verena Troschke, Steffi, Jürgen, Ina und Isabel Wahrhusen, Ellen Venohr, Patricia Werner

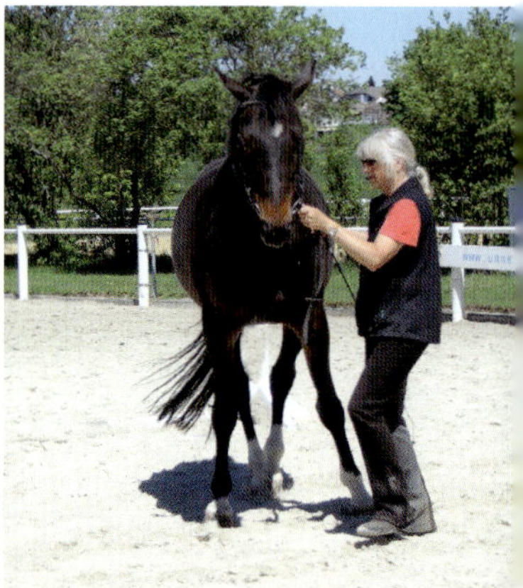

1 Pferde selbst anreiten – Vorteile und Risiken

Pferde selbst anreiten – Vorteile und Risiken

Ein Fohlen selbst zu ziehen und seinen Lebens- und Ausbildungsweg von Anfang an zu kennen und (positiv) beeinflussen zu können – das ist der Traum vieler Reiter. Selbst die Verantwortung für eine schonende und pferdegerechte Ausbildung zu übernehmen – mit dem Ziel, eine körperliche und psychische Überlastung durch zu schnelles und zu frühes Training zu vermeiden und einen zuverlässigen Partner heranzubilden.

Denn – machen wir uns nichts vor – gute professionelle Pferdetrainer sind teuer und selten; und auch der beste kann für ein einzelnes Pferd nicht so viel Zeit erübrigen wie der eigene Besitzer. Ein junges Pferd »im Schnelldurchlauf« für nur zwei oder drei Monate zum Anreiten zu geben und dann zu erwarten, dass es »fertig ausgebildet« zurückkommt, ist Illusion.

Ein weiterer Vorteil der »hausgemachten« Ausbildung ist die Möglichkeit, einer umfassenden Allround-Schulung des Pferdes, die seine spätere Verwendung noch nicht hundertprozentig festlegt. Die Heranbildung von vierbeinigen »Fachidioten« kann so vermieden werden. Die Zusammenarbeit zwischen Reiter und Pferd wird umso besser, je vielschichtiger die Grundausbildung ist. In diesem Sinne kann man die Angebote seines Pferdes annehmen, ohne sich frühzeitig einzuengen.

Wer möchte, nutzt beim Anreiten und bei der Basisausbildung also die Vorteile verschiedener Reitweisen, von denen jede andere Ausbildungsmöglichkeiten und -schwerpunkte bereithält.

Die Westernreitweise legt z.B. auf eine leichte und sichere Kontrolle des Pferdes ganz besonderen Wert, während die Dressurausbildung die Entwicklung der Gänge und später die Versammlung fördert. Für sicheres, kontrolliertes und Pferde schonendes Reiten ist jedoch beides gleichermaßen wichtig und schließt sich nicht gegenseitig aus. Man kann verschiedene Methoden »grenzübergreifend« mischen und damit sein Pferd zu einem echten Allrounder machen. Beschränkungen gibt es dabei nur insofern, wie das Pferd nicht durch widersprüchliche Kommandos verwirrt werden darf. Es gilt in jeder Reitweise sowie bei der Hand- und Bodenarbeit: **Jede Aktion wird durch ein und nur ein Kommando bzw. durch eine bestimmte Hilfenkombination »besetzt«.**

Noch ein Wort zur Handhabung des Buches: Lesen Sie es mindestens einmal ganz und suchen Sie sich erst danach die Abschnitte heraus, die Sie besonders interessieren. Um einen Zusammenhang des Systems zu bekommen, sollten Sie deswegen nicht nur »querlesen«.

Fokus auf ...

Voranstellen möchte ich eine Zusammenfassung der Ziele bei der Ausbildung des Pferdes und der grundsätzlichen Fähigkeiten des Menschen als Ausbilder des Pferdes. Dabei lege ich den **Fokus** auf diverse Begriffe und Details, die mir im Vorfeld bedenkenswert erscheinen. In den praktischen Kapiteln komme ich auf diese Begriffe zurück.

Fokus »Freiheit und Gewaltlosigkeit«

Heutzutage wird das Thema Freiheit ganz groß geschrieben. Zirzensik und Freiheitsdressur, Spielen mit dem Pferd ohne Zaum, ohne Haltung: All dies ist als Ergänzung zur gymnastizierenden und das Gleichgewicht fördernden Ausbildung durchaus angebracht, nützt dem Pferd aber recht wenig, wenn es darum geht, ohne Schaden für Gelenke und Rücken einen Reiter zu tragen. Ohne einen begrenzenden Zügel gelingt das den meisten Menschen nicht. Die Arbeit wird nutzlos, weil ein Pferd nicht aus freien Stücken in eine für das Reiten geeignete Arbeitsweise und Versammlung kommen wird. Das Pferd wird immer versuchen, den einfachsten, energiesparendsten Weg zu gehen. Und dieser ist in den seltensten Fällen geeignet, seinen Rücken und seine Gelenke vor Überlastungsschäden durch das Reitergewicht zu schützen. Wir müssen auf einen bestimmten Grad der Freiheit verzichten und das Pferd vernünftig anleiten, damit es keinen Schaden davonträgt. Denn wir sind verantwortlich für sein Wohlergehen.

Trotzdem verbannen wir den Freiheitsbegriff nicht völlig aus der Arbeit mit dem Pferd. Unser Freiheitsbegriff ist der von »Freiheit auf Versprechen«. Wir gewähren dem Pferd Handlungs- und Bewegungsfreiheit (und einen losen Zügel) ohne störende Einwirkung des Menschen, solange es in einem vorgegebenen Rahmen arbeitet. (Das setzt bei der Arbeit im Sattel jedoch einen gut im Gleichgewicht sitzenden Reiter mit gutem Körpergefühl voraus, der nicht unabsichtlich stört.)

Vertrauensaufbau ist eins der wesentlichen Ziele der Ausbildung. Nur dann kann Kommunikation stattfinden.

Der Versuch einer Begriffsbestimmung

In den letzten Jahren sind viele Ausbildungs- und Anreit-Methoden in Mode gekommen, die mit den Begriffen »artgerecht · gewaltfrei · schonend« oder »leicht« werben. Klingt gut und nach dem Geschmack jedes echten Pferdefreundes. Leider werden diese Attribute manchmal etwas überstrapaziert und auch oft missinterpretiert. Und oft erweisen sich gerade die Ausbildungsmethoden derer, die angeblich besonders spielerisch und schonend mit den Pferden umgehen, als wenig artgerecht, als lückenhaft (hinsichtlich der nötigen Gymnastizierung des Pferdes) oder sogar gefährlich (für den späteren Reiter).

Beginnen wir doch einmal mit dem Begriff artgerecht.

Fokus »Artgerecht«

Ist die Nutzung des Pferdes als Reittier artgerecht? Wohl kaum. Geritten werden liegt nicht in der Natur des Pferdes. Wenn wir es trotzdem tun, handeln wir gegen die Natur des Pferdes – auch, wenn wir uns Pferde mit immer weiter verbesserten Reitpferde-Eigenschaften gezüchtet haben.

Ist die Haltung des Pferdes in Boxen artgerecht? Genauso wenig wie das Reiten – aber sie erleichtert den Zugriff auf das von uns genutzte Pferd. Auch wenn wir dem Pferd einen Offenstall mit Auslauf bieten, der seinen natürlichen Bedürfnissen deutlich mehr entspricht als eine geschlossene Box, so ist das hinsichtlich einer wirklich artgerechten Lebensweise nur ein Kompromiss.

Betrachten wir unseren Umgang mit dem Pferd doch einmal unsentimental als das, was es ist: eine rein egoistische Nutzung zu unserem persönlichen Vergnügen. Sind wir verantwortungsbewusst, so versuchen wir, den Bedürfnissen des Pferdes im oben beschriebenen Kompromiss gerecht zu werden.

Fokus »Schonend und gewaltfrei«

Nehmen wir den Begriff schonend hinzu, dann können wir ihn nur mit halbwegs gutem Gewissen verwenden, wenn wir die anatomischen Gegebenheiten des Pferdes und unsere eigene Einwirkung darauf berücksichtigen. Wir können dem Pferd z.B. nicht erlauben, mit weggedrücktem Rücken zu laufen, also müssen wir es davon überzeugen, dass es eine andere Haltung einnehmen soll. Wie viel »Überredungskunst« wir dabei aufwenden müssen, hängt von den Eigenschaften des Pferdes und von unserer eigenen Fähigkeit ab, dem Pferd etwas verständlich zu vermitteln. Und erst da kommt der Begriff artgerecht richtigerweise wieder ins Spiel: als dem Pferd verständliche Erziehungsmethode und als eine für die anatomische »Art« des Pferdes geeignete Reitmethode.

Schonend kann nicht mit antiautoritär gleichgesetzt werden. Wer das Pferd laufen lässt, wie es will, weil er es z.B. unter keinen Umständen im Maul stören möchte, gefährdet die Gesundheit des Pferdes – und seine eigene, denn ein unerzogenes, ungymnastiziertes Pferd ist ein Sicherheitsrisiko.

Was ist eine artgerechte Erziehung des Pferdes? Es ist ganz einfach die Erziehung, die einem Pferd in einer Gemeinschaft seiner eigenen Art, also in der Herde und durch die Herdenmitglieder, zuteil wird.

Ist eine solche Erziehung gewaltfrei? Durchaus nicht! Pferde untereinander sind oft ganz schön rabiat und befolgen streng hierarchische Regeln. Das beginnt damit, dass der Rangniedere vom Futter weggebissen wird oder nicht in den Unterstand darf und endet mit kräftigen Huftritten, wenn ein Pferd seine »Kompetenzen« überschreitet. Andererseits gewährleistet nur eine solche Hierarchie den Zusammenhalt, den die Herde als Ganzes braucht, um zu überleben und ihre einzelnen Mitglieder zu schützen. Das einzelne Pferd ordnet sich entweder ein (bzw. erkämpft sich seinen Platz) oder wird verstoßen. Dabei arbeiten die ranghöheren Pferde sowohl mit körperlichem als auch psychischem Druck und nehmen weder Rücksicht auf körperliche Gebrechen noch auf Alter oder Schwäche.

Wollen Sie sich dem Pferd gegenüber auf artgerechte Weise durchsetzen, können Sie also auf eine gewisse Strenge, oder nennen wir es Konsequenz, nicht verzichten – dem Pferd gegenüber, aber auch sich selbst gegenüber (denn oft muss man sich selbst dazu überwinden, dem Pferd gegenüber konsequent zu sein).

Eine strenge, konsequente Erziehung des Pferdes ist jedoch niemals ungerecht (im Sinne des Pferdes) und entbehrt von Seiten des Ausbilders Emotionen wie Wut, Angst oder Jähzorn.

Eine solche im positiven Sinn autoritäre Erziehung wird Ihnen immer den Respekt und damit auch das Vertrauen des Pferdes einbringen (siehe Thema Angst und Angstbewältigung). Unkontrollierte Emotionen beim Ausbilder, z.B. jähzorniges »Draufschlagen«, aber auch ein Zusammenschnüren des Pferdes mit allerlei Hilfsmitteln, bis es sich nicht mehr rühren kann, erzeugen jedoch Angst, Unverständnis und Vertrauensverlust beim Pferd und im schlimmsten Fall ein Pferd, das gegen Sie kämpft und schließlich eine Gefahr für Sie darstellt.

Eine kurzfristige Härte zum richtigen Zeitpunkt ist auf Dauer Pferde schonender als ein ewiges »Gezerch« mit einem ungezogenen Pferd, welches keinen Respekt hat, uns anrempelt oder uns auf die Füße tritt. Oder einem steifen Pferd, welches den Zügel nicht annimmt, den Rücken nicht hergibt und jede Hilfe des Reiters in Frage stellt. Kurz, einem Pferd, das am Boden ungezogen und unter dem Reiter unbequem und unsicher ist.

Fokus »Leicht«

Ist Reiten leicht zu erlernen, ist der Umgang mit dem Pferd immer leicht? Auch hier wieder als Antwort erst einmal ein klares Nein.

Das Wesen des Pferdes und seine Anatomie richtig zu verstehen und die »Technik« des Reitens zu erlernen bedeutet konzentrierte Arbeit. Dass eine solche Arbeit Spaß machen kann, steht außer Frage, sonst gäbe es nicht so viele Reiter. Doch leicht im Sinne von einfach ist es nicht. Und wer behauptet, man brauche nur mit dem Pferd zu spielen, um ihm alles Nötige beizubringen, der verdreht die Tatsachen. Zur Mitarbeit motivieren müssen Sie Ihr Pferd: Das geht manchmal über spielerische Übungen – manchmal aber auch nicht. Und wenn es nicht geht, müssen Sie andere Methoden in der Trickkiste haben.

Was der Begriff leicht vielmehr ausdrücken soll ist das Erreichen einer gewissen Leichtigkeit in der Zusammenarbeit und Verständigung zwischen Reiter und Pferd – einer Feinabstimmung

Leichtigkeit in der Zusammenarbeit durch Minimierung von Ausrüstung und Hilfen.

zwischen beiden, die fast an Telepathie grenzt – ohne deutlich sichtbare Hilfen, ohne Krafteinwirkung.

Nur: Diese Leichtigkeit ist das Ziel der Ausbildung und nicht ihr Beginn und sie erfordert von Seiten des Ausbilders überlegtes Handeln, logisch aufeinander aufbauende Ausbildungsschritte und dementsprechend eine ganze Menge Können, Wissen und Erfahrung.

Fokus »Logik«

Reiten, die Hilfengebung und auch die Pferdeausbildung beruhen auf einem logischen System. (Logik im mathematischen Sinne von folgerichtig innerhalb eines geschlossenen Systems.) Sie können mit einem guten Grundlagenwissen und dem sicheren Verständnis von Psyche und Anatomie des Pferdes Reitstile und Methoden mischen, sich aus vielen unterschiedlichen Bereichen Sinnvolles heraussuchen und daraus Ihr eigenes System entwickeln – doch es muss in sich stimmig und logisch sein. Überdenken Sie dementsprechend alle Hilfen und Lektionen, die Sie Ihrem Pferd beibringen immer hinsichtlich Folgerichtigkeit, Deutlichkeit und Einordnungsmöglichkeiten in Ihr eigenes Gesamtsystem, nach dem Sie mit dem Pferd arbeiten wollen. Das gilt für das Reiten und die Bodenarbeit gleichermaßen.

Fokus »Beweggründe«

Ein Pferd auszubilden ist eine faszinierende Aufgabe, die es mit sich bringt, die eigenen Beweggründe und Fähigkeiten immer wieder zu hinterfragen. Und die viele Chancen zur persönlichen Weiterentwicklung bietet – gerade dann, wenn etwas nicht so funktioniert, wie man es sich vorgestellt hat.

Folgende Fragen werden sich viele Reiter als Ausbilder Ihres Pferdes immer wieder stellen müssen:

Warum will ich mein Pferd selbst anreiten?

Was bedeutet das Reiten für mich (meine reiterlichen Ziele)?

Was erwarte ich von meinem Pferd?

Was kann das Pferd von mir erwarten (meine Verpflichtungen dem Pferd gegenüber)?

Was bin ich bereit zu investieren? (Zeit, Geld, Gehirnschmalz, wiederholtes Überdenken von Leitsätzen, wenn man in eine Sackgasse geraten ist)

Will ich das wirklich? Kann ich das wirklich?

Lohnt sich der (beträchtliche) Aufwand für mich?

Fokus »Die innere Einstellung«

Wer Pferde gut ausbilden will, braucht vor allem ein gutes Einfühlungsvermögen, Souveränität, Ausgeglichenheit und die Bereitschaft zur Selbstbeobachtung.

Pferde spiegeln uns in all unseren Wünschen und Hoffnungen, aber auch in unseren Ängsten. Die Antworten, die uns die Pferde in der Interaktion geben, sind hilfreich bei der Selbstbeobachtung. Zur Selbstbeobachtung gehört auch, sich darüber klar zu werden, welche Bedeutung das Pferd für einen persönlich hat.

Lernen Sie so viel über das Pferd und seine artspezifischen Eigenheiten, dass Sie sich in dieses »andersartige« Tier einfühlen können. Einfühlung ist eine wichtige Grundlage für erfolgreiche Arbeit. Vermenschlichen Sie jedoch das Pferd nicht. Interpretieren Sie keine menschlichen Verhaltensweisen hinein, wie z.B. »der verarscht mich« oder »der will es mir recht machen«. Das würde voraussetzen, dass ein Pferd ein eindeutiges strategisches Ziel in seinen Handlungen uns gegenüber hat.

Ganz gleich, ob es nun negativer oder positiver »Vorsatz« ist, den wir in das Pferd hineininterpretieren, in jedem Fall verstellt es uns den Blick auf das, was in diesem Moment IST. Viel wichtiger ist es, ganz unvoreingenommen darauf zu reagieren, was das Pferd gerade jetzt macht.

Ein Beispiel: Ein Pferd geht nicht besonders gut vorwärts, lässt sich stark treiben und/oder lässt schnell wieder an Tempo nach. Der Mensch meint: »Der ist einfach stinkefaul.«

Aus der Sicht des Pferdes kann das allerdings ganz anders aussehen: Es hat sich daran gewöhnt, dass der Reiter ständig Impulse oder sogar Druck mit dem Schenkel gibt, aber keine wirkliche Reaktion einfordert. Viele Reiter haben leider sogar gelernt, dass man ständig treiben und ständig vorne parieren soll. Sie sind wie der berühmte Schwätzer, dem keiner mehr zuhört,

weil er mit seinem Gerede die Zuhörer »dauerberieselt«. Warum sollte das Pferd also auf einen Impuls unter vielen anderen auf einmal reagieren?
Das Pferd hat schlicht und einfach »gelernt«, nicht zu reagieren.
Aus dieser Sackgasse hilft nur die Resensibilisierung von Pferd (und Mensch), eine Reduzierung der treibenden Impulse und das konsequente Einfordern einer Reaktion auf einen Impuls – z.B. durch die Unterstützung mit der Gerte, deren Bedeutung dem Pferd zuvor klargemacht wurde. Erklärt man dem Pferd durch sinnvolles Abstimmen auf Gerte und Schenkel, was diese bedeuten und **setzt man die Hilfen bei Erfolg sofort aus**, wird das Pferd sein Verhalten ändern und freiwillig vorwärts gehen. Es sei denn, es ist körperlich so blockiert, dass es sich ungern bewegt. Oder es reagiert auf einen zaudernden Menschen, der eigentlich gar nicht wirklich will, dass das Pferd vorwärts geht, weil er Angst davor hat. Häufig ist zu beobachten, dass sogenannte faule, träge Pferde sofort reflexhaft wieder vom Menschen gebremst werden, wenn sie denn endlich einmal vorwärts gehen. Wird sich der Mensch nun seiner Angst bewusst und kann sie überwinden, klappt es auch mit dem Vorwärts. Nur dann sind seine Hilfen auch klar und enthalten kein »unbewusstes Bremssignal«.

Fokus »Im Hier und Jetzt arbeiten«

Interpretieren Sie nichts ins Pferd hinein. Reagieren Sie auf das, was IST – ohne besondere Deutung – einfach, klar und direkt: Das Pferd wird langsamer – der Mensch treibt energisch bis das Pferd reagiert. Das Pferd wird schneller – der Mensch hört auf zu treiben. Dann wird der Vorgang wiederholt, bis es prompter und leichter klappt. Solange, bis ein sehr feines Ergebnis erzielt ist. »Einfach und klar« zu agieren fällt vielen Menschen schwer, weil sie in ihren erlernten Mustern fest hängen (»ständig an die Hand herantreiben«). Und statt sich darauf zu konzentrieren, was man haben möchte (zielorientiert zu denken), wird ein negativer Vorsatz ins Pferd hineininterpretiert und damit eine ungünstige innere Haltung erzeugt, die einem Gelingen im Weg steht.
Es gibt einen Satz von Albert Einstein, der gut zu diesem »Festhängen in alten Mustern« passt:

»Eine Form des Wahnsinns ist es, immer wieder das Gleiche zu tun und dabei andere Ergebnisse zu erwarten.«

Wir alle neigen zu komplizierten Gedanken und haben es oft schwer, uns ganz auf die Einfachheit des Pferdes einzustellen. Pferde reagieren direkt und ohne »Umwege« auf das, was der Mensch ausstrahlt – und zwar auf alles: Bewusstes und Unbewusstes, Absichtliches und Unabsichtliches. Das **Pferd als »Meister im Lesen der Körpersprache«** nimmt jede innere Einstellung, jede Geisteshaltung des Menschen wahr, weil die sich im Spannungszustand des Körpers, also in der Körpersprache, ausdrückt.
Nehmen Sie sich ein Beispiel am Pferd und schauen Sie nur auf das, was »jetzt ist«, und zwar beim Pferd und bei sich selbst.
Fragen Sie sich: Was muss ich tun, damit das Pferd wirklich versteht, was ich von ihm möchte? Aus welchen Beweggründen und zu wessen Nutzen fordere ich etwas vom Pferd? Wie kann ich positiv und negativ verstärken (z.B. mit verstärkenden und aussetzenden Hilfen)? Was muss ich dabei über mich selbst als Lehrer des Pferdes wissen?

Die beste Ausbildungstechnik ist wertlos, wenn die innere Einstellung des Menschen nicht passt. Eine reflektierte und konstruktive Geisteshaltung sollte den roten Faden darstellen, um aus der Vielzahl von Methoden und Übungen, die in der Ausbildungsarbeit zur Verfügung stehen, die auszuwählen, die für das jeweilige Pferd in seinem aktuellen körperlichen und psychischen Zustand geeignet sind.
Behalten Sie die Entwicklung des Pferdes langfristig im Auge. Ausbildungsfortschritte und die Reaktionen des Pferdes auf Ihre Hilfen sollten immer wieder hinsichtlich einer zunehmenden Leichtigkeit überprüft werden. Alles muss auf der Basis präziser Wahrnehmung und mit einer möglichst großen »Offenheit« geschehen.

Das Pferd und seine momentane Verfassung sollte stets im Vordergrund des Trainings stehen und nicht eine Lektion, die man sich in den Kopf gesetzt hat oder die in einer demnächst genannten Dressurprüfung klappen muss. Da läuft im heutigen Reitsport einiges schief. Lektionen sind nicht Selbstzweck, um auf dem Turnier zu glänzen. Sie sollen dem Pferd vor allem zu einer verbesserten Balance unter dem Reiter verhelfen. Wenn das erreicht ist, kann das ausbalancierte Pferd auf dem Turnier vorgestellt werden, wenn man es denn will.
In der Zwischenzeit kann es aber durchaus nötig sein, ein bisher verfolgtes Ausbildungs-Konzept über Bord zu werfen, wenn es in der Praxis in eine negative Spirale aus immer mehr Krafteinsatz und Verspannung führt.

Offenheit zum Wohle des Pferdes ist die Devise.

Fokus »Ziele der Ausbildung«

Was wollen wir erreichen, wenn wir unser Pferd ausbilden?
Einen verlässlichen Freizeit- bzw. Sportpartner heranziehen?
Ohne Stress, Ärger oder Angst etwas zusammen in der Natur unternehmen?
Freude an der gemeinsamen Bewegung haben?
Das sind sicher die wichtigsten Ziele, die sehr unterschiedliche Ausprägungen in verschiedene Richtungen haben können. Doch egal, ob Dressurcrack oder Freizeitpony – alle Pferde brauchen eine sorgfältige Ausbildung, damit sich Pferd und Reiter miteinander wohl- und sicher fühlen können.
Bei der Ausbildung ist die Richtung wichtiger als Geschwindigkeit. Viele gehen schnell irgendwohin – und wissen eigentlich gar nicht so recht, wo sie ankommen wollen.
Ein gut definiertes Ziel im Auge zu behalten ist also eine gute Idee, um nicht vom Weg abzukommen, auch wenn die Methodik durchaus flexibel sein darf.

Seien Sie stur betreffend Ihrer Ziele, aber flexibel bei der Methode.

Fokus »Tragfähigkeit und Balance«

Gedanken zur Entwicklung der Tragfähigkeit in der Ausbildung

Warum ist eine Ausbildung für das »Reitpferd« zwingend nötig? Warum setzt man sich nicht einfach auf das junge Pferd und reitet los? Wofür die ganze aufwändige Vorbereitung?
Ganz einfach, weil es sowohl dem Pferd als auch dem Reiter langfristig schadet, wenn beide oder einer der beiden Partner keine Ausbildung haben. Ausgebildete Reiter-Pferd-Paare bewegen sich

müheloser, eleganter und gesünder als unausgebildete. Allerdings ist es bis zur mühelosen Eleganz ein arbeitsreicher und langer Weg – für beide, Mensch und Pferd. Dieser Weg kann (und sollte) jedoch Freude machen.
Vergegenwärtigen Sie sich einmal, was bei unvorbereiteten Reitern und Pferden passiert: Das Pferd bekommt ein Gewicht auf den Rücken, das es zusätzlich mit ausbalancieren und bewegen muss. Dies fällt ihm schwerer als landläufig angenommen. Wir stellen uns vor, dass ein auf vier Beinen stehendes Tier weniger Gleichgewichtsprobleme hat als wir. Das ist ein Trugschluss. Das Gleichgewicht des Pferdes ist sehr viel anfälliger als gemeinhin angenommen, vor allem in »instabilen« Gangarten wie dem Galopp.

Ein nicht routinierter Reiter hat Schwierigkeiten, sich bei den nicht immer ganz kontrollierten Bewegungen des jungen Pferdes auf dessen Rücken auszubalancieren, was sich negativ auf die Bewegungsfreiheit und das Gleichgewicht des Pferdes auswirkt. Beide bringen sich buchstäblich gegenseitig aus der Balance. Das Pferd reagiert, indem es versucht, sich irgendwie mit dem Zusatzgewicht zu stabilisieren. Da die meisten Pferde dies tun, indem sie die Schulter und den Rumpf fest machen sowie eine Stütze im Zügel suchen, haben wir ganz schnell ein Pferd, was als steif und schwerfällig angesehen wird. Dabei kann es sich bloß nicht ausbalancieren und hat nicht gelernt, den Reiter richtig zu tragen. Das bedeutet im Klartext: Ein unerfahrener Reiter, der seinen eigenen Körper nicht wirklich im Griff hat, kann ein Pferd nicht ausbilden – auch nicht am Boden, weil selbst dort die klare Körpersprache die wesentliche Rolle spielt.

Indem man einen gewissen Versammlungsgrad erarbeitet, wird das Pferd tragfähiger. Mit der klassischen Handarbeit (siehe Kapitel 4) kann man diese Versammlung vorbereiten, ohne das junge Pferd mit dem Reitergewicht zu belasten.
Rücken und Rumpf des Pferdes sollen trotz Reitergewicht arbeiten können, d.h. durch und durch beweglich sein. Das Pferd lernt, sich zu »setzen«, die Federkraft und Elastizität der Hinterhand (Hanken) verbessert sich. Die Schultern werden frei, können besser angehoben werden. Maul und Genick entspannen sich, die vormals stützende Vorhand wird freier und leichter; es entsteht die Aufrichtung und damit auch ein Stoß dämpfender Effekt in der Verwendung der Gelenke in der Vorhand. Das Pferd kommt besser ins Gleichgewicht.

Gleichgewicht und losgelassene Bewegungen bei ausreichender Selbsthaltung und Tragkraftentwicklung sind die Grundpfeiler der Pferdeausbildung.

Fokus »Veränderung«

Ausbildung bedeutet immer eine Änderung des Status quo – eine Veränderung, die sich möglichst positiv auf den Auszubildenden (in unserem Fall das Pferd) auswirken soll, aber auch immer den Ausbilder (den Menschen) verändert. Im idealen Fall lernen beide voneinander und profitieren von den gemeinsamen Erfahrungen. Diese gemeinsamen Erfahrungen sind sehr individuell. Jedes Mensch-Pferd-Paar hat einen anderen Werdegang. Deswegen können Ausbildungsrichtlinien, wie die der Ausbildungsskala, auch immer nur die grobe Richtung aufzeigen. Oft ist es nötig, vom geraden Weg abzuweichen und Umwege zu gehen. Das Interessante am Pfer-

Die Neugier des Pferdes kann man für die Ausbildung nutzen.

desport ist, dass uns die Pferde immer wieder vor neue Aufgaben stellen, und dass bisweilen die »bekannte« Methode, die vielleicht am Anfang Erfolg brachte, irgendwann nicht mehr funktioniert, in eine Sackgasse führt (wenn z.B. eine Lektion immer mehr Kraft erfordert, statt mit zunehmender Übung müheloser zu klappen) und modifiziert werden sollte. Gerade im Dressursport, der ja das Ziel haben sollte, sich in tänzerischer Leichtigkeit mit dem Pferd zu bewegen, sieht man oft Reiter, die sich mit viel Kraft abmühen, um das Pferd in schwere Lektionen hinein zu schieben und zu drücken. Sie verschwenden dabei ihre eigene Energie und die des Pferdes, weil sie durch das Aufwenden von Kraft im Bein und in der Hand ihr Becken blockieren und damit die freie Bewegung des Pferderückens hindern. Sie reiten praktisch mit »angezogener Handbremse«.

Es gibt keine größere Verschwendung, als das Falsche richtig gut zu machen.

Fokus »Neugier«

Pferde sind neugierig und die besten Ausbilder sind die, die erstens die Neugier des Pferdes nutzen und zweitens genauso neugierig sind; die immer versuchen, die Zusammenarbeit noch ein bisschen eleganter, leichter und schöner zu machen. Nach dem Motto: »Da ist noch mehr drin.«

Steve Jobs hat einmal gesagt: »Diejenigen, die verrückt genug sind, zu denken, dass sie die Welt ändern können, sind diejenigen, die es tun.«

In diesem Sinne: Bleiben Sie neugierig, schauen Sie über den Tellerrand und arbeiten Sie an der Verbesserung Ihrer Körpersprache und Ihrer kommunikativen Fähigkeiten. Ändern Sie die Pferdewelt – und sei es nur für den besseren Draht zwischen Ihnen und Ihrem Pferd.

Fokus »Kontrolle und Sicherheit«

Prinzipiell müssen wir uns darüber im Klaren sein, dass wir mit unseren begrenzten Körperkräften ein Pferd von 500 oder 600 kg niemals mit Kraft kontrollieren können. Wir können ihm aber auch nicht mit »guten Worten« erklären, was wir von ihm wollen. Es lässt sich nicht bestechen und erkennt Unsicherheiten, Führungsdefizite und Ängste des Menschen sofort (Eigenschaften, die man beim Persönlichkeitstraining mit Pferden nutzt). Prinzipiell sind Pferde jedoch sozial, gutmütig und bereit, sich uns anzuschließen, wenn wir ihnen glaubhaft versichern können, dass wir für ihre Sicherheit sorgen und dass

Vertrauensaufbau ist eins der wesentlichen Ziele der Ausbildung.

ihnen in unserer Obhut nichts passieren kann (Vertrauensaufbau). Unsere Chance für eine gute Kontrolle am Boden und unter dem Reiter liegt darin, dass wir das Pferd dazu bekommen, sich mit uns wohl- und sicher zu fühlen. Das schließt Zwangsmittel, Hilfszügelverschnürungen und dauerhaften Druck weitgehend aus, denn unter Zwang fühlt sich keiner wohl.

Gute Kontrolle ist mentale Kontrolle mit der Idee: »Ich weiß, was gut für uns beide ist.«

Um das zu wissen, brauchen wir jedoch Kenntnisse über die Verhaltensstrukturen des Pferdes (und des Menschen) sowie Einiges an Erfahrung und Souveränität. Die (durchaus berechtigte) Angst des Menschen vor Kontrollverlust darf niemals zum »Festhalten« und »Einzwängen« des Pferdes führen. Denn eine Einschränkung seiner Bewegungsfreiheit bedingt, insbesondere beim jungen Pferd, die existenzielle Angst vor Gleichgewichtsverlust.

Sichere Kontrolle ist nur durch den Aufbau einer vertrauensvollen Beziehung zwischen Mensch und Pferd möglich.

Das Pferd muss lernen, dass der Mensch in allen Situationen derjenige ist, der bestimmt, was zu tun ist. Es muss dem Menschen bedingungslos vertrauen und darf sich nicht seiner Kontrolle entziehen, um vor einer vermeintlichen Gefahr zu fliehen. Die Folgen in unserer von Straßen durchzogenen Umwelt können fatal sein. Konsequenz, Selbstbewusstsein, Souveränität und Gelassenheit seitens des Menschen sind beste Voraussetzungen, um das Pferd gut zu erziehen und zu einem verlässlichen Partner zu machen. Vieles davon kann mit etwas gesundem Menschenverstand erarbeitet werden.

Ganz wichtig: Verlassen Sie sich nicht so sehr auf Kontrolle mit der Hand. Zügel- bzw. Handeinwirkung kommt ganz hinten in der Reihenfolge der Hilfen.

Die Hände des Reiters sind nicht dazu da, das Pferd zu kontrollieren, sondern seine Gedanken zu spüren.

Fokus »Vertrauen und Angstbewältigung«

Wie im letzten Abschnitt erwähnt, braucht das Pferd, aber auch der Reiter, Vertrauen.

- Vertrauen in die eigenen Fähigkeiten (das gilt gleichermaßen für Pferd und Reiter)
- Vertrauen des Pferdes in das Reitergewicht
- Vertrauen des Pferdes in die Führungskompetenz des Reiters
- aber auch: Vertrauen des Menschen in die Gutmütigkeit des Pferdes

Ist das Grundvertrauen da, so kann man das Pferd immer wieder Angst erzeugenden Situationen aussetzen und ihm dabei signalisieren, dass ihm in unserer Obhut nichts passieren kann. Mit der Zeit steigert man die Anforderungen und das Pferd wird eine »coole Socke« und lässt sich nur noch selten aus der Ruhe bringen.
Durch **Gelassenheitstraining** und verschiedene Übungen der **Boden- und Handarbeit** kann das Pferd behutsam auf seine neuen Aufgaben vorbereitet werden und vorhandene Ängste abbauen.

Kein Pferd will seinem Reiter absichtlich schaden, wenn es mit Bedacht an seine Rolle als Reitpferd herangeführt wird.
Es reagiert meist auf unklare oder widersprüchliche Anweisungen, auf zu viel Druck oder auf eine Einschränkung seiner Bewegungsfreiheit (z.B. durch zu viel Festhalten am Zügel und Blockieren des Rückens durch ein festgestelltes Reiterbecken) mit Angst vor Bewegungsunfähigkeit und Gleichgewichtsverlust, die sich durchaus in Widersetzlichkeiten oder einem Bocksprung ausdrücken kann. Aber auch die Weigerung, vorwärts zu gehen oder Davonrennen (Flucht nach vorn) vor aus Pferdesicht nicht ausführbaren Forderungen, vermeintlichen Gefahren oder als Folge von Rückenschmerzen ist eine mögliche Reaktion.

Sie werden sich nie auf ein Pferd verlassen können, das mit Einschüchterung ausgebildet wurde. Es wird immer etwas da sein, was es mehr fürchtet, als Sie.
Aber wenn es Ihnen vertraut, wird es Sie fragen, was es tun soll, wenn es sich fürchtet.

Fokus »Selbstvertrauen«

Wenn wir etwas wirklich auf allen Ebenen (geistig, emotional und körperlich) begriffen haben und für richtig halten, erscheint uns das »Tun« einfach und folgerichtig und wir können unseren eigenen Fähigkeiten – uns selbst und unserem Können – vertrauen.
Damit werden wir souverän und strahlen diese Souveränität auch aus. Wenn wir es schaffen, bei der direkten Arbeit mit dem Pferd Selbstzweifel und negative Gedanken auszusperren und uns auf das, was wir wollen, konzentrieren, dann wird das Pferd wunschgemäß reagieren.
Wenn wir allerdings an unseren Stärken zweifeln, stärken wir unsere Zweifel.

Ein ganzes Meer voller Wasser kann ein Schiff nicht zum Sinken bringen, es sei denn es dringt ins Schiff ein. Erlauben Sie negativen Gedanken nicht, einzudringen, während Sie mit dem Pferd arbeiten.

Damit wir uns selbst schließlich in Bezug auf die Ausbildung unseres Pferdes vertrauen können, müssen wir umfangreiches Wissen über unseren Partner Pferd erwerben und eine Menge Erfahrungen machen bzw. gemacht haben.
Menschen mit von Natur aus großem Selbstvertrauen praktizieren häufig das »Learning by Doing«, stürzen sich in eine Aufgabe und machen

dabei ihre Erfahrungen. Das kann sogar funktionieren, weil sie überzeugt sind von dem, was sie tun und keine Unsicherheit zeigen – was beim Pferd immer gut ankommt. Sie haben eine Idee und sagen, wo es langgeht. Auch, wenn nicht immer alles richtig ist, ist das für den Anfang gar nicht so schlecht. Manchmal besser, als ein Mensch, der ständig alles, was er tut, in Frage stellt, weil er Angst hat, einen Fehler zu machen. Ein wenig Reflexion hinsichtlich des eigenen Tuns kann jedoch auch einem selbstbewussten Menschen nicht schaden, insbesondere, wenn etwas nicht geklappt hat.

Fokus »Autorität«

Autoritäres Verhalten des Menschen bei der Ausbildung des Pferdes ist durchaus erwünscht. Echte **Autorität ist etwas Positives** und gibt dem Pferd Sicherheit. Und echte Autorität kommt ohne Gewalt aus! Sie entsteht aus Kompetenz und Souveränität.

Fokus »Kommunikation«

Eine gute Zusammenarbeit mit unserem Pferd beruht auf klarer, unmissverständlicher Kommunikation – überwiegend mittels Körpersprache. Um eine klare Ausdrucksweise zu gewährleisten, müssen wir wissen, was unser Körper wirklich tut (und dem Pferd sagt) und unsere eigene Körperwahrnehmung schulen. »Trockenübungen« ohne Pferd, mit menschlichen Partnern, die sprachlich Feedback geben können, helfen dabei. Kommunikation ist nicht immer nur Reden, sondern beinhaltet auch das Zuhören. Ein wichtiger Aspekt guter Kommunikation ist das »Zuhören-Können«. Und man sollte das Gehörte auch richtig verstehen und sinnvoll darauf reagieren können.

Das größte Kommunikationsproblem ist oft, dass wir nicht zuhören, um zu verstehen, sondern nur, um zu antworten.

Ein guter Reiter kann sein Pferd sprechen hören.
Ein schlechter Reiter hört sein Pferd nicht einmal, wenn es schreit.
Ein großartiger Reiter hört das Flüstern des Pferdes.

Fokus »Gedankenkontrolle«

Reiten und auch die Boden- und Handarbeit spielen sich hauptsächlich im Kopf des Menschen ab. Der Gedanke, die Vorstellungskraft, steuert die Muskulatur und damit jede Art von Bewegung und Handlung. Bei allem, was man tut, gibt es verschiedene »Ideen« für die Ausführung einer Handlung. Die folgende Anweisung können Sie 1:1 auf Ihren Umgang mit dem Pferd anwenden.

Achten Sie auf Ihre Gedanken,
denn sie werden Worte (oder Körpersignale).
Achten Sie auf Ihre Worte (Signale),
denn sie werden Handlungen.
Achten Sie auf Ihre Handlungen,
denn sie werden Gewohnheiten.
Achten Sie auf Ihre Gewohnheiten,
denn sie werden Ihr Charakter.
Achten Sie auf Ihren Charakter,
denn er wird Ihr Schicksal.

Fokus »Emotionskontrolle«

Genauso wichtig wie die Gedankenkontrolle ist die Kontrolle der Emotionen beim Reiter. Überzogene Reaktionen, die aus Wut, Zorn oder Angst entstehen, verunsichern das Pferd und nehmen ihm das Vertrauen in die Souveränität des Menschen.

Emotionskontrolle: Lassen Sie sich von den Eskapaden des Pferdes nicht aus der Ruhe bringen.

Hinterlegen Sie (erwünschte) Handlungen mit positiven Emotionen und erinnern Sie sich, wie gut Sie sich mit dieser oder jener Aktion gefühlt haben. Mit solchen Hinterlegungen lassen sich auch »schlechte« Gewohnheiten besser ablegen. Ein wesentliches »emotionales Thema« ist bei vielen Menschen, insbesondere denen, die im Umgang mit Pferden noch nicht sehr routiniert sind, das Thema Angst. Wer nicht gelernt hat, wie er mit einem Tier, das ihm an Kraft und Schnelligkeit deutlich überlegen ist, richtig umgeht, hat es natürlich schwer, seinen Führungsanspruch durchzusetzen. Deswegen ist es wichtig, möglichst viel über die Verhaltensstrukturen des Pferdes zu lernen. Vorhandene Ängste können durch professionelle Anleitung abgebaut und auch durch mentale Techniken aufgelöst werden.

Fokus «Konzentration«

Da sich das Reiten zu 80 % im Kopf abspielt, braucht der Reiter eine gute Konzentrationsfähigkeit, um sich, seinen eigenen Körpereinsatz und die »Antworten« des Pferdes immer wieder zu kontrollieren und abzufragen.

Selbst wenn der Mensch diese Konzentrationsfähigkeit besitzt, muss er bei der Arbeit Rücksicht aufs Pferd nehmen. Das junge Pferd hat nämlich nur ein sehr begrenztes Durchhaltevermögen, sowohl, was die Aufmerksamkeit und Konzentration auf eine Aufgabe angeht, als auch hinsichtlich Kraft und die Kondition.

Fokus »Kraft und Kondition«

Körperkraft und Kondition sollten beim Reiten eine untergeordnete Rolle spielen, zumindest, was den Reiter angeht. Kurze Spannungsspitzen bei der isometrischen Haltespannung im Oberkörper sind durchaus bisweilen nötig, Becken und Bewegungsmuskulatur müssen jedoch immer wieder losgelassen werden, um die Rückenbewegung des Pferdes nicht zu blockieren.

Für das Pferd sieht das schon etwas anders aus. Das Pferd muss »Tragkraft« entwickeln, um das Zusatzgewicht des Reiters – hauptsächlich durch vermehrte Lastaufnahme der Hinterhand – mit auszubalancieren. Nur dann kann es Schulter und Vorhand entlasten. Aus den gleichen Gründen braucht es auch Kondition.

Fokus »Komfortzone verlassen«

Pferde verlassen von sich aus nicht gerne ihre Komfortzone. Darin unterscheiden sie sich nicht von Menschen. Das Verlassen der Komfortzone ist unbequem und anstrengend. Warum also sollte man es tun?

»Energie sparen« liegt in der Natur von Mensch und Pferd. Neugier und das Streben nach Belohnung allerdings auch. Und diese beiden Eigenschaften machen die Ausbildung und den

Das Pferd muss seine Komfortzone verlassen – und findet das hier erstmal gar nicht gut.

Fortschritt möglich. Jedes Pferd wird freiwillig mitarbeiten, wenn es sich eine Belohnung erhofft. Belohnung kann Entspannung in einer Pause sein, ein lobendes Wort oder eine mental positive Einstellung des Menschen – oder auch mal ein Leckerli.

Es ist erstaunlich, wie motiviert die Pferde mitarbeiten, wenn sich die Arbeit positiv auf ihr Befinden auswirkt. Es hat den Anschein, als würden sie merken, wie gut ihnen die – biomechanisch richtige – Arbeit tut.

Natürlich wird ein Pferd auch immer einmal versuchen, anstrengende Arbeit zu vermeiden: Es wird Ausweichhaltungen einnehmen, langsamer werden, keine Energie liefern usw. Das ist normal, und wir müssen immer wieder versuchen, dem Pferd die Arbeit schmackhaft zu machen und es in die Haltung hinein zu locken, die wir haben wollen. Dauerhaft starke Widerstände deuten jedoch darauf hin, dass etwas nicht stimmt.

Fokus »Fehler«

Beginnen wir mit dem provokanten Satz »Das Pferd macht keine Fehler«. Pferde reagieren naturgemäß – und wenn das mit dem, was der Mensch von ihnen will, nicht zusammenpasst, so ist das nicht ihr Fehler. Die Begriffe »richtig« und »falsch« sind bei Pferden immer nur in Bezug zum Menschen zu sehen. Man sollte sie modifizieren und eher sagen »unerwünscht oder erwünscht in der Zusammenarbeit mit dem Menschen«.

Der Fehler, wenn man ihn denn so nennen will, liegt immer beim Menschen. Der Mensch hat es dann eben schlicht und einfach nicht verstanden, das Pferd in seinem Sinne zu erziehen und umzugewöhnen.

Nun ist es allerdings unmöglich, keine Fehler zu machen. Akzeptieren Sie, dass sich nicht alles zu jeder Zeit beherrschen lässt und dass bisweilen etwas nicht funktioniert. Und bleiben Sie entspannt. Analysieren Sie hinterher, warum es nicht geklappt hat, und legen Sie sich für eine ähnliche Situation im Geiste einen Handlungsplan zurecht. Machen Sie es einfach beim nächsten Mal anders und besser; betrachten Sie den Fehler als Möglichkeit, dazuzulernen.

Fehler machen wir ständig: im Umgang mit dem Pferd und auch mit anderen Menschen; das lässt sich nicht vermeiden. Schlimm ist jedoch, fünf Mal den gleichen Fehler zu machen, weil wir aus dem ersten nichts gelernt haben.

Fokus »Ausrüstung«

Viele Reiter haben ein riesiges Ausrüstungsarsenal mit verschiedenen Gebissen, Zäumungen, Hilfszügeln etc. Das ist unnötig. **Ausbildung statt Ausrüstung ist angesagt.**

Es gibt eigentlich nur wenige Ausrüstungsgegenstände, die wirklich nötig sind. Das wichtigste ist dabei ein wirklich passender Sattel (und dieses Thema füllt ein ganzes weiteres Buch). Dazu kommt eine Trense, ein Kappzaum oder etwas Vergleichbares sowie einige Hilfsmittel, wie Longe, Führseil, Pylonen, Stangen oder sonstige Begrenzungen, die zu Hindernissen verbaut werden.

Western, Englisch oder sonst wie ...?

Pferde sind Pferde und ihre Art, sich zu bewegen, ihre Balance, ist immer die gleiche. Ihre Ausrüstung und Ihre Kleidung ändern nichts daran.

Richtige Kontrolle beruht auf guter Kommunikation und nicht auf Ausrüstungs-Zwangsmitteln.

Hilfszügel? Nein, danke – keine Anwendung von Zwangsmitteln!

Eins meiner wichtigsten Arbeitsprinzipien ist der Ausschluss von Zwangsmitteln in Form von Hilfszügeln. Die Haltung des Pferdes, vor allem die des Halses und Kopfes, darf niemals erzwungen werden.

Wer sich in der Ausbildung auf Hilfszügel verlässt, richtet damit meist Schaden an. Hilfszügel bringen das Pferd immer in eine Zwangshaltung. Das Pferd wehrt sich gegen diese Haltung, weil es sie noch nicht ohne Weiteres einnehmen kann, bekommt Schmerzen, verspannt sich und trainiert dabei unter Umständen die falschen Muskeln im Widerstand gegen die Zwangshaltung.

Eine Haltung, die vom Pferd selbstständig eingenommen und erhalten werden kann, ist ein wichtiges Ausbildungs-Ergebnis und kann niemals mit Zwang erreicht werden. Elegante Bewegungen brauchen Freiheit. Beschränkt man jedoch die

Bewegungsfreiheit von Kopf und Hals mit einem Hilfszügel, beginnt man mit der Kontrolle an der falschen Stelle. Das (junge) Pferd benötigt den Hals, um sich auszubalancieren, solange es noch nicht hundertprozentig im Gleichgewicht ist. Verhindert man diese natürlichen Balancier-Bewegungen, entstehen schwerwiegende Probleme in Pferdekörper und Pferdepsyche. Viel wichtiger ist es, die Schulter und die Aktivität der Hinterhand zu kontrollieren – und auf diese haben Hilfszügel keinen bzw. nur negativen, blockierenden Einfluss. Verzichten Sie also auf »Krücken«, wie sie Hilfszügel darstellen! Viele Probleme lösen sich von allein, wenn man dem »Schüler Pferd« nur genug Zeit lässt, um sich zu entwickeln und ihn sinnvoll anleitet.

Fokus »Bewegungsgefühl«

Voraussetzungen dafür, einem jungen Pferd überhaupt etwas Sinnvolles und Nützliches beizubringen, sind Sensibilität, Selbstkontrolle, Balance und Erfahrung des Reiters. Er muss sich erstens in die Psyche des jungen Pferdes einfühlen können und zweitens etwas von »Bewegungslehre« verstehen. Unter dem Begriff Bewegungslehre möchte ich alle jene Gebiete zusammenfassen, die sich mit Harmonie, Gleichgewicht, Kondition, Koordination und Körpergefühl befassen.

Das Verständnis von »Bewegung« sollte sich sowohl auf die Bewegungen des Pferdes als auch auf die eigenen als Reiter beziehen – und natürlich auf das Zusammenspiel dieser beiden Bewegungsabläufe in einer gemeinsamen Bewegung, bei der sich die zwei Partner (Mensch und Pferd) möglichst nicht gegenseitig behindern.

Sowohl bei vorbereitender Boden-, Hand- und Longenarbeit als auch beim späteren Reiten sind das eigene Körperbewusstsein und die Beweglichkeit des Reiters ebenso wichtig wie die Kontrolle seiner Emotionen (Angst, Zorn etc.). Eine **realistische Einschätzung** der Psyche und der körperlichen Möglichkeiten des Pferdes rundet die Fähigkeitspalette des künftigen Ausbilders ab. Körperliche Schwächen sowohl des Reiters als auch des Pferdes sind dabei besser auszugleichen als emotionale Schwächen – z.B. ein schwieriges Temperament oder eine niedrige Angstschwelle.

Der künftige Reiter eines jungen Pferdes kann sich durch gute erzieherische Grundlagenarbeit am Boden und mit begleitender geduldiger Anleitung durch einen erfahrenen Ausbilder die Arbeit des eigentlichen Anreitens deutlich erleichtern. Natürlich sind nicht alle Fehler vermeidbar und es wird immer mal wieder unliebsame Überraschungen oder »Rückfälle« geben. Wichtig ist, sich dadurch nicht entmutigen oder zu einer unbeherrschten Reaktion verleiten zu lassen. Jedes Pferd lernt anders, hat ein anderes Temperament und vor anderen Dingen Angst – und das Gleiche gilt auch für den Reiter.

2 Vorbereitung des Pferdes am Boden

Eine Verständigungsgrundlage schaffen

Die ausführliche Vorbereitung des Pferdes am Boden auf seine Aufgaben als Reitpferd schafft eine solide Verständigungsgrundlage. Das Pferd lernt »Vokabeln«, nämlich verbale und körpersprachliche Kommandos des Ausbilders. Es wird erzogen, gymnastiziert und konditioniert, ohne dabei schon mit dem Gewicht des Reiters belastet zu werden. Es akzeptiert schließlich seinen späteren Reiter als Vertrauens- und Respektsperson – als Alphatier – und reagiert auf seine (Körper)signale. Es folgt ihm, weicht rückwärts oder seitwärts aus, stoppt oder trabt an. Kurz: es lässt sich steuern und kann so weitestgehend kontrolliert werden. Mit dieser Kontrolle ist ein wesentlicher Schritt getan, um auch dem späteren Reiter sein »flaues Gefühl im Magen« zu nehmen, wenn er sich das erste Mal in den Sattel schwingt. Das Pferdeverhalten wird für ihn berechenbarer. Das Anreiten selbst wird sicherer – das Verletzungsrisiko für Pferd und Reiter minimiert.

Ein netter Nebeneffekt der Bodenarbeit mit ihren Gehorsams- und Gewöhnungsübungen ist, dass auch das leider oft übliche »Gezerch« beim Verladen, beim Schmied oder Tierarzt, beim Abspritzen oder bei der Wurmkur von Anfang an unterbunden wird. **Das Pferd lernt, sich anständig zu benehmen.**

Ein ungezogenes Pferd können Sie nicht ausbilden. Solange das Pferd nicht auf die Signale des Menschen achtet, können Sie seine Haltung nicht beeinflussen.

Kontrolle, Respekt, Vertrauen

Die drei Begriffe Kontrolle, Respekt und Vertrauen stehen untrennbar miteinander in Beziehung. Kann der Reiter das Pferd nicht kontrollieren, so hat dieses keinen Respekt vor ihm und kann deswegen auch kein Vertrauen zu ihm aufbauen.

Im Gegenzug entwickelt der Mensch mehr oder weniger Angst vor dem Pferd, weil er sich der Tatsache bewusst ist, dass er es nicht kontrollieren kann.

Das Pferd spürt nun sehr schnell die Angst seines Menschen, vertraut ihm noch weniger und entzieht sich so immer mehr seiner Kontrolle bzw. nimmt ihn einfach nicht ernst genug, um ihm zu gehorchen.

Somit ist ein negativer Kreislauf (Angst = Unsicherheit des Ausbilders > Kontrollverlust > Vertrauensverlust des Pferdes > noch mehr Angst von Pferd und Mensch) in Gang gesetzt, der nur durch ein konsequenteres und autoritäreres Auftreten des Ausbilders unterbrochen werden kann. Leicht gesagt und schwer getan – denn der Ausbilder kann sein Verhalten nur ändern, wenn er sich seine Unsicherheiten und Ängste bewusst macht (siehe Kapitel Angst und Angstbewältigung).

Der positive Kreislauf, der in Gang gesetzt werden soll, heißt hingegen: Sicherheit und Autorität des Ausbilders > Respekt und Vertrauen des Pferdes > Vertrauen des Reiters in das Pferd und in seine eigenen Kontrollfähigkeiten > Harmonie durch Festigung des Vertrauens von beiden Seiten.

Antiautoritär? – Nein, danke!

Autorität ist etwas Positives – auch wenn die Verfechter der antiautoritären Erziehung das anders gesehen haben. In der Beziehung zwischen Reiter und Pferd ist sie (als Grundlage für eine sichere Kontrolle des Pferdes) lebenswichtig. Als antiautoritärer »Reiter von Pferdes Gnaden« leben Sie äußerst gefährlich, denn in jeder brenzligen Situation kann Ihnen das Pferd aus der Kontrolle geraten.

Dass Sie ein Pferd keineswegs unterjochen, wenn Sie autoritär handeln, zeigt das Verhalten von Pferden in der Herde. Jede Herde ist streng hierarchisch aufgebaut.

Es gelten die folgenden Herden-Regeln:

1. Das ranghöhere Pferd darf nicht vom rangniederen überholt werden. Im Fluchtfall ist das wichtig, damit die Herde zusammenbleibt und nicht in alle Richtungen auseinander stiebt. Oft läuft eine ranghohe Stute (die Leitstute) an der Spitze der Herde. Ranghöhere Pferde ahnden Übergriffe von Rangniederen meist ziemlich grob mit Tritten und Bissen.
2. Ein ranghohes Pferd kann jedes rangniedere von seinem Platz vertreiben – von Futter oder Wasser weg oder ohne ersichtlichen Grund aus einer Laune heraus.
3. Das ranghöchste Pferd (der Leithengst) kann alle rangniederen auch von hinten treiben und dabei deren Laufrichtung vorgeben.
4. Die ranghohen Pferde sind für den Schutz der Herde zuständig – rangniedere Pferde haben deswegen nicht nur Respekt vor ihnen, sondern vertrauen ihnen auch. Sie folgen ihnen in Angst auslösenden Situationen bzw. weichen in bestimmte Richtungen aus, wenn es von ihnen gefordert wird.

Die Verhaltensregeln in der Herde gelten gleichermaßen für die Beziehung zwischen Mensch und Pferd. Der Mensch kann das Verhalten von ranghohen Pferden imitieren und sich so Respekt, Vertrauen und daraus resultierend Gehorsam verschaffen. Das Pferd – vor allem das junge, unerfahrene – fühlt sich sicher und wohl mit einem autoritären Ausbilder. Und wenn Sie ihm einmal einen Knuff in die Rippen versetzen, weil es seine Grenzen überschreitet, tun Sie nichts anderes als ein Herdenmitglied, was einen Rüpel in seine Schranken verweist. Strafen Sie jedoch niemals unbegründet oder in einer dem Pferd nicht verständlichen Weise (z.B. zu spät oder nicht folgerichtig).

Verwechseln Sie Autorität niemals mit despotischer Willkür. Autorität entsteht aus Sicherheit, aus Vertrauen in die eigenen Fähigkeiten und beinhaltet reflektiertes und vor allem konsequentes Verhalten. Ein Reiter, der (bewusst oder unbewusst) Angst vor seinem Pferd hat, besitzt niemals Autorität, ein inkonsequenter Reiter, der dem Pferd heute etwas erlaubt und es ihm morgen verbietet, genauso wenig.

Kleine Macht-Spielchen, um Unsicherheit zu überdecken, mögen im Umgang mit anderen Menschen eine Zeitlang funktionieren – bei Pferden funktionieren sie nicht. Ein Pferd reagiert viel sensibler auf Inkonsequenz und »Charakterschwäche« als die meisten Menschen. Die Quittung für eigene Unzulänglichkeiten bekommen Sie mit einem ungezogenen, aufsässigen oder sogar gefährlichen Pferd.

Minimierung der Signale

Bei richtiger Arbeit mit dem Pferd am Boden stellt sich mit der Zeit eine mehr oder weniger ausgeprägte Form der Fixierung des Pferdes auf den Menschen ein. Es achtet sehr aufmerksam auf die Signale des Menschen, ist bemüht, ihn nicht aus den Augen zu verlieren, und glotzt nicht unaufmerksam in der Gegend herum. Nur aus dieser Einstellung heraus ist schließlich eine harmonische Zusammenarbeit möglich, denn nur dann muss der Ausbilder nicht dauernd am Pferd herumzerren und -reißen, um es auf sich und seine Wünsche aufmerksam zu machen. Bei jeder Art von Ausbildung des Pferdes – am Boden und unter dem Reiter – geht es immer darum, die Sichtbarkeit der Hilfen und den Kraftaufwand dafür zu minimieren. Aufmerksamkeit und die »Fixierung« auf den Menschen ist der erste Schritt dazu.

Belohnung und Strafe

An dieser Stelle ist es für die weitere Ausbildung sowohl an der Hand als auch unter dem Reiter sinnvoll, einen kleinen Exkurs in Sachen »Zuckerbrot und Peitsche« einzuschieben:

Besonders beim unerfahrenen Pferd ist es im Hinblick auf die in der Ausbildung notwendige Konsequenz unabdingbar, sorgsam mit den Erziehungsinstrumenten Lob und Tadel, sprich mit Belohnung und Strafe, umzugehen. Ungerechte Strafe, aber auch Belohnung im falschen Moment machen Ihnen unter Umständen schnell einige Wochen Arbeit zunichte.

Lohn und Strafe – oder anders gesehen: etwas Angenehmes oder etwas Unangenehmes, welches mit bestimmten Verhaltensweisen verknüpft wird – sind die treibenden Kräfte, die das Pferd dazu bringen, Dinge zu tun oder zu lassen. Um sie sinnvoll einsetzen zu können, müssen Sie wissen, was das Pferd als Lohn oder Strafe empfindet. Hüten Sie sich davor, das Pferd dabei nach menschlichen Kriterien zu beurteilen.

Dieses Pferd hat seine Aufmerksamkeit abgezogen; es will sich nicht mit den Forderungen des Menschen auseinandersetzen.

Sinnvolle Belohnungen

1. Futter

Kleine Leckerbissen sind für viele Pferde als Belohnung sinnvoll. Stopfen Sie jedoch das Pferd nicht einfach dauernd damit voll, sondern setzen Sie sie gezielt ein – für einen Anfangserfolg bei neuen Übungen oder für eine besonders gute Reaktion bei einer alten Übung. Achten Sie darauf, auch noch anderes Lob (Stimme, Kraulen, Entspannen, Pausen.) einzusetzen, so dass das Pferd nicht verunsichert ist, wenn es für eine gut ausgeführte Aufgabe kein Leckerli mehr bekommt. Verhindern Sie auf jeden Fall, dass das Pferd Belohnungen von sich aus einfordert, also z.B. in Ihren Taschen stöbert. Solche Aufdringlichkeiten können böse enden, weil sie Ihre Autorität untergraben. Im schlimmsten Fall hält sich das Pferd für ranghöher, weil es Ihnen das Futter »abgejagt« hat.

Wenn das Pferd beginnt, Futter als Belohnung einzufordern, können Sie es dazu erziehen, seinen Kopf immer erst von Ihnen abzuwenden, bevor Sie es füttern.

Achten Sie auch genau darauf, **wann** Sie mit Futter belohnen. Die gestellte Aufgabe muss wirklich gut bewältigt worden sein, bevor es die Belohnung gibt. Halbherzige Angebote des Pferdes mit einem schielenden Auge Richtung Futter sollten nicht belohnt werden.

Versuchen Sie nicht, das Pferd mit Futter zu »bestechen« und irgendwohin zu locken, z.B. in den Hänger. Wenn es ernst wird, zieht das Leckerli oft nicht mehr und man steht im schlimmsten Fall weit weg von zu Hause mit einem Pferd, welches sich standhaft weigert, den Hänger zu betreten. Das Pferd darf natürlich belohnt werden, wenn es das tut, was es soll. Es darf auch ruhig im Hänger sein Futter bekommen – **nachdem** es drin steht und nicht vorher. Es soll lernen, dass die Forderungen des Menschen unter allen Umständen verbindlich sind – egal ob mit oder ohne Belohnung.

2. Entspannungspausen

Eine Entspannungspause nach einer neuen – spannenden (d.h. Angst besetzten oder sehr anstrengenden) – Lektion ist oft eine sinnvollere Belohnung als Futter. Geben Sie dem Pferd Zeit, die vorangegangene Übung zu verdauen und lassen es einfach ein paar Minuten ruhig stehen.

Es gilt: Entspannung = Wohlbefinden = Belohnung.

3. Sicherheit durch Ruhe und souveränen Einsatz des eigenen Körpers

Die Ruhe des Ausbilders gibt dem Pferd Sicherheit. **Es gilt: Ruhe = Sicherheit = Wohlbefinden = Belohnung.** Bewegen Sie sich aufrecht und gezielt mit frei getragenem Kopf, lassen Sie die Schultern nicht nach vorne hängen, ziehen Sie das Genick nicht ein und schauen Sie in die Richtung, in die Sie gehen (am Boden wie auch beim Reiten: Blickrichtung = Bewegungsrichtung). Vermeiden Sie hektisches, ungezieltes Herumwuseln um das Pferd, eine schrille hohe Stimme oder dauerndes Herumschreien. Setzen Sie Ihre eigenen Körpersignale wohldosiert ein. Manche Pferde gewöhnen sich zwar an hektische Menschen, doch setzen Sie auf Dauer die Reizschwelle des Pferdes mit dem hektischen Getue hoch – was im Sinne der langfristig angestrebten Minimierung der Hilfen nicht wünschenswert ist.

Stellen Sie sich immer bildhaft vor, was Sie vom Pferd wollen: Welchen Körperteil des Pferdes wollen Sie wohin bewegen? Und lassen Sie bei allem, was Sie tun, das Pferd keine Sekunde aus den Augen. Nur so erkennen Sie rechtzeitig, was es im Schilde führt und können eine unerwünschte Aktion im Ansatz, d.h. mit wenig eigenem Körpereinsatz, verhindern.

3. a. Die Wirkung der beruhigenden oder ermunternden Stimme

ist den meisten hinreichend bekannt. Pferde reagieren sehr empfindlich auf die Tonlage, die ihnen den emotionalen Zustand des Ausbilders verrät (Angst, Unsicherheit oder Souveränität drücken sich auch in der Stimme aus). Leises Zureden mit tiefer dunkler Stimme und lang gezogenen Vokalen wie A, O, U gilt Pferden als Lob bzw. Beruhigung.

4. Arttypisches, angenehmes Verhalten imitieren

Kraulen Sie das Pferd am Mähnenkamm oder hinter den Ohren und imitieren Sie damit die Fellpflege untereinander. Reiben Sie den Hals kräftig – das mögen die Pferde oft lieber als das Klopfen. Pusten Sie es in die Nüstern oder legen Sie ihm einen Arm über den Hals und imitieren damit das beschützende Verhalten einer Pferdemutter ihrem Fohlen gegenüber.

Kratzen Sie es oder verscheuchen Sie Fliegen während der Arbeit. Achten Sie darauf, was das Pferd als angenehm empfindet und wo es evtl. kitzelig und ungnädig reagiert. Jedes Pferd hat andere Punkte, an denen es gerne gekrault werden möchte bzw. kitzelige Stellen, die für eine Belohnung nicht in Frage kommen.

Verständliche Strafen

Konsequentes Handeln und **moderates Eingreifen** zur richtigen Zeit zeigen dem Pferd seine Grenzen – und vermeiden härtere Strafen. Kennt das Pferd seine Grenzen nicht, weil Sie ihm heute etwas verbieten, was Sie ihm morgen durchgehen lassen, so müssen Sie mit der Zeit immer häufiger mit Ihrem Pferd »diskutieren«. Pferde mit starker Persönlichkeit werden auf diese Weise leicht zu einer Gefahr für den Menschen.

Eine sinnvolle Strafe ist immer bewusst (d.h. überlegt), emotionsfrei und prompt. Eine zu späte oder zu harte Strafe versteht das Pferd nicht und empfindet sie als ungerecht. In manchen Fällen kann eine reflexhafte Strafe sinnvoll sein, weil dem Ausbilder keine Zeit bleibt, lange zu überlegen. Doch auch einen Reflex kann man antrainieren, indem man (Erfahrung vorausgesetzt) bestimmte Situationen im Kopf bildhaft durchspielt und sich die angemessene Reaktion im Geiste »zurechtlegt«.

1. Die laute Stimme

Kurze harte Lautfolgen, ein knappes »Nein« oder »Lass das« reichen den meisten Pferden als Ermahnung. Wenn das nichts nutzt, greifen Sie zu körpersprachlichen Signalen. Setzen Sie die Stimme nicht zum dauernden Herumschreien ein – damit stumpfen Sie das Pferd darauf ab.

2. Körperhaltung und -ausdruck

Deutliches Aufrichten des Oberkörpers, das Hochnehmen der Arme, der Einsatz einer Armverlängerung mit einer wedelnden Gerte oder einem kreisenden Seilende zeigen dem Pferd, dass Sie es ernst meinen (auch ein steigender Hengst macht sich größer) und verleihen Ihren Bewegungen »Schärfe«. Oft reicht das als »Warnung«, um unerwünschtes Verhalten im Ansatz zu unterbinden.

3. Störaktionen

Müssen Sie deutlicher werden, so können Sie Gerte und Peitsche auch einmal für einen Klaps einsetzen – keinesfalls jedoch für ein Verprügeln des Pferdes. Das Pferd darf keine Angst vor diesen Hilfsmitteln bekommen, denn Sie brauchen sie später als Reichweitenverlängerung und Hilfenverstärker. Sie können auch ein Seilende kreisen lassen und dem Pferd gegen den Körperteil klatschen, der z.B. ausweichen soll (ein mehrfach wiederholter kurzer Gertenimpuls tut ähnliche Dienste). Das soll nicht weh tun, sondern das Pferd einfach nur **nerven** und zu einer Reaktion veranlassen. Es funktioniert nach Art der Zermürbungstaktik »steter Tropfen höhlt den Stein« – das momentane Verhalten soll dem Pferd unangenehm gemacht werden. Die Methode ist jedoch nicht für ein schnelles Zurechtweisen des Pferdes gedacht, sondern eher für ein langfristiges Durchsetzen der eigenen Forderungen, also nur bedingt als Strafe einsetzbar.

4. Ruck oder harter Seitwärtsimpuls am Halfter

Der Kopf ist die empfindlichste Stelle des Pferdes. Rucken Sie hart am Halfter, so gibt das einen unangenehmen Impuls auf Genick und/oder Nase des Pferdes. Durch Einsatz eines dünnen Knotenhalfters verstärken Sie die Wirkung noch. (Achten Sie darauf, das Halfter so anzupassen, dass kein Teil in die Augen des Pferdes gerät.) Eine weitere Verstärkung ist durch eine Führkette möglich. Setzen Sie diese z.B. ein, wenn das Pferd (beim Führen) an Ihnen vorbeistürmen will. Bei der Führkette müssen Sie darauf achten, dass sie immer wieder lose wird und sich nicht festzieht.

5. Imitation artspezifischer Strafen

Schauen Sie sich ab, wie Pferde in der Herde mit einem ungezogenen Artgenossen umgehen, der seine Kompetenzen überschritten hat. Ein Huftritt ist leicht durch einen Tritt Ihrerseits zu imitieren. Ein Biss durch ein Knuffen mit dem Ellbogen. Es mag recht roh aussehen, wenn Sie Ihr Pferd in die Rippen treten, weil es Sie z.B. übel angerempelt hat, doch Ihr Pferd kann diese Art von Strafe gut einordnen, weil es seinem natürlichen »Wortschatz« entspricht; und so fest wie ein anderes Pferd können Sie gar nicht treten. Solche Strafen sollten nur recht selten notwendig sein – das Pferd wird schnell auf Ihre Signale achten, wenn es artgerecht zurechtgewiesen wird. Wer sein Pferd dauernd in dieser Weise behandeln muss, macht etwas falsch.

Ablenkungsmanöver

Besonders bei »schwierigen« oder Korrekturpferden ist es sicherer für Sie als Ausbilder, wenn Sie ein Pferd nicht strafen, sondern ablenken. Einen angriffslustigen Hengst mit der Peitsche zu strafen, kann lebensgefährlich sein. Eine Strafe, die das Pferd nicht hinnimmt, sondern sich dagegen wehrt, führt nur zu immer härteren Strafen und macht ein schwieriges Pferd nur noch aufsässiger. Vermeiden Sie Konfrontationen mit dem Pferd, ohne »das Gesicht zu verlieren«. Lassen Sie also das Pferd nicht »denken«, es hätte gewonnen, sondern lenken Sie eine Übung, die zu entgleisen droht, in eine Richtung, von der Sie wissen, dass sie dem Pferd leicht fällt oder Spaß macht. Je nach Situation modifizieren Sie ein Rückwärtssignal z.B. in ein Seitwärtsausweichen.

Vertrauen und Respekt gehen Hand in Hand.

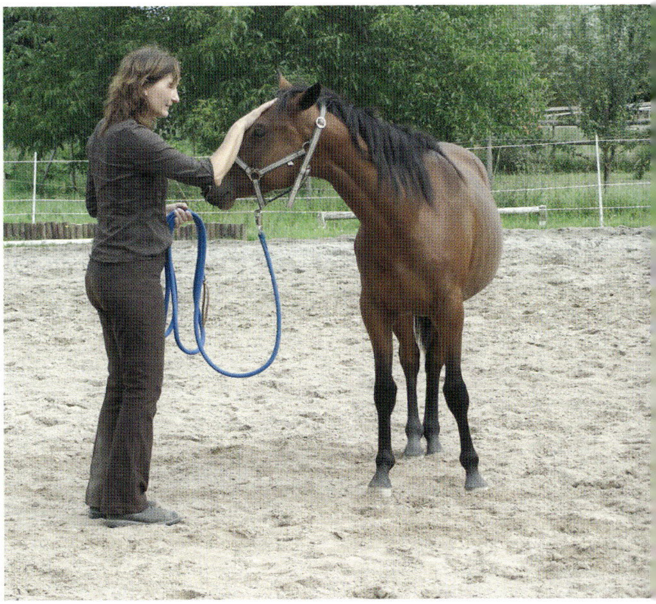

Die Grunderziehung

1. Stufe: Führen

Ein Pferd zu führen ist ja wohl das einfachste der Welt, hat sicher schon so mancher gedacht – solange, bis ihm das erste Mal eins auf dem Fuß stand. Oder ihn so unsanft angerempelt hat, dass er selbst im Dreck landete. Spätestens da hört der Spaß auf. Und der entschuldigende Ausruf »Ach der ist halt noch so jung und ungestüm« kommt eher zwischen zusammengebissenen Zähnen hervor.

Fakt ist, dass das Pferd – auch und gerade der junge Halbstarke – sich eines schweren Vergehens schuldig gemacht hat, wenn es Sie umrennt. In der Herde würde ein älteres, ranghöheres Pferd ein solches »Eindringen in den Individualbereich« mit Bissen oder Tritten honorieren. Also machen Sie einem Pferderüpel deutlich klar, dass das nicht geht. Sinnvollerweise, bevor Ihnen etwas passiert ist.

Erziehen Sie Ihr Pferd beizeiten zu einem »vornehmen« Pferd, welches Abstand hält und Ihnen nicht ungebührlich nah auf den Leib rückt.

Bei den folgenden Grundregeln zum Führen ist es völlig unwesentlich, wie alt das Pferd ist. Jedes Absatzfohlen kann und sollte schon lernen, sich anständig führen zu lassen.

Sie sind derjenige, der führt!

Lassen Sie sich nicht von Ihrem Youngster durch die Gegend ziehen, wie man es so oft bei Hundebesitzern sieht, die sich dauernd gegen das Interesse ihres Hundes an dieser oder jener Ecke stemmen müssen. (Leider sieht man auch genug Pferdebesitzer, die mehr oder weniger elegant von ihrem Pferd am Halfter hinterhergezogen werden oder deren Pferde sich mit langem Hals einherschlurfend mitziehen lassen.)

a. Das Pferd darf nicht vorbeidrängeln

Es soll sich mit dem Kopf etwa an Ihrer Schulter befinden. Üben Sie das Führen auf beiden Seiten. Die alte Regel, dass ein Pferd immer rechts neben dem Ausbilder zu gehen hat, stammt aus Militärzeiten und hat hauptsächlich den Sinn, ein einheitliches Bild abzugeben. Ein kleiner Trick ist jedoch auch dabei; da die meisten Reiter rechtshändig sind und die meisten Pferde linkshändig (d.h. links ist die hohle und rechts die gedehnte Seite) bietet diese Konstellation bessere Kontrolle beim Führen. Der Mensch hat in der rechten Hand mehr Kraft und das Pferd lässt sich eher nach links wenden, wenn es einen Satz nach vorne – am Ausbilder vorbei – machen sollte. Da wir aber unser Pferd »anständig« erziehen wollen, können wir auf diese Art von Vorteil verzichten und sehen zu, dass wir unsere schwächere Seite trainieren und links und rechts gleich gut kontrollieren können.

Solange das Pferd nun brav neben Ihnen herläuft, ist alles in Ordnung. Was aber, wenn es das nicht tut? Angenommen, es hat eigene Vorstellungen von Tempo und Richtung und drängelt an Ihnen vorbei. Mit der Drängelei verletzt es deutlich Ihre »Privatsphäre« und das dürfen Sie sich nicht gefallen lassen. In leichten Fällen reicht ein harter Ruck am Halfter, um das Pferd an seinem Vorhaben zu hindern. Dazu sollte jedoch vorher der Führstrick nicht angespannt sein. Der Impuls muss ruckartig und plötzlich kommen. Hilft das nichts, so »bewaffnen« Sie sich am besten mit einer Gerte und klatschen dem Pferd damit vor die Brust, wenn es an Ihnen vorbeidrängelt. Sie können auch Ihre Ellbogen benutzen – doch dazu müssen Sie recht dicht ans Pferd heran und laufen so Gefahr, von ihm umgerannt zu werden.

Führen: Das Pferd soll am losen Strick mitkommen und stoppen, wenn der Mensch stoppt.

Das Gertensignal bietet also für Sie mehr Sicherheit. Manchmal genügt es auch, dem Pferd mit der Gerte oder einem erhobenen Arm vor der Nase herumzuwedeln (nicht schlagen). Bei besonders hartnäckigen »Büffeln« können Sie auch schon mal mit dem Gertenknauf an Schulter oder auch leicht an Ganaschen bzw. Stirn klopfen. Letzteres müssen Sie jedoch sehr gezielt tun, damit die Sache nicht buchstäblich »ins Auge« geht, ins Pferdeauge nämlich. Das darf jedoch keinesfalls zum Dauerzustand beim Führen werden. Hilft alles nichts, können Sie auch eine Führkette benutzen.

Lassen Sie sich bei diesen Übungen nie auf einen Ziehkampf mit dem Pferd ein – den können Sie nur verlieren. Stemmen Sie sich nicht mit Ihrer Schulter gegen die des Pferdes, um es zu halten oder zur Seite zu schieben, wie man es oft sieht. Arbeiten Sie immer mit der »Intervalltechnik« – also Annehmen-Nachgeben-Annehmen. Das einzelne Annehmen darf ruhig ruckartig und hart sein, damit das Pferd das Signal ernst nimmt. Wenn das Pferd an Ihnen »vorbeibüffelt«, reißen Sie mit einem Ruck seinen Kopf zu sich herum, damit es Sie nicht hinterherzerrt. Wenn es steht, manövrieren Sie sich wieder in die Position vor seinem Kopf und beginnen von Neuem.

a.1. Mitkommen ohne Widerstand

Nun gibt es jedoch auch Pferde, die an der Hand gar nicht erst mitkommen wollen. Sie stehen wie ein Sägebock und Sie können am Kopf so viel ziehen, wie Sie wollen – und erreichen doch nur einen langen Hals statt eines Vorwärtsschrittes. Bei diesen Pferden ist der Einsatz einer langen Gerte sinnvoll, mit der Sie die Hinterhand antippen können, während Sie selbst vorwärts gehen. Etablieren Sie dabei eine Stimmhilfe wie »Komm mit« oder Ähnliches.

Ziel ist, dass sich das Pferd in Bewegung setzt, wenn Sie einen leichten, führenden Impuls nach vorne geben – von der Idee her schon, **bevor** Sie selbst losgehen. Manchmal ist dabei ein Kappzaum besser geeignet, weil Sie das Leitseil dann vorne auf der Nase haben und das Pferd der vorgenommenen Hand folgen kann.

Gibt es größere Schwierigkeiten mit dem Mitkommen, so arbeiten Sie nach den Methoden, wie sie nachfolgend im Ausweichtraining beschrieben werden. Dort lernt das Pferd unter anderem einem Druck bzw. Zug nachzugeben.

b. Das Pferd soll stehen bleiben, wenn Sie stehen bleiben

Sie führen das Pferd im Schritt und bleiben plötzlich stehen. Verbinden Sie das Stehenbleiben mit einem verbalen Kommando wie »Ho« oder »Halt«. Damit etablieren Sie gleich eines der wichtigsten verbalen Kommandos, das Sie später noch dringend brauchen werden.

Das Pferd soll den Abstand zwischen sich und Ihnen nicht verringern, wenn Sie stehen bleiben. Läuft es auf Sie auf, stupst Sie mit der Nase an oder läuft unbeeindruckt an Ihnen vorbei, so gibt es einen Ruck auf die Nase oder das Gertensignal. Das Pferd lernt schnell, dass es unangenehme Auswirkungen hat, wenn es nicht auf Sie und Ihre Bewegungen achtet.

Manche Menschen erwarten allerdings gar nicht, dass das Pferd in gewünschter Weise reagiert und seinen Abstand beibehält. Bevor sie dem Pferd eine Chance gegeben haben, wunschgemäß zu reagieren, fangen sie schon an zu korrigieren. Wer nicht die erwünschte Reaktion im Hinterkopf hat, gibt sich entweder mit einer halbherzigen Reaktion des Pferdes zufrieden (es hat die Hälfte seiner Aufmerksamkeit irgendwo anders) oder setzt alle seine Korrekturinstrumente schon ein, bevor es nötig ist.

c. Wendungen

Führen Sie große und kleine Wendungen nach rechts und links, halten Sie ab und zu an und achten Sie darauf, dass das Pferd immer gleichen Abstand zu Ihnen behält.

d. Führübungen im Trab

Üben Sie das Ganze auch im Trab. Das fördert Aufmerksamkeit und Interesse des Pferdes (und

Handeln Sie dem Pferd gegenüber:

freundlich

Pferde sind von Natur aus freundlich und vertrauensvoll dem Menschen gegenüber – enttäuschen Sie sie nicht. Verwechseln Sie Freundlichkeit jedoch nicht mit Schwäche oder Nachsichtigkeit; hat sich das Pferd definitiv »daneben benommen«, so zeigen Sie ihm das auch deutlich.

gerecht

Lassen Sie nicht Ihre schlechte Laune am Pferd aus und provozieren Sie keine Schwierigkeiten durch Inkonsequenz oder widersprüchliche Hilfen. Jähzorn und Wut (das heißt unverhältnismäßig heftige Reaktionen) haben im Umgang mit Pferden nichts verloren.

bestimmt

Wenn Sie etwas vom Pferd fordern, dann verleihen Sie Ihrer Forderung Nachdruck; denken Sie nie »vielleicht«, sondern immer »ich will«. Zweifeln Sie innerlich nie daran, dass Sie Ihren Willen durchsetzen können. »Freundliche Sturheit« führt dabei oft zum Ziel.

schnell

Beobachten Sie die Reaktionen Ihres Pferdes sehr genau und reagieren Sie prompt und bestimmt, immer sofort und nicht erst fünf Minuten später. Andernfalls kann das Pferd Sie und Ihre Handlungen nicht verstehen.

bewusst

Seien Sie sich Ihres eigenen Verhaltens und Ihrer Körpersignale bewusst und lassen sich nötigenfalls sowohl bei der Bodenarbeit als auch im Sattel von Reiterkollegen beobachten/filmen und evtl. korrigieren. Nur dann können Sie beurteilen, ob Sie einen Fehler des Pferdes verursacht haben oder ob das Pferd Sie austestet – nach dem Motto: »Wollen wir doch mal sehen, ob sie/er das auch ernst meint ...«.

Ihre eigene Kondition). Zum Beispiel: Anhalten aus dem Schritt – Antraben – eine Volte im Trab nach links – Zurücknehmen des Tempos in den Schritt – Anhalten – Schritt – Volte im Schritt nach rechts – Antraben – Anhalten. Und so fort. Sorgen Sie für prompte Reaktionen des Pferdes und legen Sie damit den Grundstein für die gymnastizierende Arbeit und Kräftigung der Hinterhand bei der Handarbeit (siehe dort) und später unter dem Reiter.

Will das Pferd Ihnen anfangs nicht folgen, wenn Sie »antraben«, dann benutzen Sie die (lange) Gerte, eine handliche kleine Peitsche oder einen Stick an der Hinterhand des Pferdes – aus dem Handgelenk, so wie Sie auch eine Gertenhilfe als Reiter auf dem Pferd geben würden. Und etablieren Sie bei dieser Übung das verbale Kommando für Trab – als Vorbereitung fürs Longieren.

e. Rückwärts

Klappen die Übungen a–d, so können Sie sich ans Rückwärtsrichten wagen.

Soll das Pferd auf Ihre Signale hin rückwärts gehen, so erfordert dies schon ein gefestigtes Grundvertrauen des Pferdes, denn es muss sich darauf verlassen können, dass Sie es nicht »ins Verderben« schicken. Da das Pferd direkt hinter sich nichts sehen kann, muss es den Ausbilder für sich sehen lassen. Nicht nur beim Reiten, sondern auch bei der Bodenarbeit gilt somit das Rückwärtsrichten als Gradmesser für Gehorsam, Vertrauen und Durchlässigkeit des Pferdes.

Kleiner Hinweis am Rande:
Lernen Sie, Ihr Material zur »Reichweitenverlängerung der Arme« zu beherrschen. Üben Sie den Einsatz von Gerte, Peitsche und Seil ohne Pferd; alle Aktionen müssen mit der linken und mit der rechten Hand gleichermaßen funktionieren. Wenn das Pferd aus dem Ruder zu laufen droht, haben Sie keine Zeit, sich und Ihre Hilfsmittel zu sortieren.

Hat das Pferd sich an seine Position an der Schulter des Ausbilders gewöhnt, so sollte es theoretisch auch dort bleiben, wenn Sie anhalten und ein paar Schritte rückwärts gehen. Um seinen Abstand zu Ihrer Schulter beizubehalten, muss es Ihnen nach hinten ausweichen.

Praktisch kann es aber durchaus sein, dass es das (noch) nicht tut. Dann müssen Sie etwas nachhel-

Führen mit Wendung nach außen. Das Pferd achtet aufmerksam auf meine Bewegungen und versucht, mir aus dem Weg zu gehen.

fen. Benutzen Sie die Gerte an der Brust des Pferdes oder an seinen Vorderfußwurzelgelenken. Nicht schlagen, sondern nur wiederholt antippen. Oder lassen Sie die Gerte vor seiner Nase auf- und abpfeifen. Stellen Sie sich mit hoch erhobenen Armen oder Händen vor das Pferd und wedeln Sie vorwärts gehend mit den Händen – es führen viele Wege nach Rom, respektive rückwärts.
Loben Sie das Pferd, wenn es den ersten Schritt rückwärts macht. Fordern Sie dann evtl. vorsichtig noch einen oder zwei Schritte und lassen es dann gut sein. Das reicht fürs Erste.
Etablieren Sie dabei die Stimmhilfe für rückwärts: z.B. »back« oder »zurück«.
Macht das Pferd in der Phase des Führtrainings Schwierigkeiten mit dem Rückwärtsgehen, so können Sie das »Ausweichtraining« vorziehen. Das Ausweichtraining ist die zweite Stufe der Bodenarbeit, sorgt für eine exaktere »Steuerung« des Pferdes und fördert die Fixierung auf den Ausbilder. Vorhandene Probleme mit dem Rückwärts-Ausweichen können damit auch bisweilen gelöst werden.

2. Stufe: Ausweichtraining

Das Ausweichtraining gründet sich hauptsächlich auf Regel 2 der Herdenordnung: Das ranghöchste Pferd kann jedes andere von seinem Platz vertreiben. Das rangniedere Pferd muss ausweichen. Vertreiben Sie also Ihr Pferd von seinem Platz. Wenn es Ihnen gelingt, sind Sie der Chef.

Eine Probe Ihres Status kann auf der Weide oder auf dem Auslauf erfolgen. Angenommen, Ihr Pferd steht irgendwo dösend oder fressend herum. Gehen Sie bestimmten Schrittes auf es zu und treiben es weg. Machen Sie sich bei Bedarf größer, indem Sie Arme und Hände hochhalten und sich selbst aufrichten. Durch einen sehr straffen, aufrechten Gang mit erhobenem Kopf und forschen zielgerichteten Schritten verleihen Sie Ihrem Ansinnen den nötigen Nachdruck. Bewaffnen Sie sich notfalls mit einer Gerte, die Sie durch die Luft pfeifen lassen, oder mit einem Strick, den Sie kreisen lassen, um Ihren Bewegungen noch mehr »Schärfe« zu verleihen.

Sicherheitshinweis
Versuchen Sie immer, das Pferd auf Abstand zu halten und scheuchen es notfalls mit allen Mitteln weg von sich; bleiben Sie dabei außer Reichweite der Hinterhufe.
Wenn Ihnen das Pferd zu nahekommt, haben Sie keine Handlungsfreiheit mehr. Viele junge Pferde sind respekt- und distanzlos, knabbern an Jackenärmeln herum und rempeln den Menschen auch schon mal an. Das ist ein grober Verstoß gegen den »Verhaltenskodex« und muss unter allen Umständen rechtzeitig unterbunden werden.

Sicherheitsabstand

Kommen Sie dem Pferd nicht allzu nahe beim Wegtreiben: Ein Sicherheitsabstand in Huftrittweite ist zu empfehlen. Hat das Pferd nämlich noch wenig Respekt vor Ihnen, wird es entweder überhaupt nicht reagieren (was für Sie ungefährlich ist) oder es wird spät reagieren und vielleicht mit einem protestierenden Ausschlagen seinen Unmut kundtun. Dabei sollten Sie nicht getroffen werden.

Wenn Sie mit eingezogenem Genick und hängenden Schultern langsam in Richtung des Pferdes »schlurfen«, brauchen Sie sich nicht zu wundern, wenn es Sie ignoriert. Es fehlt Ihnen in dieser Haltung einfach an Autorität. Ihre krumme Haltung drückt Unentschlossenheit und Zögern aus – was das Pferd mit einer fehlenden Reaktion quittiert.

Bei dieser Probe Ihres Status sollten Sie auf jeden Fall eine Reaktion des Pferdes erreichen – sonst haben Sie die erste Runde im »Rangordnungsspiel« verloren. Sehen Sie also zu, dass sich das Pferd von seinem Platz entfernt – wohin ist erst einmal unerheblich.

Ziele des Ausweichtrainings

Gelingt es Ihnen, das Pferd von seinem Platz zu vertreiben, so können Sie das eigentliche Training anschließen. Bei den aufbauenden Übungen geht es darum, dass das Pferd in eine von Ihnen vorgegebene Richtung ausweicht und dass Sie schließlich die Körperteile des Pferdes einzeln steuern können. Zusätzlich lernt das Pferd im Laufe des Trainings, einem Druck bzw. Zug nachzugeben, statt sich dagegen zu wehren. Die Übungen dienen dazu, Ihnen vermehrte Kontrolle über Bewegungen und Reaktionen des Pferdes zu geben. Sie fördern den Gehorsam und die Aufmerksamkeit des Pferdes auf Ihre Signale und dienen als Vorbereitung für die gymnastizierende Arbeit an der Longe bzw. für die freie Arbeit im Round Pen.

Ausweich-Richtungen

Das Pferd kann in 6 verschiedene Richtungen ausweichen:

1. nach vorne durch Vorwärtstreiben bzw. Folgen (Mit den Übungen für das Folgen lassen sich auch diverse Führprobleme lösen – siehe vorangegangener Abschnitt).
2. zur Seite nach links
3. zur Seite nach rechts

2 und 3 beinhalten die Seitengänge des Pferdes sowie ein Ausweichen nur der Hinterhand oder

Rückwärts auf Distanz. Das Pferd reagiert auf die Körpersprache des Menschen und die Energieverschiebung und weicht aus.

So nicht.
Das Pferd erschreckt sich und springt unkontrolliert los – ohne Rücksicht auf Verluste. Es rempelt den Menschen an, hat also augenscheinlich keinen Respekt.

nur der Vorhand bei einer Vor- oder Hinterhandwendung.

4. nach hinten durch Rückwärtsgehen (eine Hilfestellung für eventuelle Rückwärts-Probleme beim Führen)
5. nach oben (z.B. durch Steigen)
6. nach unten (z.B. durch Hinlegen)

Richtungen 5 und 6 sind für die Grundausbildung zu vernachlässigen – sie können später für zirzensische Lektionen bedeutend werden. Wir werden in unserem Grundtraining mit den Richtungen 1 bis 4 vorliebnehmen. Auch damit sind schon verblüffende Ergebnisse zu erzielen.

1.a. Holen Sie das Pferd zu sich heran

Dazu stellen Sie sich mindestens 2–3 m entfernt frontal vor das Pferd und schauen es an. Das Pferd halten Sie an einem langen Strick. Es hat ein stabiles Halfter am Kopf, welches nicht reißen und nicht verrutschen sollte, damit es die Augen des Pferdes nicht verletzt. Ein gut angepasstes Knotenhalfter übt am meisten punktuellen – und damit unangenehmen – Druck auf das Genick des Pferdes aus. Ein breites Lederhalfter (oder auch ein Kappzaum) ist besser und rutschsicherer anzupassen. Mit was Sie arbeiten wollen, richtet sich danach, womit Sie am liebsten umgehen, d.h. womit Sie sich sicher und wohlfühlen und auch danach, worauf das Pferd gut reagiert.
Fordern Sie nun Ihr Pferd auf, zu Ihnen zu kommen, indem Sie Zug am Halfter und damit am Genick des Pferdes aufbauen. Unterstützen Sie den Zug mit der verbalen Hilfe »Komm her«, die Sie evtl. schon beim Führtraining etabliert haben.

Manche Pferde werden sich nun sofort in Bewegung setzen und auf Sie zulaufen – vor allem die, welche gewohnt sind, öfter mal eine »kaubare Belohnung« zu erhalten. Bei solchen folgsamen Pferden werden Sie allerdings manchmal Schwierigkeiten haben, sich überhaupt ein paar Meter zu entfernen, weil sie Ihnen nachlaufen wollen.

Distanz halten

Viele junge Pferde neigen dazu, zu »kuscheln« und Sie können sie sich kaum vom Leibe halten. Diese Distanzlosigkeit sollten Sie auf jeden Fall unterbinden, weil das distanzlose Pferd Sie mehr oder weniger handlungsunfähig macht. Sind Sie zu dicht dran, sieht es Sie nicht mehr in Ihrem gesamten Körperausdruck. Zudem ist Distanzlosigkeit auch meist ein Zeichen von Respektlosigkeit.

Das Pferd weicht mit der Vorhand seitwärts aus und hält respektvoll Abstand zu mir.

Wenn Sie mit Zügelkontrolle an der Hand arbeiten (siehe klassische Arbeit an der Hand), ist diese Distanz nicht nötig. Bei den einfachen Ausweichübungen brauchen Sie sie jedoch.

Etablieren bzw. festigen Sie die verbale Hilfe für »Stehenbleiben«. Mit einem deutlichen »Ho« oder »Halt« und einem in Richtung des Pferdes ausgestreckten Arm entfernen Sie sich (rückwärtsgehend, damit Sie das Pferd im Auge behalten können) von ihm. Will es Ihnen folgen, gehen Sie wieder einen Schritt auf es zu und rucken mit einem weiteren »Ho« am Leitseil. Richten Sie Ihre Energie »gegen« das Pferd. Stellen Sie sich einen Energiestrahl aus Ihrer Bauchmitte vor, der das Pferd am Platz hält. Das funktioniert später dann auch für das Rückwärts.

Haben Sie es geschafft, sich vom Pferd zu entfernen, lassen Sie es eine Weile stehen, gehen wieder zu ihm hin, loben es ausgiebig und entfernen sich erneut. Erst nach ein paar Übungen dieser Art fordern Sie es auf heranzukommen. Andernfalls kann es die ganze Prozedur nicht »sortieren«.

Nehmen wir nun an, das Pferd denkt nicht daran, dem Zug am Halfter zu folgen und bleibt bockbeinig stehen. Dann handhaben Sie den Strick bzw. die Longe wie ein Gummiband: Bauen Sie Druck auf und verstärken ihn langsam. Bei dieser Übung dürfen Sie ausnahmsweise einmal wirklich ziehen – zur Not **kurzzeitig** mit Ihrem ganzen Gewicht.

Reagiert das Pferd nicht auf den verstärkten Zug, geben Sie leicht nach. Damit testen Sie, ob sich das Pferd nur gegen den Druck zur Wehr setzt. Macht es nun einen Schritt auf Sie zu, loben Sie es mit der Stimme und lassen es eine Weile ohne Anforderung stehen. Dann fordern Sie weitere Schritte auf Sie zu auf die gleiche Weise.

Bleibt es weiter bockbeinig stehen, verstärken Sie kurz den Zug am Halfter, geben wieder leicht nach, verstärken erneut usw. bis das Pferd die Faxen dick hat und dem Zug nach vorne folgt. Im

Die Positionen des Menschen: neben, vor, hinter und auf dem Pferd.

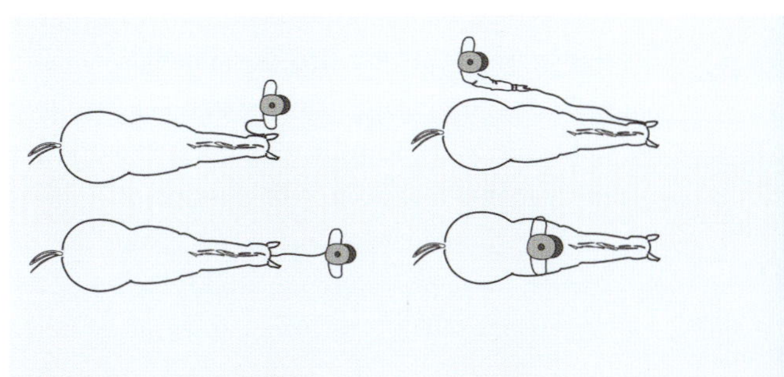

Prinzip arbeiten Sie wie bei Paraden am Zügel, jedoch in den Anfangsphasen mit deutlich mehr Kraftaufwand.

Das Pferd lernt schnell, dem Druck aufs Genick – dem Zug am Seil – zu folgen, statt sich dagegen zu wehren. Dieses Nachgeben auf Druck werden wir im Verlauf der Ausbildung sowohl an der Hand als auch unter dem Reiter noch mehrfach dringend brauchen.

Die Übung des Heranholens kann später mit der Übung »Rückwärts wegschicken« und mit Seitwärtsbewegungen kombiniert werden.

1.b. Die Übung »Kopf tief«

Eine Sonderform der Übung »Heranholen« ist die Übung »Kopf tief«. Gehen Sie vor Ihrem Pferd in die Hocke und bauen Sie Druck auf das Genick des Pferdes auf. Arbeiten Sie wieder in der Gummiband-Manier und bringen damit die Nase des Pferdes schrittweise bis auf den Boden. Wenn Sie nicht vor Ihrem Pferd knien wollen, können Sie auch mit der Hand von der Seite Druck auf das Genick ausüben und den Kopf mit Verstärkung und Verringerung des Drucks langsam herunter»drücken«.

»Spielen« Sie mit dem Genick des Pferdes. Sie können auch eine Hand auf die Pferdenase legen, die andere aufs Genick und den Kopf des Pferdes ein wenig seitlich hin- und herbewegen. Wichtig ist, dass sich das Pferd nicht gegen Ihre Hände wehrt und das Genick versteift.

Mit der Übung »Kopf tief« können Sie das Pferd auf Kommando entspannen und aus einer fluchtbereiten **Alarmhaltung** mit hohem Kopf und verspannter Muskulatur herausholen.

Die Forderungen des Ausbilders werden im Alarmzustand für das Pferd zweitrangig – die Aufmerksamkeit ist bei einer vermeintlichen Gefahr. Nur in einem entspannten psychischen Zustand ist es aufnahmefähig für die Signale des Ausbilders.

Haltung und emotionaler/psychischer Zustand des Pferdes sind untrennbar miteinander verbunden. Können Sie den Kopf des Pferdes aus der

Ausbilden mit Vorstellungskraft · Das richtige Bild im Kopf haben

Gehen Sie immer davon aus, dass das Pferd in gewünschter Weise auf Ihre Forderungen reagiert. Nur dann haben Sie das richtige Vorstellungsbild im Kopf. Wenn Sie befürchten, dass etwas nicht funktioniert, wird es nicht funktionieren. Es wird deswegen nicht funktionieren, weil Sie das falsche (negative) Bild im Kopf haben.

Bei der Ausbildung von Pferden läuft vieles über die »Vorstellungskraft«. Deswegen ist es so wichtig, dass der Ausbilder immer genau weiß, was er vom Pferd will (und ob das Pferd dies schon leisten kann), wie das aussehen muss und wie sich das (später im Sattel) anfühlen soll.

Das heißt: Wer ein junges Pferd ausbilden will braucht Erfahrung – und oft auch einen »unparteiischen Beobachter«, der einen Blick auf die Körpersprache von Mensch und Pferd wirft und überprüft, ob sich das, was der Mensch vom Pferd will, auch wirklich in seiner Körpersprache ausdrückt. Oft genug ist das nämlich nicht so.

Entspannen auf Kommando: mit der Übung »Kopf tief«.

Alarmstellung in die Ruhestellung herunterbugsieren und das Genick lockern, so ändert sich damit auch der emotionale Zustand des Pferdes. Es wird ruhiger und damit für Ihre Hilfen empfänglich. Aus diesem Grund ist die Übung des Nachgebens nach unten enorm wichtig für die Kontrolle des Pferdes.

Im Prinzip gilt für den Menschen Ähnliches. Psychische und körperliche Anspannung bedingen sich gegenseitig. Mit der körperlichen Entspannung (z.B. bewusstes Ausamten, »Luft rauslassen«) können Sie auch emotional entspannen. Beim gerittenen Pferd resultiert dies schließlich darin, dass ein »über den Rücken« und mit entspanntem Genick und frei getragenem Hals gerittenes Pferd sich natürlich deutlich besser kontrollieren lässt als ein verspanntes Pferd. Die Mechanismen und Vorgehensweisen bei Hand- und Bodenarbeit und beim Reiten unterscheiden sich nämlich nicht.

Seitlich nachgeben

Schließlich können Sie noch das seitliche Nachgeben trainieren, indem Sie seitwärts Zug auf den Kopf ausüben und das Pferd dazu bringen, den Hals zu biegen und mit seiner Nase seine eigene Flanke rechts bzw. links zu berühren. Ein dort hingehaltenes Leckerli kann diese stark dehnende Übung vereinfachen. Das Nachgeben auf den seitwärts führenden Zügel später unter dem Sattel wird damit vorbereitet.

1.c. Von hinten führen

Beim Führen von hinten verhalten Sie sich so, wie ein Leithengst, der seine Herdenmitglieder von hinten treibt. Dazu stehen Sie schräg hinter dem Pferd und treiben es mit Stimm- oder Gertensignalen nach vorne.

Sie können das mit Führseil oder auch frei trainieren. Läuft das Pferd Ihnen weg, sobald Sie es von hinten treiben, so sollten Sie es erst einmal mit dem Seil daran hindern.

Arbeit am langen Zügel und prinzipiell auch die Longen- und Doppellongenarbeit basieren auf diesem Führen von hinten und auf dem gezielten Ausweichen-Lassen von Vorhand und Hinterhand.

Nun treten bei dieser Art des Führens natürlich hin und wieder Probleme auf. Das Pferd scheut und will nicht vorwärts. Oder Sie können seine Laufrichtung nicht kontrollieren. Keine Angst, das gibt sich mit der Zeit.

Kontrolle von hinten

Mit einer Gerte können Sie Schulter oder Hinterhand des Pferdes dirigieren d.h. seitwärts treiben. (Die Kontrolle beim Führen von hinten geht

Hand in Hand mit der seitlichen Kontrolle des Pferdes, die in den nachfolgenden Abschnitten noch beschrieben wird.) Später können Sie durch Ändern Ihrer eigenen Position hinter dem Pferd die Richtung wechseln.

Angenommen, Sie gehen auf der linken Seite des Pferdes neben den Hinterbeinen. Wenn das Pferd auf Ihre Signale achtet, so hat es dabei eine leichte Linksstellung, weil es Sie sonst nicht sehen könnte. Treiben Sie nun die Hinterhand leicht nach rechts von sich weg, so beginnt das Pferd vorne eine Linkswendung (erstens, weil es Sie weiterhin im Auge haben will und zweitens aus anatomischen Gründen, weil es kein Scharnier im Bauch hat). Setzen Sie das fort, so haben Sie im besten Fall eine schöne Volte von hinten geführt. Arbeiten Sie mit einem Seil, ist es natürlich überhaupt kein Problem, einfach den Kopf des Pferdes mit dem Seil in die Wendung zu dirigieren.

Wenn Sie das Pferd in eine Rechtsvolte dirigieren wollen, ist ein Seitenwechsel für Sie angesagt. Wechseln Sie hinter dem Pferd auf seine andere Seite. Sorgen Sie dafür, dass Ihr Pferd diesen Wechsel auch mitbekommt, d.h. berühren Sie dabei seine Kruppe (führen Sie die Gerte z.B. von seiner linken Seite über die Kruppe auf seine rechte Seite), sprechen Sie mit ihm und treiben Sie dann, auf der anderen Seite angekommen, seine Kruppe leicht nach links. Das Pferd wird sich nach rechts stellen und Sie können es jetzt in eine Rechtsvolte dirigieren. Diese Übung des Seiten- und Richtungswechsels gehört natürlich schon ins Repertoire des Führens für Fortgeschrittene. Sie ist einfacher, wenn Sie ohne Führstrick arbeiten. Doch auch mit zwei Leinen funktioniert sie; Sie fahren dann das Pferd vom Boden aus.

Mit einem gut auf die Ausbildersignale sensibilisierten Pferd ist später auch »freies Schulterherein« auf diese Weise möglich.

Eine kleine Motivationshilfe in Form einer »kaubaren Belohnung« hin und wieder kann nichts schaden. Sie hilft, die Innenstellung und die Aus-

links: Führen von hinten im Trab – die Führposition für die Arbeit am langen Zügel und das Fahren vom Boden · rechts: Das Ausweichen der Hinterhand mit Überkreuzen.

richtung des Pferdes auf den Ausbilder zu erhalten. Je nach Verfressenheit des Pferdes muss man jedoch aufpassen, dass es sich nicht nach jeder gelungenen Übung selbstständig zum Ausbilder umdreht und seine Belohnung erwartet.

2. Seitwärts ausweichen

Das seitliche Ausweichtraining gibt Ihnen die Möglichkeit, das Pferd zielgerichtet zu steuern und Hinterhand bzw. Vorhand getrennt zu beeinflussen.

Die Seitwärtssteuerung am Boden beinhaltet:

a. das Ausweichen der Hinterhand – eine Vorhandwendung
b. das Ausweichen der Vorhand – eine Hinterhandwendung
c. reine Seitwärtsbewegungen ohne Vorwärtstendenz (z.B. seitwärts über eine Stange)
d. Vorwärts-Seitwärts-Bewegungen: Schenkelweichen, Schulterherein, Travers

Selbstvertrauen beweisen

Bleiben Sie aufrecht und entspannt und setzen Sie eine einmal gestellte Forderung konsequent durch.
Sie müssen auch selbst daran glauben, dass das Pferd auf Ihre Körpersprache reagiert. Bewegen Sie sich gezielt und bewusst – das Pferd folgt dann jeder Ihrer Bewegungen.
Zweifeln Sie an Ihren Körpersignalen, so tut es das Pferd auch – und achtet nicht mehr auf Sie.

a. Das Ausweichen der Hinterhand (Vorhandwendung)

Stellen Sie sich seitlich neben den Kopf des Pferdes und schauen Sie dabei auf den Hinterhuf des Pferdes (wenn Sie rechts neben dem Pferd stehen ist es der linke Hinterhuf). Den Führstrick halten Sie lose in der linken Hand, so dass er in einer Schlaufe durchhängt, jedoch nicht auf dem Boden schleift. Das lose Ende des Seiles halten Sie in der rechten Hand.
Machen Sie nun einen gezielten Schritt auf die Spitze des linken Hinterhufes zu – mit der Idee, diesen zur Seite ausweichen zu lassen. Bewegen Sie sich souverän und aufrecht und unterstützen Sie Ihre »Energieausrichtung« durch ein kreisendes Seilende, mit dem Sie zusätzlich auf das linke Hinterbein in Höhe des Knies zielen. Idealerweise weicht nun das Pferd mit der Hinterhand nach rechts (aus Ihrer Sicht nach links) aus. Das Pferd soll Sie nach dem Ausweichen der Hinterhand anschauen und aufmerksam auf neue Signale warten. Es führt prinzipiell eine Wendung um die Vorhand aus.
Läuft es einfach nur irgendwie davon, so weicht es oft zusätzlich mit der Vorhand aus. Versuchen Sie dann, noch besser auf die Hinterhand zu zielen, und die Vorhand mit einem kurzen Impuls am Seil am Platz zu halten.

Es kann allerdings auch passieren, dass das Pferd gar nicht ausweicht, weil es das nicht für nötig hält. Dann hat es noch nicht genug Respekt vor Ihnen und Sie müssen deutlicher werden. Lassen Sie den Seilpropeller an seine Hinterhand klatschen oder benutzen Sie stattdessen eine Gerte, die Sie erst vor dem Hinterbein in der Luft hin und her wedeln, und schließlich ab und zu einmal das Bein damit treffen. Kommen Sie den Hinterbeinen dabei nicht zu nahe, denn es besteht die Gefahr, dass das Pferd nach Gerte oder Seil tritt. Stellen Sie sich bildhaft vor, wie das Hinterbein seitwärts tritt.

»Stören« Sie die Hinterhand weiter mit Seil oder Gerte – bis das Pferd hinten weicht. Bei der ersten richtigen Reaktion sofort aufhören und loben.

Auf diese Art und Weise können Sie schließlich auch phlegmatischen Pferden eine prompte (und zuweilen auch heftige) Reaktion entlocken. Und genau das wollen Sie: eine schnelle Reaktion auf Ihre Forderungen. Würde das Pferd in der Herde nicht ganz schnell ausweichen, würde es Prügel vom Ranghöheren beziehen. Den gleichen Respekt sollte es auch vor Ihnen haben.

Heftige Reaktionen des Pferdes sind erlaubt und bisweilen durchaus erwünscht

Haben Sie ein nervöses, hektisches Pferd, wird es zuweilen bei den ersten Übungen dieser Art wild um Sie herumhopsen. Das ist nicht schlimm. Geben Sie ihm genug Luft am Führseil, damit es Sie nicht wegreißt. Und loben Sie sofort, wenn es wieder ruhig wird.

Das üben Sie auf beiden Händen gleichmäßig. Auf seiner steiferen Seite wird das Pferd eher Schwierigkeiten machen. Auf Ihrer ungewohnten/steiferen Seite werden Sie eher Schwierigkeiten mit der genauen Koordination Ihrer eigenen Bewegungen haben. Arbeiten Sie weiter, bis auf beiden Seiten eine gleich gute Reaktion vom Pferd kommt.

b. Das Ausweichen der Vorhand (Hinterhandwendung)

Klappt die Sache mit der Hinterhand, dann lassen Sie nur die Vorhand weichen. Bei dieser Lektion sind Ihre eigene Kondition und Reaktion gefragt, denn Sie müssen recht schnell laufen und reagieren, wenn Sie Ihre Position neben der Schulter des Pferdes aufrechterhalten wollen. Weichen Sie von der »richtigen« Position ab, führt das zu einer fehlenden oder falschen Reaktion des Pferdes. (Hinterhandwendungen und auch die Traversbewegungen sind prinzipiell leichter mit den Übungen der klassischen Arbeit an der Hand zu erzielen und zu kontrollieren – siehe dort).

Stellen Sie sich in Höhe der Pferdeschulter auf – circa einen Meter vom Pferd entfernt mit Blickrichtung zwischen Genick und Schulter des Pferdes. In welcher Hand Sie den Strick halten hängt davon ab, ob Sie ein zusätzliches Hilfsmittel wie Gerte oder Seilpropeller benutzen müssen, um das Pferd in Bewegung zu setzen.

!

Arbeiten Sie auf Abstand

Versuchen Sie nicht, das Pferd mit Ihrem eigenen Gewicht rückwärts zu schieben oder zu drücken oder am Halfter rückwärts zu ziehen. Es soll Ihnen (freiwillig) ausweichen, auf Ihre Signale reagieren und nicht mit Kraft weggeschoben werden.

Wenn Sie bei solchen grundlegenden Gehorsamsübungen versuchen, mit Körperkraft zu arbeiten, führen Sie Ihre ganze Arbeit ad absurdum. Wir wollen schließlich, dass das Pferd lernt, auf minimale Signale unseres Körpers zu reagieren – sowohl am Boden wie später unter dem Reiter.

Bewegen Sie sich nun schnell und gezielt auf das Buggelenk des Pferdes zu. Ihre Fußspitzen zeigen dabei auf den Ihnen zugewandten Vorderhuf des Pferdes – idealerweise genau auf seinen Ballen. Sie können Ihre Stimme zusätzlich einsetzen, um das Pferd zum Loslaufen zu ermuntern. Das Pferd sollte nun mit der Vorhand ausweichen und die Hinterhand am Platz lassen. Weicht es langsam aus, so haben Sie kein Problem, dem Kreisbogen zu folgen, den die Vorhand nun um die Hinterhand beschreibt. Weicht es schnell aus, so müssen Sie schon gut zu Fuß sein, um zu folgen. Sie stehen ja hier nicht, wie beim Ausweichen der Hinterhand in der Nähe des Drehpunktes, sondern an der Peripherie.

Neben dem schnellen Spurt müssen Sie nun auch noch auf Ihre Position achten. Geraten Sie vor die Schulter des Pferdes, so biegt es nur noch seinen Hals von Ihnen weg in die Wendung und bleibt evtl. mit den Vorderbeinen stehen. Geraten Sie hinter die Schulter Richtung Flanke, so weichen Vor- und Hinterhand gemeinsam – und damit wären wir schon bei der nächsten Seitwärtsübung.

c. Vorhand und Hinterhand weichen aus

Können Sie nun Vorhand und Hinterhand getrennt steuern, so ergibt sich die reine Seitwärtsbewegung und das Schenkelweichen bzw. Schulterherein aus diesen Kontrollmechanismen. Bei der reinen Seitwärtsbewegung weicht das Pferd mit Vor- und Hinterhand gleichmäßig aus. Für Koordinations- und Geschicklichkeitsübungen werden Sie diese Seitwärtsbewegung später brauchen. Ihre eigene Position liegt dabei irgendwo zwischen Vor- und Hinterhand. Die genaue Position ermitteln Sie über die Reaktion des Pferdes. Sind Sie zu weit vorne, so weicht die Vorhand stärker als die Hinterhand. Stehen Sie zu weit hinten, dann weicht die Hinterhand stärker. Oder das Pferd entzieht sich der ganzen Aktion nach vorne. Fordern Sie in dieser Position ein zusätzliches Vorwärtsgehen des Pferdes, so bekommen Sie eine Schulterhereinbewegung. Ein Schulterherein oder Schenkelweichen können Sie

Ausweichen vorwärts-seitwärts auf Distanz – in Form eines Schulterherein auf der Zirkellinie.

auch bekommen, indem Sie sich frontal vor dem Pferdekopf seitwärts bewegen und dabei die eigenen Beine überkreuzen. Ist das Pferd aufmerksam, richtet es sich vor Ihnen aus und überkreuzt gleichfalls.

So einfach ist das!?

Nun – ganz so einfach nicht, denn Sie müssen für die ersten richtigen Reaktionen des Pferdes schon Ihr ganzes bis dahin angesammeltes Hilfenrepertoire am Boden nutzen. Stimme, Körperposition,

Ausweichen nach unten – in Form des Hinlegens.

Hilfsmittel wie Touchieren mit Gerte oder Seil – und das Ganze noch im richtigen Moment, in der richtigen Stärke und ohne das Bewusstsein für die eigene Position und die eigene Körpersprache zu verlieren.

Erfolgskontrolle – Fixierung auf den Ausbilder

Haben Sie beide Seiten sowie Vor- und Hinterhand gleich gut im Griff, können Sie testen, wie gut Ihr Pferd auf Sie und Ihre Körpersignale fixiert ist. Stellen Sie sich im Abstand von etwa einem Meter vor das Pferd. Machen Sie ein paar Schritte nach rechts – das Pferd sollte Ihnen mit der Vorhand folgen und Sie nicht aus den Augen lassen. Machen Sie dann ein paar Schritte nach links, wieder einen nach rechts usw. Mit der Zeit »setzt« es sich dabei, dreht auf der Hinterhand und wird vorne leicht. Besonders witzig ist das, wenn Sie frei mit dem Pferd arbeiten und es auch schon gut nach hinten ausweicht (siehe 4. Rückwärts). Sie können dann regelrecht mit dem Pferd tanzen. Führen Sie es nur durch Ihre Körperposition oder durch eine mit beiden Händen quer vor sich gehaltene Gerte, die Ihre Körperhaltung und Ausrichtung noch deutlicher werden lässt, nach rechts, nach links, nach hinten, nach vorne in einem von Ihnen vorgegebenen Rhythmus. Achten Sie jedoch darauf, dass das Pferd Ihnen dabei nicht zu nahekommt und nicht die Grenzen zum Spiel (mit Artgenossen) überschreitet. Es ist nämlich nicht besonders angenehm, auf einmal einen Vorderhuf auf der Schulter zu haben.

4. Rückwärts – Ausweichen nach hinten, wegschicken nach hinten

Das Ausweichen nach hinten gymnastiziert das Pferd (wenn es dabei über den Rücken geht und die Hinterbeine winkelt), fördert Gehorsam und Vertrauen und festigt die ranghohe Position des Ausbilders, denn es ist prinzipiell eine Demutsgeste. Das Pferd soll sich idealerweise von Ihnen rückwärts wegschicken lassen, ohne dass Sie schieben oder drücken müssen – in der fortgeschrittenen Form auch, ohne dass Sie sich selbst von der Stelle bewegen. Und es sollte in der richtigen Ausführung gerade rückwärts gehen, wenn Sie gerade auf es zugehen. Später kommt das gelenkte Rückwärtsrichten ohne und – in der fortgeschrittenen Form – mit Biegung dazu.

Beginnen Sie mindestens 1,5–2 m vor dem Pferd stehend. Um das Pferd rückwärts zu schicken, gehen Sie in einer ersten Übung mit erhobenen Händen, einer quer gehaltenen Gerte oder einem kreisenden Seilende frontal auf das Pferd zu. Ob Sie das Pferd am Strick halten oder frei arbeiten,

Das Pferd rückwärts wegschicken.

ist Ihnen überlassen. Probieren Sie am besten beides aus. Arbeiten Sie frei, kann Ihnen das Pferd natürlich weglaufen, wenn es nicht genug auf Sie Acht gibt. Reagiert das Pferd nicht auf Ihr Signal und bleibt stur stehen, wenn Sie auf es zugehen, dann arbeiten Sie mit Störaktionen. Wedeln Sie mit den Armen oder der Gerte, lassen Sie das Seilende direkt vor der Nase des Pferdes kreisen – wenn es die Nase ab und zu berührt, ist das auch erlaubt. Achten Sie darauf, dabei nicht allzu dicht an das Pferd heranzukommen, denn es besteht die Gefahr, dass es steigt oder seitlich wegdreht und Sie dabei verletzt. Stellen Sie sich einen Energiestrahl aus Ihrer Mitte vor, den Sie dem Pferd »entgegenschleudern«. Nützt das alles nichts, so können Sie das Seil in eine Wellenbewegung versetzen und das Pferd damit am Halfter stören.

Für einen unwissenden Beobachter mag das nun ein grausiges Bild sein: Das Pferd reißt die Augen auf und den Kopf hoch und Sie machen vor ihm den Kasper. Doch irgendwann wird das Pferd mit einem Rückwärtsschritt reagieren. Hören Sie dann sofort mit allen Störaktionen auf, lassen das Pferd in Ruhe stehen und loben es mit der Stimme und/oder einem Streicheln der Stirn (das sind drei verschiedene Lob-Instrumente, von denen das erste das wichtigste ist).

Nach angemessen langer Verarbeitungs-Ruhepause – eher zu lang als zu kurz (mindestens eine halbe Minute) beginnen Sie von Neuem mit der Prozedur. Das Pferd wird jetzt schon viel schneller reagieren. Auf jeden Fall wird es sehr viel mehr Aufmerksamkeit auf Sie richten. Versucht es sich seitlich dem Rückwärtsrichten zu entziehen, so traut es Ihnen und dem Terrain hinter sich, das es ja nicht sehen kann, noch nicht so recht. Geben Sie ihm Zeit und fordern Sie nur Schrittchen für Schrittchen rückwärts. Etablieren Sie dabei die Stimmhilfe »back« oder »zurück«. Das hilft später auch beim Rückwärtsrichten

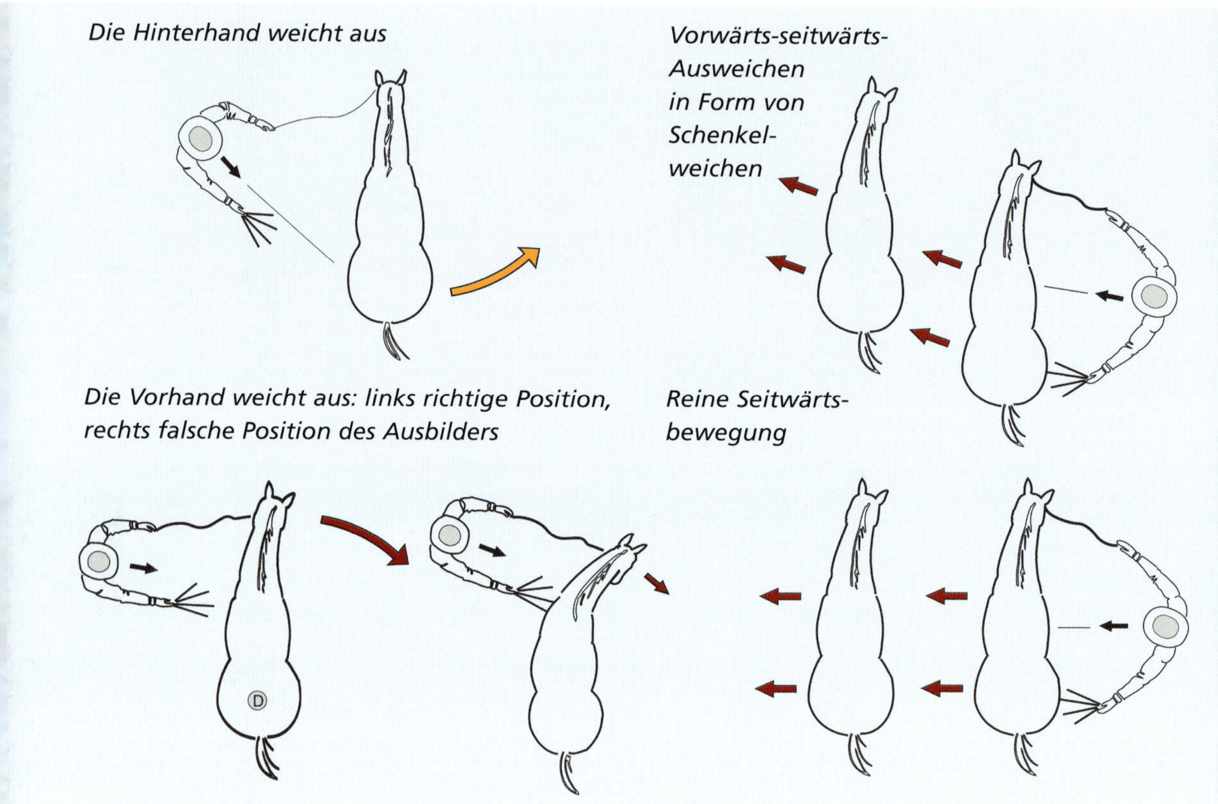

Ausweichrichtungen und Positionen des Ausbilders.

unter dem Sattel. Beherrscht das Pferd die Übungen zur seitlichen Kontrolle (Punkte 2 und 3) gut, so können Sie Ihre eigene Position vor dem Pferd nach rechts oder links so verändern, dass Sie es damit geradehalten und auch steuern können (siehe Zeichnung rechts).

Reagiert das Pferd gut auf Ihre Aufforderung zum Rückwärtsgehen, so können Sie versuchen, es mit einem wellenfömig geschwungenen Seil rückwärts zu dirigieren, während Sie selbst dabei stehen bleiben. Verbinden Sie den Wellenschlag mit Ihrem stimmlichen Kommando für »Zurück«, Ihrer Energieausrichtung.

Macht das Pferd den ersten Schritt von Ihnen weg, dann loben Sie es und lassen es kurz stehen. Dann fordern Sie weitere Tritte. Klappt das Rückwärtsschicken, können Sie es auch im Bogen um sich herumschicken, indem Sie Ihre Position nach dem »Rückwärts« nach rechts oder links verändern und schräg auf die Schulter des Pferdes zugehen bzw. mit der Gerte auf die Schulter zeigen.

Diese Übung können Sie später beim Longieren oder auch bei der freien Arbeit im Round Pen gut für Richtungswechsel und für das Herausschicken des Pferdes auf den Hufschlag gebrauchen.

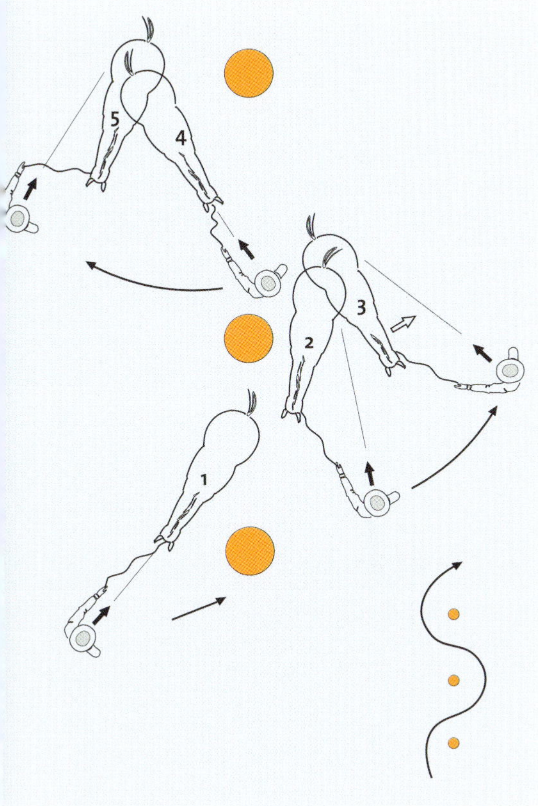

Positionsveränderung des Menschen zur Steuerung des Pferdes rückwärts. Oben im Zickzack, rechts im Stangen-L.

Sicherheitshinweis

Mit einem ungezogenen Rüpel, der noch nicht gelernt hat, dass man nicht nach der Gerte oder den Leinen tritt, dürfen Übungen, bei denen Sie nahe an der Hinterhand arbeiten müssen, auf keinen Fall probiert werden.

3 Angstbewältigung für Pferd und Reiter in Theorie und Praxis

Theorie der Angst

Ängste spielen beim Anreiten eine doppelte Rolle. Zum einen von Seiten des Pferdes und zum anderen von Seiten des Reiters.

Beide müssen Sie als Ausbilder in den Griff bekommen. Schaffen Sie das nicht, bevor Sie sich das erste Mal auf Ihr Tier schwingen, wird das Anreiten zu einer Nerven aufreibenden und auch riskanten Geschichte, denn dann sind unliebsame Überraschungen und Kurzschlussreaktionen vorprogrammiert.

Zum Thema Angst sind vier Bereiche für uns als Reiter interessant

1. Warum haben Mensch und Pferd Angst?
2. Was löst Angst aus?
3. Wie bekommt man die Angst in den Griff?
4. Was passiert bei dauerhafter Angst?

Damit Sie dem Pferd etwas beibringen können, müssen Sie eine entspannte Grundstimmung herstellen, so dass sich das Pferd bei Ihnen wohl und sicher fühlt.

1. Warum haben Mensch und Pferd Angst?

Die Antwort lautet in ihrer einfachsten Form: »Die Angst hat sowohl dem Pferd als auch dem Menschen ermöglicht, zu überleben.« Ängste sind eine Art Frühwarnsystem für potenzielle Lebensgefahren. Das gilt beim Menschen insbesondere für das primitive Angstsystem – das limbische System. Dieses System ist entwicklungsgeschichtlich älter als das rationale Angstsystem und besitzt nicht die Möglichkeit, abzuwägen. Es entscheidet blitzschnell und vorbewusst (d.h. rein emotional) aufgrund von groben Sinneseindrücken und sehr einfachen Kategorien, ob es Gefahr »wittert«.

Es ist nicht bewusst kontrollierbar und kann bei einer Bedrohung zwei verschiedene emotionale Impulse geben, die unterschiedliche Reaktionsmuster hervorrufen können:

Das eine Schema ist eine Angst-Flucht-Panik-Reaktion, das andere die Angst-Kampf-Wut-Reaktion. Welches der beiden Muster zum Tragen kommt, ist abhängig von der Situation und den momentanen Möglichkeiten des Menschen. Interessant ist die nahe Verwandtschaft von Wut und Panik – es sind nämlich beides starke Angstreaktionen. Wenn Sie also einen Reiter sehen, der wütend auf sein Pferd einprügelt, dann können Sie davon ausgehen, dass dieser Reiter im Augenblick Angst vor seinem Pferd (oder dessen Reaktionen) hat und sein primitives Angstsystem

Die Alarmhaltung des Pferdes: Hochgerissener Kopf und Hals mit »Vorspannung« in der Muskulatur, um schnell zur Flucht bereit zu sein. In dieser Haltung kann das Pferd nichts lernen.

die Kontrolle mit dem Angst-Kampf-Wut-Reaktionsmuster übernommen hat.
Jedes höher entwickelte Säugetier – und damit auch das Pferd – besitzt ein solches primitives Angstsystem.

Das Pferd neigt also grundsätzlich zu den gleichen Verhaltensmustern aus dem primitiven Angstsystem – mit den beiden Möglichkeiten Angst-Flucht-Panik-Reaktion und Angst-Kampf-Wut-Reaktion. Oft wird es artspezifisch mit Flucht oder gar Panik reagieren, bleibt ihm kein Ausweg, kann genauso die Kampf-Reaktion ausgelöst werden.

2. Was löst Angst aus?

... beim Menschen

Die Ängste des Menschen – und damit die Angstauslöser – sind enorm vielfältig. Die Angst vor dem eigenen Tod und ihre Spielarten – die Angst vor dem Fallen, vor Verletzungen, vor Bewegungsunfähigkeit sind tief verwurzelt. Als soziales Wesen reagiert der Mensch jedoch auch mit Ängsten auf den Verlust eines nahe stehenden Menschen oder auf den Entzug von Anerkennung durch eine soziale Gruppe. Beides resultiert aus seiner Entwicklungsgeschichte, in der der schwache und leicht verletzliche steinzeitliche Mensch auf den Schutz der Horde angewiesen war. Die positive Erziehung zu sozial nützlichem Verhalten, aber auch die negativen Aspekte wie Gruppenzwang und Psychoterror sind auf diese Weise möglich.
Eine besondere Art der Angst ist beim Menschen die Angst vor dem Verlust der Kontrolle über eine Situation, über einen anderen Menschen oder auch – was uns hier besonders interessiert – über ein Pferd.
Einer Situation nicht gewachsen zu sein, nicht zu wissen, was man tun soll, sich hilflos fühlen, keinen Ausweg zu sehen – all das löst mindestens Unbehagen, oft Angst und schlimmstenfalls Panik aus. Durch den Erwerb von Fähigkeiten, Wissen und Erfahrung können solche Ängste allerdings deutlich gemildert werden.

... beim Pferd

Schaut man sich die Angstpalette des Pferdes an, so sieht man viele Gemeinsamkeiten mit der des Menschen. Pferd und Mensch sind soziale »Herdenwesen« mit ausgeprägter eigener Individualität. Die Herde, die Gesellschaft, gewährt Schutz und verlangt die Anpassung des Individuums an ihre Normen. Besonders das junge, unerfahrene Pferd reagiert mit Angst auf Isolation, auf Führungsverlust, auf Entzug der Zuwendung durch die Herdenmitglieder – und kann deswegen durch die älteren Pferde der Herde erzogen und sozialisiert werden.

Die Angst vor dem Tod, vor dem Gefressenwerden resultiert beim Pferd in einem extremen Unabhängigkeitstrieb: Auf eine Einschränkung seiner Beweglichkeit – durch Fesseln, Anbinden, Einsperren – reagiert manches unausgebildete Pferd mit extremer Panik und mit vom Menschen dann nicht mehr kontrollierbaren Angstreaktionen. Auch diese Reaktionen können durch Gewöhnung (Ausbildung, Vertrauen in den Reiter) stark verringert werden. Ein hundertprozentiges »Abstellen« der Angstreaktionen ist jedoch nicht möglich. Auch das ausgeglichenste Pferd kann noch erschrecken. Es kommt nur darauf an, wie der Mensch mit dieser Reaktion umgeht. Bleibt er ruhig und signalisiert dem Pferd »alles in Ordnung«, so wird auch das Pferd schnell wieder ruhig. Wird er hektisch und bekommt selber Angst, so bestätigt er das Pferd in dessen Schreckreaktion und das Pferd regt sich richtig auf.

Zwei Angstkreisläufe

Wir sehen uns also beim Anreiten von Pferden mit zwei auf den ersten Blick unvereinbar erscheinenden Problemkreisen der Angst konfrontiert. Der Mensch hat Angst vor dem Verlust der Kontrolle (über das Pferd) und das Pferd hat Angst vor der Einschränkung seiner Beweglichkeit (durch den Menschen). Beide besitzen ein primitives Angstsystem, welches dazu neigt, die Kontrolle an sich zu reißen, wenn es eine Gefahr für Leib und Leben zu erkennen glaubt. Beide können mit Flucht und Panik oder mit Kampf und Wut reagieren.

Geht man beim Anreiten nach der Hauruck-Methode vor und lässt es an sinnvoller Vorbereitung fehlen, dann ist das Rodeo als Resultat von Angstreaktionen durchaus wahrscheinlich. Das Pferd reagiert mit wütendem Bocken auf die Einschränkung seiner Beweglichkeit durch Sattel und Reiter. Der Reiter hat keine Kontrolle über das, was das Pferd tut und kann sich nur mit akrobatischem Geschick auf dem Pferd halten. Es soll Leute geben, denen das Spaß macht. Und wenn man lange genug oben bleibt, geht dem Pferd evtl. die Puste aus und es findet sich aus reiner Erschöpfung mit dem Reiter ab. Mir persönlich wären meine Knochen und die meines Pferdes zu schade für solche Experimente. Da höre ich doch lieber auf mein eigenes Frühwarnsystem und versuche, solche Reaktionen des Pferdes gar nicht erst zu provozieren. Ich habe nämlich keine große Lust, heruntergebockt zu werden.

Schließlich wissen wir ja schon seit längerer Zeit, dass dieses Einbrechen von jungen, meist halbwilden, Pferden völlig unnötig ist und dass es Mittel und Wege gibt, das besser und sicherer zu bewerkstelligen.

Eine Zusammenarbeit von Mensch und Pferd kann auch in der frühen Phase schon recht gut funktionieren. Rodeos mit spektakulären Luftsprüngen werden damit (meistens) in schlechte Westernfilme verbannt. Schlüssel zur Zusammen-

arbeit sind im Prinzip die verbliebenen (noch nicht besprochenen) Ängste des Pferdes, der rationale Verstand des Menschen, der sie sich zunutze macht und die Möglichkeit der »Desensibilisierung« auf Angstauslöser durch Gewöhnung. Und damit sind wir bei Frage 3.

3. Wie bekommt man die Angst in den Griff?

Der Mensch hat neben dem limbischen System zwei weitere Schaltsysteme, die sich mit seinen Ängsten und deren Kontrolle beschäftigen.

Er besitzt ein rationales Angstsystem, welches auf die Impulse aus dem primitiven Angstsystem reagiert und diese prüft. Das rationale Angstsystem arbeitet deutlich langsamer als das primitive System, aber auch sehr viel differenzierter. Rationales und primitives Angstsystem kämpfen um die Kontrolle im Menschen. Würde immer nur das primitive Angstsystem gewinnen, würde der Mensch permanent wegrennen oder kämpfend um sich schlagen. Differenzierte Lösungsmöglichkeiten von Angst besetzten Problemen – z.B. so etwas wie gewaltfreier Widerstand – wären unmöglich; und ein geistiger Fortschritt desgleichen.

Mit dem rationalen Angstsystem sind wir in der Lage, Impulse aus dem limbischen System zu kontrollieren und zu modifizieren. Primitive Urängste des Menschen, wie die Angst zu fallen

oben: Dem Schimmel ist der Stick mit der Rasselspitze nicht geheuer.
unten: Die Spannung entlädt sich in einem Satz nach vorne.
Das ist nicht weiter schlimm, so lange keiner in Panik gerät.

und die Angst, die Kontrolle zu verlieren, können über das rationale Angstsystem gesteuert werden, weil es auch die individuellen, persönlichen Erfahrungen und erlernte oder ererbte Fähigkeiten des einzelnen Menschen in seine Erwägungen einbezieht. Es fragt einfach ausgedrückt: »Kann ich mit meinen Fähigkeiten mit dieser Situation umgehen, ohne dass es mich umbringt, oder nicht?«

Mit Hilfe des rationalen Angstsystems kann auch eine Desensibilisierung durch Gewöhnungsprogramme vorgenommen werden. Das ist vor allem dann sinnvoll, wenn das limbische System zu starke und zu viele Warnimpulse aussendet, die das rationale System kaum noch verarbeiten kann. Bei Menschen mit Angstzuständen oder Phobien ist das beispielsweise so.
Die letzte Instanz ist schließlich das Bewusstsein, welches entscheidet, wie der Mensch mit seinen Impulsen aus dem Frühwarnsystem und der Beurteilung aus dem rationalen Angstsystem umgeht. Es ist eine Art Schiedsrichter zwischen primitivem und rationalem Angstsystem.

Auch das Pferd kann lernen, die Impulse aus dem primitiven Angstsystem zu kontrollieren. Und es kann durch Gewöhnungsprogramme desensibilisiert werden. Im Prinzip funktioniert das ganze System wie beim Menschen auch – nur dass das rationale Angstsystem und das bewusste Abwägen einer Entscheidung in der beim erwachsenen Menschen vorhandenen Ausprägung beim Pferd nicht existieren. (Das junge Pferd reagiert im Prinzip wie ein unerfahrenes Kind – spontan und unreflektiert.) Trotzdem ist das System das Gleiche: Flucht- oder Kampf-Impulse aus dem primitiven Angstsystem werden auf ihre soziale Verträglichkeit (in der Herde) und auf ihre Durchführbarkeit hin überprüft und gegebenenfalls verworfen. Wenn einem Fluchtimpuls nachzugeben bedeuten würde, dass das Pferd an einem ranghöheren Pferd vorbeidrängeln müsste, wird es diesem Impuls nicht nachgeben, denn es bezöge dann einen Rüffel von dem ranghöheren Pferd.

Negative Verhaltenskreisläufe aktiv durchbrechen

Sie möchten nun also das Pferd kontrollieren, weil sonst Ihr eigenes Angstsystem **»Kontrollverlust-Alarm«** gibt. Dazu müssen Sie die Ängste des Pferdes kontrollieren, damit nicht das primitive Angstsystem des Pferdes die Kontrolle an sich reißt und es zu einer für uns Menschen unkontrollierbaren Reaktion verleitet. Nun können Sie Ihrem Pferd nicht einfach ins Ohr flüstern »Hab keine Angst«. Das funktioniert noch nicht einmal bei einem anderen Menschen, der Ihre Sprache versteht, weil das primitive Angstsystem nicht auf verbale Aufforderungen reagiert. Sie müssen sich also eines Verständigungsmittels bedienen, welches dem Pferd geläufig ist und welches in der Lage ist, das primitive Angstsystem auch zu erreichen.

Klare Vorgaben – Klarer Rahmen – Klare Idee

Junge Pferde brauchen klare Vorgaben und einen klar definierten Rahmen; der Ausbilder braucht eine klare Idee von dem, was er erreichen will.
Mit diesem Konzept bekommt man auch die Angst in den Griff.

In den vorigen Abschnitten haben Sie gelesen, dass die sozialen Ängste bei Pferd und Mensch die gleichen sind: nämlich die Angst vor dem dauerhaften Verlust von Bezugspersonen (bzw. -pferden) und vor dem Verlust des Schutzes durch eine Gruppe bzw. eine Vertrauensperson (oder ein Alphatier). Daraus resultiert natürlich auch eine gewisse Angst vor Sanktionen von Seiten der Leitfiguren.

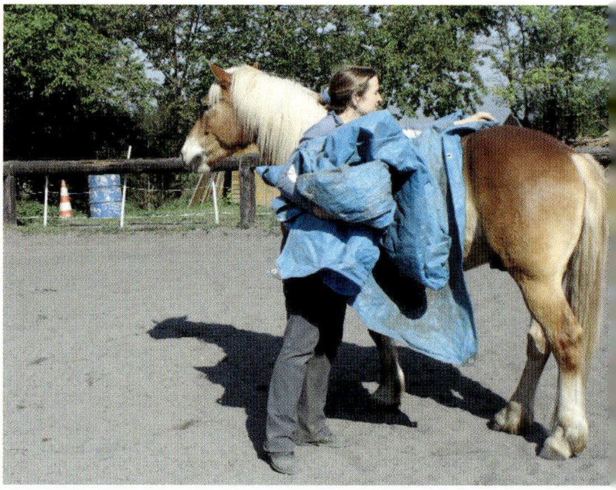

Sozialer Status, Autorität, Angst, Demut, Über- oder Unterlegenheit drücken sich in Körperhaltungen, Gesten und Mimik (der Körpersprache) aus – sowohl beim Menschen als auch beim Pferd. »Körpersprache« ist also die gemeinsame Sprache, die Mensch und Pferd von Anfang an beide verstehen. Und sie ist auch der Schlüssel, mit dem Sie das primitive Angstsystem des Pferdes beherrschen können. In der Folge wird das Pferd kontrollierbar und Sie erreichen schließlich ein relativ hohes Maß an Sicherheit im Umgang mit dem Pferd. Diese Sicherheit können Sie für die eigentliche Anreitphase bestens gebrauchen.

Mit der einen Sorte Angst wird die andere Sorte unter Kontrolle gehalten

Das Paradoxon bei der Sache ist, dass eine Sorte Angst genutzt wird, um die andere auszutreiben. Der Mensch präsentiert sich dem Pferd als Leitfigur (Alphatier), nutzt dabei dessen Angst vor sozialer Bezugslosigkeit und gefährlicher Isolation und verringert sie im gleichen Zug wieder, weil er dem Pferd mit seiner Souveränität und Autorität Sicherheit gibt. Hat das Pferd ihn als »Alphatier« angenommen, so wird es seinen Wünschen auch dann folgen, wenn es vor irgendetwas Angst hat, weil das seinem artspezifischen Verhalten entspricht und im natürlichen Herdenverband verhindert, dass die Pferdegemeinschaft bei Gefahr in alle Richtungen auseinanderstiebt. Gelingt es Ihnen, den Status des Alphatieres am Boden – bevor Sie auf Ihr Pferd klettern – zu erreichen, haben Sie schon fast gewonnen. Sie können seine Angstreaktionen kontrollieren, verringern damit Ihre eigene Angst und festigen dadurch wiederum das Vertrauen des Pferdes in Sie als Leittier. Ein positiver Kreislauf aus Sicherheit, Vertrauen und relativer Angstfreiheit hat begonnen. Ich sage relativ, da eine komplette Angstfreiheit weder beim Reiter noch beim Pferd zu erreichen ist. Das primitive Frühwarnsystem gibt auf Dauer keine Ruhe und findet neue Gefahren an jeder Ecke.

Mit der Zeit ist das Pferd in der Lage, sich an viele Angstauslöser zu gewöhnen. Diese Gewöhnung wird mit Abstumpfungstherapien wie Einwickeln, Aussacken, Training an Engpässen, Übungen mit klappernden Säcken und raschelnden Planen, Plastikvorhängen und allen Arten von Geschicklichkeitsübungen am Boden immer weiter gefestigt.

Angstbewältigung – links das Aussacken mit einer Plane und rechts ein »Verfolgungsspiel«

In diesem Zusammenhang ist allerdings von elementarer Bedeutung, dass ein möglicherweise beginnender negativer Kreislauf der Angst schnell erkannt und bewusst durchbrochen werden muss, um einen Zugang zu den Mechanismen der Angstkontrolle zu bekommen und zu behalten. Dieser negative Kreislauf kann erstens nur durch den Menschen und zweitens nur dann durchbrochen werden, wenn der Mensch weitgehend Herr seiner eigenen Ängste ist. Er sollte Gewöhnungs- und Desensibilisierungstechniken auch für sich selbst erfolgreich anwenden können, wenn es nötig ist.

Angstkontrolle – Zug um Zug

Sie als Ausbilder des Pferdes müssen aktiv Ihre eigene Angst vor Kontrollverlust und vor dem Herunterfallen reduzieren, indem Sie beim Pferd schrittweise Ängste ab- und Gehorsam aufbauen und es damit immer weiter unter Ihre mentale Kontrolle bringen. Das ist ein Prozess, der Zug um Zug abläuft. Sie sind dabei vergleichbar mit dem Therapeuten, der einen Patienten mit leichten Angstzuständen behandelt. Und es ist bekannt, dass Therapeuten auch des Öfteren selbst Behandlung brauchen. Es kann also durchaus Situationen geben, in denen Sie selbst Hilfe brauchen – und sei es nur in Form eines Zuspruchs oder eines Ratschlags von Reiterkollegen. Es gelingt einem nämlich nicht immer, sich aus einem negativen Kreislauf der Angst zu befreien, sich wie Münchhausen am eigenen Zopf aus dem Sumpf zu ziehen, wenn schon mal was schiefgelaufen ist. Auch bei bester Vorbereitung können Sie nicht ausschließen, dass Ihnen Ihr junges Pferd aus der Kontrolle gerät. Wenn es Sie dann umgerannt oder bei den ersten Versuchen, es zu reiten, unsanft in den Dreck gesetzt hat, braucht es schon etwas Mut, um souverän weiterzumachen. Verraten Sie Ihre eigenen »Bedenken« jedoch dem Pferd, provozieren Sie damit weitere unliebsame Überraschungen.

Stellen Sie unter Umständen die Übungen, die »kontrolltechnisch« schief gegangen und deswegen für Sie mit Angst besetzt sind, zurück. Üben

oben: Das Pferd zeigt einen ausgesprochen alarmierten Ausdruck – explosive Reaktionen sind zu erwarten.

unten: Versuchen Sie, Streitigkeiten von unten zu klären, damit Sie keine Angst vor dem Herunterfallen bekommen.

Sie leichtere Lektionen, die das Vertrauensverhältnis Pferd-Mensch wiederherstellen und Ihnen Sicherheit und damit Autorität zurückgeben. Wenn Sie sich ängstlich fragen: »Klappt das auch?«, brauchen Sie sich nicht zu wundern, wenn das Pferd sich das auch fragt – und durchaus nicht wunschgemäß reagiert, weil es Ihre Unsicherheit spürt.

Können Sie sich dem Pferd gegenüber in den vorbereitenden Übungen am Boden als Alphatier nicht behaupten, weil Ihre eigene Angst vor dem Pferd und seinen Reaktionen zu groß ist, oder weil es Ihnen prinzipiell an Durchsetzungsvermögen und Konsequenz fehlt, haben Sie keine Chance, einen positiven Kreislauf in Gang zu setzen oder einen negativen zu durchbrechen. Sie sollten dann das Anreiten Ihres Pferdes entweder anderen überlassen oder nur unter fachkundiger Anleitung arbeiten. Andernfalls setzen Sie sich nur selbst unter Stress.

4. Was passiert bei dauerhafter Angst?

Angst und damit verbundener Stress stehen in nachweisbarer Verbindung mit körperlichen Krankheiten und erhöhtem Verletzungsrisiko. Der psychische Zustand sowohl des Menschen als auch des Pferdes kann direkten Einfluss auf das jeweilige Immunsystem nehmen. Rainer Werner Faßbinder drückte es in einem seiner Filme treffend aus: »Angst essen Seele auf.« Doch nicht nur die Seele, auch der Körper leidet unter Angstreaktionen und Stress und zeigt Krankheitssymptome oder wird anfällig für Verletzungen und Unfälle.

Starker Leistungsdruck kann sowohl bei Ihnen als Reiter als auch beim Pferd zu körperlichen Stress-Symptomen führen und sogar Unfälle begünstigen.

Setzen Sie sich deswegen nicht unter unnötigen Leistungsdruck, indem Sie einem minutiös ausgefeilten Longier- und Anreitplan folgen oder schon den Start in einer Jungpferdeprüfung anpeilen. Stress und Zeitdruck haben Sie in Ihrem normalen Beruf meistens schon genug – die Arbeit mit dem Pferd sollte sich davon unterscheiden. Tun Sie sich und Ihrem Pferd den Gefallen, langsam und mit Bedacht zu arbeiten. Sie wollen schließlich nicht Ihr Geld mit dem Anreiten von Jungpferden im Akkord verdienen, sondern ein zuverlässiges und auf lange Jahre gesundes Pferd ausbilden. Sie haben prinzipiell alle Zeit der Welt, um das zu tun, was Sie gerade für richtig halten und das zu lassen, was Ihnen noch nicht geheuer ist. Hören Sie auf Ihre Intuition und wischen Sie ein leises Unbehagen hinsichtlich potenzieller Gefahren oder hinsichtlich der eigenen körperlichen und psychischen Belastbarkeit bzw. der des Pferdes nicht einfach vom Tisch. Ihre innere Stimme sagt Ihnen, wann Sie einen Schritt weitergehen können, wann Sie einen Schritt zurückgehen müssen oder wann Sie sich ein paar Tage Pause gönnen sollten. Haben Sie drei Tage hintereinander mit einer »Rennmaus« im Round Pen gekämpft und keine deutliche Besserung erzielt, wechseln Sie mal die Trainings-Strategie und arbeiten die nächsten paar Tage im Schritt an Koordinations- und Trailübungen. Oder nehmen Sie Ihr Pferd an die Hand und gehen mit ihm spazieren.

Eine Häufung von unglücklichen Zufällen, von kleineren Unfällen oder Verletzungen und »Unpässlichkeiten«, sowohl beim Reiter als auch beim Pferd, kann durchaus ein Hinweis dafür sein, dass hier schon zu viel gemacht wurde und Pferd oder Reiter eine Pause brauchen.

> ***Angst, Panik, Wut und Jähzorn sind nahe miteinander verwandt.***
>
> *Unbeherrschte Angst- und Wutreaktionen sind Erkennungszeichen für die Übernahme der Kontrolle durch das primitive Angstsystem.*
>
> *Sie kommen zustande nach dem Motto: »Es ist riskanter, auf eine Gefahr nicht zu reagieren, als unangemessen heftig auf einen eher ungefährlichen Reiz zu reagieren.«*

Ausbildungen im Schnelldurchlauf mit zu jungen Pferden und zu schnellen Leistungssteigerungen werden auf Dauer nicht zu einem befriedigenden Ergebnis führen. Denn der Körper des Pferdes wird sich irgendwann dagegen wehren, selbst wenn sich ein leistungsbereites Pferd mehr oder weniger klaglos den zu hohen Anforderungen des Reiters fügt.

Praktische Angstbewältigung

Grundlegende Übungen

Das Grundlagenprogramm der Angstbewältigung besteht aus recht einfachen Übungen, die in den meisten Fällen auf dem Ausweichtraining aufbauen. Viele Trailhindernisse wie Plastikplanen, Brücken, Wippen, Flatterbänder können in diese

Arbeit einbezogen werden, denn prinzipiell ist das Trail- oder Gelassenheitstraining des Pferdes zu einem guten Teil nichts anderes als Vertrauensaufbau und Angstbewältigung. Verladeübungen, das bei den Westernreitern beliebte Aussacken, das Gewöhnen an Leinen, Longen, Spraydosen, das Ziehen von Gegenständen (besonders für Pferde, die auch gefahren werden sollen) und vieles mehr gehören in diesen Bereich. Manche Dinge ergeben sich aus den täglichen Anforderungen. Das Pferd soll beim Schmied anständig stehen, soll sich vom Tierarzt die Tetanus-Spritze geben lassen, ohne gleich in Panik zu geraten und ähnliche alltägliche Kleinigkeiten. All das kann man im Vorfeld trainieren.

Das Schöne an einer frühzeitigen Angstbewältigung ist, dass sie am Boden erfolgen kann. Der Ausbilder muss keine Angst vor dem Herunterfallen haben und die eigentliche Anreitphase gestaltet sich deutlich entspannter, wenn man weiß, dass das Pferd nicht bei jedem fallenden Blatt vor Schreck wegspringt.

Im Ausweichtraining haben wir gelernt, Reaktionen des Pferdes auf unsere Körperposition zu fordern sowie Vor- und Hinterhand gezielt zu steuern. Bei der Angstbewältigung nutzen wir nun diese Fertigkeiten und das Grundvertrauen des Pferdes, das es uns nach diesen Übungen entgegenbringt.

Die »Knackpunkte« bei den Übungen sind:

- eine sinnvolle Staffelung, die das Pferd nicht überfordert,
- die Einhaltung von einigen Sicherheitsvorkehrungen zum beiderseitigen Schutz
- und schließlich Konsequenz, Konsequenz und noch mal Konsequenz.

Vieles aus dem Grundprogramm kann auch mit dem Fohlen schon geübt werden.

Zehn wichtige Punkte zu Anfang ...

für die Arbeit an Angst besetzten Übungen:

1. Bringen Sie das Pferd vor Beginn jeder Übung in eine entspannte Grundhaltung. Nur dann ist es aufnahmebereit.
2. Fordern Sie Aufmerksamkeit. Solange dem Pferd der Kollege auf der Koppel wichtiger ist als Sie, achtet es nicht genug auf Sie, um auf Ihre Körpersignale zu reagieren.
3. Engen Sie das Pferd nicht ein. Binden Sie es nie bei einer Angst erzeugenden Übung an, sondern lassen ihm die Freiheit, wegzuspringen. Arbeiten Sie an einem mindestens drei bis vier Meter langen Strick, damit Sie und Ihr Pferd einen größeren Bewegungsradius haben. Es macht überhaupt nichts, wenn das Pferd anfangs herumzap-

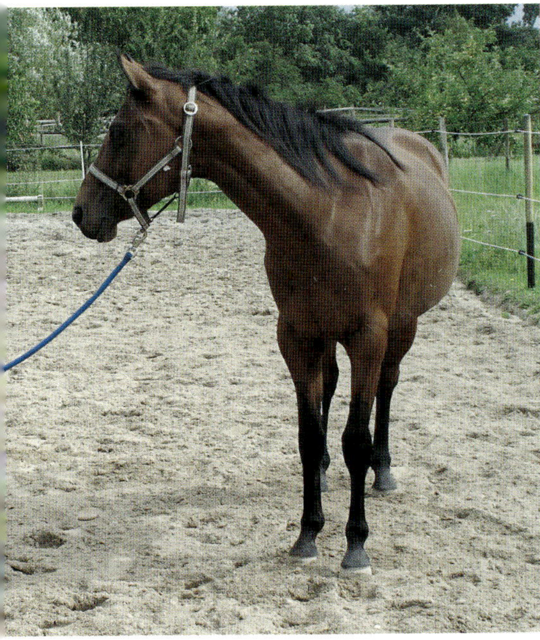

Achten Sie auf die Ohren Ihres Pferdes. Sie zeigen Ihnen, wo das Pferd seine Aufmerksamkeit hat.

pelt (das können Sie auch gar nicht verhindern). Damit reagiert es Spannungen ab.

4. Arbeiten Sie mit der Zermürbungstaktik: Seien Sie sturer als das Pferd, ohne jedoch böse oder wütend zu werden. Die richtige Grundeinstellung ist: »Zapple Du nur, am Ende gewinne ich ja doch.«

4.a. Lassen Sie sich genug Zeit. Es gibt Angst besetzte Übungen (die nicht bei jedem Pferd die Gleichen sind), bei denen Sie zwei oder drei Stunden brauchen, bis Sie wenigstens einen Teilerfolg erzielen. Diese Zeit müssen Sie auch haben. Beginnen Sie also niemals mit einer neuen Übung, wenn Sie unter Zeitdruck stehen.

5. Regen Sie sich nicht auf – auch wenn das Pferd wild um Sie herumspringt. Bleiben Sie ruhig und bewegen sich möglichst sparsam. Ihre Ruhe überträgt sich aufs Pferd.

6. Lassen Sie dem Pferd Entscheidungsmöglichkeiten. Machen Sie jedoch alle Wege unbequem, von denen Sie nicht möchten, dass das Pferd sie wählt. Das Pferd meint schließlich, sich aus freien Stücken für den von Ihnen gewünschten Weg entschieden zu haben.

7. Arbeiten Sie auf Distanz am losen, langen Seil, damit das Pferd Sie nicht über den Haufen rennen kann, wenn es sich aufregt. Dulden Sie es Ihrer eigenen Sicherheit zuliebe nicht, wenn sich das Pferd Schutz suchend an Sie herandrängen will. Bedrängen Sie das Pferd auch nicht mit Ihrem Körper, indem Sie selbst zu dicht herankommen. Bleiben Sie mindestens einen Meter vom Pferd weg, beim Training in Engpässen eher noch weiter.

8. Achten Sie darauf, dass das Pferd sich am Ende von aufregenden Übungen wieder entspannt und ruhig wird. Idealerweise macht es dabei Kaubewegungen; es verarbeitet das Vorangegangene. Geben Sie ihm Zeit, zu verstehen und lassen es eine Weile kauend stehen.

9. Hören Sie nicht auf, bevor Sie nicht mindestens einen Teilerfolg verbuchen können. Nerven Sie das Pferd solange, bis es den von Ihnen gewünschten Weg geht. Auch – und gerade – wenn es Angst hat, dürfen Sie ihm nichts durchgehen lassen, denn damit würden Sie seine Angst bestätigen und sein Vertrauen in Sie und Ihre Forderungen untergraben.

10. Achten Sie immer darauf, dass die Nervenproben für das Pferd und für Sie selbst ungefährlich sind.

Also: keine scharfkantigen Gegenstände am Bo-

Unsicherer Grund, z.B. am Wasser, ist ein häufiger Angstauslöser beim Pferd.

den oder an der Wand in der Nähe des Übungsplatzes. Keine Balken in Kopfhöhe – denken Sie auch daran, dass ein Pferd steigen könnte. Keine hervorstehenden Nägel oder Krampen in der Umzäunung. Kein Drahtzaun in der Nähe – außer evtl. breites, gut sichtbares Elektro-Band (jedoch ohne Strom während der Arbeit). Keine am Rand des Übungsplatzes abgestellten Heuwender. Spiegel in Reithallen können Sie anfangs verhängen, damit das Pferd sie nicht als Fluchtweg missinterpretiert. Trainieren Sie am Hänger, dann polstern Sie evtl. hervorstehende Metallteile ab und machen die Klappe möglichst rutschsicher. Noppengummi- oder Kokosmatten erfüllen diesen Zweck am besten.

Haben Sie Angst um die Beine Ihres Pferdes, dann schützen Sie sie mit Gamaschen.

Tragen Sie Handschuhe, damit Sie sich nicht am Strick verbrennen, wenn das Pferd wegspringt und Ihnen den Strick durch die Hand zieht. Stiefel mit Stahlkappen oder zumindest extra hartem Leder im Zehenbereich bewahren Sie vor platt getretenen Zehen.

Die im FN-Turniersport inzwischen auch etablierten Gelassenheits-Prüfungen (GHP) greifen dieses ursprünglich eher von den Westernreitern stammende »Programm zur Verbesserung der Nervenstärke« auf.

Die Übungen im Einzelnen

Aussacken

Um das Pferd daran zu gewöhnen, dass sich etwas auf seinem Rücken befindet, haben sich verschiedene Übungen des Aussackens bewährt.
Die einfachste Form bzw. die erste Stufe ist, tatsächlich einen Jutesack (oder eine Decke) zu verwenden und ihn dem Pferd schwungvoll überzuwerfen. Da viele Pferde bis dahin schon Bekanntschaft mit Decken gemacht haben, wird das den meisten gerade mal ein müdes Gähnen entlocken. Der eine oder andere nervenschwache Vertreter der Gattung Pferd kann aber auch hier schon seinen ersten Satz machen. Setzen Sie Ihre Stimme beruhigend ein und bewegen Sie sich selbst nur gerade so viel wie nötig bei diesen Übungen. Stellen Sie sich schräg neben die Schulter des Pferdes und halten Sie den Führstrick so, dass er in einer Schlaufe fast bis auf den Boden durchhängt – damit hat das Pferd genug Luft, um wegzuspringen. Da das Pferd sich immer von der vermeintlichen Gefahrenquelle entfernen wird, dürfen Sie in diesem Fall ruhig relativ dicht an die Pferdeschulter herangehen. Sie können die Übung auch im Round Pen mit dem freien Pferd (jedoch mit Halfter ausgerüstet) machen. Sie müssen dabei allerdings in Kauf nehmen, dass es Ihnen mehrfach wegläuft und Sie es erst wieder in Position – am besten in die Mitte eines Round Pen – stellen müssen.
Werfen Sie dem Pferd den Sack von beiden Seiten über. Führen Sie überhaupt alle Übungen bis hin zum Aufsteigen immer beidseitig und nicht nur von der traditionell gelehrten linken Seite des Pferdes her aus.
Geht das mit dem Sack oder der Decke, verwenden Sie knisternde Plastiksäcke, raschelnde Folien, mit klappernden Büchsen gefüllte Säcke, Seile mit Luftballons oder was Ihnen sonst noch so einfällt, um Ihr Pferd zu erschrecken. Berühren Sie Kruppe, Hals, Sattellage und Rücken von beiden Seiten damit. Als letzten Punkt am Pferd berühren Sie immer den Kopf – Genick und Ohren –, denn am Kopf des Pferdes gibt es die meisten Schwierigkeiten.

Angst kontrollieren

Mensch und Pferd können lernen, Ihre Ängste zu kontrollieren. Können, Wissen und Erfahrung sowie Erziehung und gezielte Desensibilisierungs-Programme helfen dabei.

Ein Wippe simuliert unsicheren Grund und schafft Vertrauen in die Forderungen des Menschen.

Binden Sie Plastikfetzen an Ihre Gerte und berühren das Pferd damit und so weiter und so fort. Ihrem Erfindungsreichtum sind wenig Grenzen gesetzt. Achten Sie jedoch darauf, dass sich das Pferd an den verwendeten »Erschreckern« nicht verletzen kann. Später können Sie das Pferd auch an der Longe mit allem Möglichen behängen, was um es herumflattert.

Sattel und Longiergurt sollten für das Pferd schließlich nur einen weiteren harmlosen Gegenstand darstellen. (Seien Sie jedoch vorsichtig beim Anziehen eines Bauchgurtes.)

Das Durchreiten bzw. -führen von Flattertoren, Vorhängen aus Luftballons oder was auch immer von oben herunterhängen kann, sollte sich danach auch recht einfach gestalten. Damit das Pferd Sie bei solchen Übungen nicht von hinten über den Haufen rennt, sollte es im Führtraining gelernt haben, dass es auf keinen Fall an Ihnen vorbeidrängeln darf. Sie können jedoch auch das Pferd vor sich her schicken, wenn die Führübungen von hinten gut sitzen. Oder Sie schicken es im Bogen um sich herum, longieren es praktisch durch das Flattertor hindurch, wenn innen kein Pfosten im Weg steht.

Das Fohlen findet Schutz in der Nähe der Mutter.

Longen, Leinen, Ziehen von Gegenständen

Das Gewöhnen an die Berührung (vor allem der Hinterhand) durch Longe, Leinen, Gerte oder Peitsche geht im Prinzip genauso vonstatten und baut auf dem Aussacken auf. Berühren Sie das Pferd mit diesen Gegenständen und setzen dabei die Stimme beruhigend ein. Im Gegensatz zum Aussacken ist es jedoch bei diesen Lektionen nicht mehr erwünscht, dass das Pferd wegspringt. Vor allem, wenn Sie Longe oder Leinen um die Hinterhand herumführen, sollte es nicht mehr wild herumhopsen oder gar ausschlagen. Um das zu verhindern, setzen Sie Ihre Stimme und das verbale Kommando für »Halt« ein (das Pferd sollte es aus den Grundsatzlektionen kennen und befolgen).

Mit der Zeit soll es diese Hilfsmittel als »Signalgeber« akzeptieren. Achten Sie also darauf, dass es keine Angst vor ihnen bekommt, bzw. seine unter Umständen vorhandene Angst davor verliert. Respekt vor der Gerte kann es jedoch haben – ein festerer Klaps im richtigen Moment, wenn es einen groben Verstoß gegen die Rangordnung begangen hat, verweist es in seine Schranken. Hals und Kopf sind jedoch für strafende Gertenimpulse absolut tabu.

Pferde mit Vertrauen zum Menschen machen auch Ballspiele mit und »köpfen« den Ball zurück.

Flatternde Bänder können mit einem Flattervorhang trainiert werden

Lässt sich das Pferd aussacken sowie mit Seilen und Leinen überall von Ihnen berühren, dann können Sie es regelrecht einwickeln. Benutzen Sie knisternde Planen dazu oder führen Sie ein weiches dickes Seil rund um das Pferd – von der Brust seitlich bis zur Hinterhand, unter dem Schweif durch und wieder nach vorne. Fixieren Sie es evtl. durch eine Schlaufe über den Hals. Soll Ihr Pferd später auch gefahren werden, dann ist dies eine gute Vorübung zum Ziehen.

Körpergefühl des Pferdes

Mit dieser Übung verbessern Sie gleichzeitig das Körpergefühl des Pferdes. Es gibt nämlich genügend »kleine Büffel«, die nicht so genau wissen, wo ihr eigener Körper zu Ende ist und aus diesem Grund ihre Ausbilder immer mal wieder anrempeln.

Wenn das Pferd mit dem Longiergurt vertraut ist, können Sie dann schon versuchen, das Pferd an der Hand verschiedene Dinge ziehen zu lassen. Beginnen Sie mit »leisen Gegenständen«. Autoreifen eignen sich gut dafür. Sie sind weich, ohne scharfe Kanten und haben genug Gewicht, um das Pferd auch spüren zu lassen, dass es etwas zieht. Lassen Sie das Zugseil so lang, dass der Reifen dem Pferd nicht in die Hinterbeine gerät. Vermeiden Sie bei den ersten Übungen eine feste Verbindung des zu ziehenden Gegenstandes mit dem Pferd. Hängen Sie z.B. den Reifen mittels einer Schlaufe mit lösbarem Panikknoten an den Longiergurt und halten Sie das Ende des Zugseils in der einen und den Führstrick in der anderen Hand. Sollte das Pferd Anzeichen von Panik zeigen, dann lösen Sie die Verbindung zum Reifen durch einfaches Ziehen. (Sie können auch das Zugseil einfach durch einen Ring im Longiergurt ziehen und das andere Ende in der Hand halten – dann brauchen Sie einfach nur loszulassen.) Damit verhindern Sie, dass das Pferd während eines »Angstanfalls« mitsamt dem Reifen hinter sich durchgeht und den Angst auslösenden »verfolgenden« Gegenstand nicht loswird. Genauso verfahren Sie mit jedem neuen Gegenstand, der das Pferd erschrecken könnte. Als Übung für Fortgeschrittene bieten sich »laute Gegenstände« wie Plastiksäcke oder der berühmte Klappersack an.

Doppellonge und Fahren vom Boden

Der Arbeit mit Longe und Doppellonge sowie dem Fahren vom Boden steht nach diesem Angstbewältigungs-Training nichts mehr im Wege. Damit haben Sie auch in Trab und Galopp schon ohne Reiter viele Möglichkeiten der Feinabstimmung und der Gymnastizierung.

Angstauslöser

An das Zischen von Spraydosen, aufklappende Regenschirme oder an spritzende Wasserschläuche gewöhnen Sie das Pferd auf die gleiche Weise. Nähern Sie sich schrittweise mit den gefährlichen Gegenständen. Binden Sie das Pferd nicht an, sondern lassen ihm am langen Strick die Freiheit, wegzuspringen, wenn ihm die Distanz zu gefährlich erscheint. Reden Sie ihm beruhigend zu und bleiben selbst ganz ruhig. Machen Sie das lange genug, dann wird das Pferd Sie mit den Angst erzeugenden Dingen immer näher an sich heranlassen.

Gewöhnungsprogramm für Gebiss und Wurmkur

Recht früh müssen Sie Ihr Pferd daran gewöhnen, sich das Maul öffnen zu lassen bzw. sich etwas ins Maul spritzen zu lassen – und sei es nur die Wurmkur. Klappt das mit der Wurmkur, dann geht es später auch mit einem Trensengebiss recht unkompliziert. Beginnen Sie einfach damit, dem Pferd einen Finger ins Maul zu schieben. Natürlich nicht zwischen die Zähne, sondern seitlich in den Bereich der zahnfreien Kieferknochen. Akzeptiert das Pferd den Finger im Maul, dann veranlassen Sie es, das Maul zu öffnen, indem Sie mit dem Finger ein wenig auf die Zunge des Pferdes drücken. Es wird den Finger ausspucken wollen und dabei das Maul öffnen. Reicht ein Finger dazu nicht, dann nehmen Sie zwei oder drei und spielen ein wenig auf der Zunge herum. Das Pferd wird schließlich die Nase bzw. das Maul so voll (mit Ihren Fingern) haben, dass es dies freiwillig öffnet, ohne dass Sie unangenehmen Druck auf die Kieferknochen ausüben müssten. Nun können Sie ihm vorsichtig und ohne an die Zähne anzustoßen ein Gebiss ins Maul schieben. Um die Prozedur zu versüßen, können Sie das Gebiss mit Honig oder Sirup einreiben. Gebisse aus Kupfer oder rostendem Eisen erfüllen eine ähnliche Funktion. Sie schmecken den meisten Pferden gut genug, um die Verbindung »Gebiss = angenehm« herzustellen.

Lassen Sie das Gebiss eine Weile im Maul und entfernen es dann wieder, ohne es dem Pferd gegen die Zähne zu schlagen. Schließlich haben Sie das Pferd so ganz nebenbei zum ersten Mal aufge-

Muten Sie Ihrem jungen Pferd zu Anfang keine komplizierten Labyrinthe zu. Dieses Gewirr ist etwas für Pferde, die schon gelernt haben, ihre Füße vorsichtig zu setzen.

trenst. Voraussetzung für diese Auftrensübung ist, dass sich das Pferd überall von Ihnen berühren lässt und dass es den Kopf auf Druck im Genick senkt (siehe Grundsatzübungen). Auch wenn Sie noch weit entfernt vom eigentlichen Anreiten sind oder gebisslos anreiten wollen, können Sie mit Ihrem jungen Pferd diese Übung als vertrauensbildende Lektion schon machen.

Wollen Sie das Pferd vorerst nur an die Wurmkurspritze gewöhnen, gehen Sie anfangs genauso vor. Spritzen Sie ihm später mit einer großen Spritze Apfelsaft oder Sirup ins Maul – es wird später um die Wurmkurspritze »betteln«, wenn es sie erst einmal mit »angenehm« in Verbindung gebracht hat.

Unsicherer Grund und Engpässe

Wippen, Brücken, Planen, Wasser, Brücken mit Geländer, Hohlwege/Tunnel, Pferdeanhänger.

Die folgenden Übungen sind stark vertrauensbildend, weil sie das Pferd dazu bringen, seine Angst zu überwinden und den Anweisungen des Ausbilders zu vertrauen. Sie gehen Hand in Hand mit den im nächsten Abschnitt folgenden Koordinationsübungen der Bodenarbeit, welche die Feinsteuerung (und damit die bessere Kontrolle) des Pferdes durch den Ausbilder ermöglichen.

Staffeln Sie die Übungen je nach Verhalten des Pferdes.

Auf der Koppel darf das Pferd tun und lassen, was es will. Bei der Arbeit mit dem Menschen muss es lernen, sich zu beherrschen.

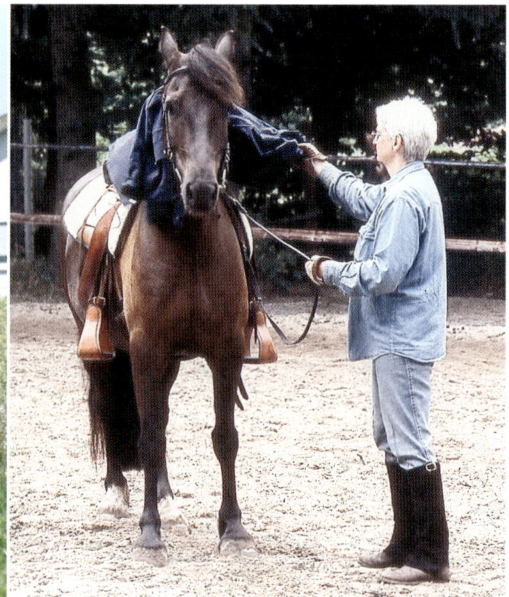

Aussacken mit einer Regenjacke. Dem Pferd ist das nicht geheuer, wie sein angespannter Gesichtsausdruck zeigt. Es hat jedoch gelernt, seiner Reiterin zu vertrauen und unterdrückt seinen Fluchtimpuls.

Nicht jedes Pferd hat vor den gleichen Dingen Angst. Das eine Pferd macht Probleme mit rückwärtsorientierten Übungen, das andere hat besondere Schwierigkeiten mit klappernden Gegenständen. Ordnen Sie Übungen zur Angstbewältigung und Übungen zur besseren Koordination in der Reihenfolge, wie sie für Ihr spezielles Pferd sinnvoll erscheinen. Während der Basis-Übungen des Führens und des Ausweichtrainings hat Ihr Pferd Ihnen schon gezeigt, wo seine besonderen Probleme liegen. Beginnen Sie immer mit Dingen, die Ihrem Pferd (und Ihnen selbst) leicht fallen, und arbeiten sich langsam zu den komplizierteren Übungen vor.

Um das Pferd bei der Bodenarbeit dazu zu bringen, über knisternde Planen, wippende Bohlen, durch Felder voller Luftballons, durchs Wasser oder in den Hänger zu gehen, können Sie

1. vorausgehen, also (normal) führen oder
2. das Pferd vorausschicken (von hinten führen).

In Hindernissen, bei denen das Pferd einen Ausweg hat, Sie ihm bei einer Kurzschluss-Reaktion also nicht im Wege stehen, können Sie vorausgehen. Wollen Sie das Pferd jedoch z.B. durchs Wasser oder durch eine Engstelle mit festen Wänden bugsieren, ist es immer sinnvoller, es zu schicken. Im ersten Fall behalten Sie immerhin selbst trockene Füße, im zweiten werden Sie

Jederzeit anhalten zu können ist wichtig für alle Übungen am Boden. Andernfalls verlieren Sie leicht die Kontrolle über das Pferd.

nicht über den Haufen gerannt, wenn das Pferd die Nerven verliert und seine Angst den Respekt vor dem Ausbilder übersteigt. Das »Schicken« des Pferdes ist insgesamt deutlich sicherer für Sie selbst, weil Sie weiter vom Pferd wegbleiben können.

Aufmerksamkeit behalten

Zu Beginn eine ganz wichtige Regel für Übungen, bei denen das Pferd dazu gebracht werden soll, eine Aufgabe zu absolvieren, vor der es Angst hat: **Erlauben Sie dem Pferd nicht, seine Aufmerksamkeit von der Aufgabe bzw. von Ihnen selbst und Ihren Signalen, abzuziehen.** Sie können oft beobachten, dass Pferde sich nicht mit der Möglichkeit, einen unsicher scheinenden Weg zu gehen, auseinandersetzen wollen; sie drehen den Kopf von der vermeintlichen Gefahrenquelle weg und wollen sie nicht ansehen. Genau dazu müssen Sie das Pferd aber bringen. Es soll sich damit beschäftigen. Setzen Sie also alles ein, was Sie an »Störfaktoren« zu bieten haben, um die Aufmerksamkeit des Pferdes bei der Sache (bzw. bei sich) zu halten. Rucken Sie am Halfter, wenn es den Kopf wegdrehen will, positionieren Sie mit Gerte oder Seilpropeller Vor- oder Hinterhand neu, wenn es sich von dem vorgegebenen Weg entfernen will. Kurz – machen Sie alle Richtungen unbequem, die Sie nicht wollen. Wählen Sie einen Punkt auf der zu überwinden-

Sorgen Sie dafür, dass Ihr Pferd in allen Situationen die Nerven behält ...

den Plane oder Brücke aus, auf den Sie die Aufmerksamkeit des Pferdes (und seinen Blick) fixieren wollen, und verhindern Sie auf jeden Fall durch Störaktionen, dass sich das Pferd eine kleine Entspannungspause verschafft, indem es in eine andere Richtung schaut. Es soll sich erst entspannen, wenn es das getan hat, was Sie von ihm wollen. Die psychische Spannung, die damit aufgebaut wird, dass es sich beständig mit der eigenen Angst auseinandersetzen muss, wird ihm mit der Zeit genauso unangenehm wie eine körperliche Spannung. Es will sich dieser Spannung entziehen, indem es den Angst besetzten Gegenstand einfach »ausblendet« also von ihm wegschaut und das dürfen Sie nicht zulassen.

Am Beispiel einer Brücke will ich die folgenden Arbeitsschritte nach beiden Methoden (führen und schicken) am Boden beschreiben. Für alle anderen Angst besetzten Hindernisse gilt prinzipiell das Gleiche.

1. Führen

Bringen Sie das Pferd dazu, Ihnen in Ihrer Spur zu folgen. Das ist gar nicht so einfach. Gerade eine schmale Brücke ohne Geländer bietet dem Pferd genug freien Raum, Ihnen brav zu folgen, ohne dass es dabei einen Fuß auf die Brücke setzt. Es kann nämlich genauso gut neben der Brücke laufen, ohne direkt den Gehorsam zu verweigern. Sie könnten sich nun einen Helfer nehmen, der das Pferd hinter Ihnen am Ausweichen hindert. Das ist jedoch nicht unser Ziel. Das Pferd soll schließlich auf Ihre Anweisungen und nicht auf irgendwelche Zwangsmaßnahmen eines weiteren Helfers reagieren.
Führen Sie also das Pferd an die Brücke heran, bleiben Sie selbst auf der Brücke stehen (sie soll-

... am Boden und unter dem Reiter.

ten sich dabei zum Pferd umdrehen) und veranlassen es durch Zug am Führstrick, einen Fuß darauf zu setzen. Hat es den ersten Fuß darauf gesetzt, loben Sie es und lassen den Führstrick lose und das Pferd eine Weile ruhig stehen. Manche Pferde setzen erstmal nur probehalber einen Fuß auf die Bretter und nehmen ihn sofort wieder runter. Lassen Sie diesen genug Zeit, Vertrauen zum Untergrund zu bekommen und forcieren Sie keine weiteren Schritte. Erst, wenn der erste Fuß sicher steht, fordern Sie es durch erneuten Zug auf, auch den zweiten Fuß auf die Brücke zu setzen. Wieder loben und stehen lassen, usw., bis alle Beine auf der Brücke sind. Sie arbeiten dabei nach der Methode, mit der Sie das Pferd im Ausweichtraining zu sich herangeholt haben (es dazu veranlasst haben, auf Druck im Genick nach vorne nachzugeben). Achten Sie darauf, dass sich das Pferd nicht mental entzieht – also nicht von dem Punkt wegschaut, auf den Sie es fixieren wollen.

Weicht es seitlich aus, so bewegen Sie sich vor ihm in die Richtung, in die es ausweicht und veranlassen es, Ihnen mit Vor- oder Hinterhand nach der anderen Seite (in Richtung Brücke) auszuweichen (siehe Ausweichtraining). Sie können zusätzlich auch Gertensignale für die seitliche Steuerung verwenden. Ganz misstrauische Pferde können Sie auch zuerst quer, dann schräg und schließlich längs über die Brücke führen. Achten Sie nur darauf, dass sich das Pferd bei der Quervariante nicht durch einen Sprung über die Brücke dem »Auf-die-Brücke-Treten« entzieht.

Arbeiten Sie geduldig so lange, bis das Pferd Ihnen längs über die Brücke folgt. Halten Sie es schließlich auf der Brücke an und fordern einen

kleinen Schritt rückwärts. Klappt das, so loben Sie es wieder ausgiebig.
Mit diesem Anhalten auf Angst besetzten Untergründen verringern Sie schließlich die Gefahr, dass Ihr Pferd Sie – später auf ähnlichen Hindernissen – überrennt, weil es den »unsicheren Grund« möglichst schnell wieder verlassen will. Üben Sie das am Ende auf einer Wippe (die ja nur eine andere Form der Brücke darstellt), so können Sie Ihr Pferd – immer einen Schritt vor und zurück – publikumswirksam wippen lassen. Damit haben Sie ganz nebenbei Ihre erste Schaunummer trainiert. Die gleichen Übungen unter dem Sattel sind dann reine Formsache.

2. Schicken

Wollen Sie Ihr Pferd über die Brücke vorausschicken, so bleiben Sie neben ihm oder schräg hinter ihm und steuern es von der Seite oder von hinten. Im Ausweichtraining haben Sie dafür alle Steuerungsmechanismen erworben. Angenommen, Sie gehen links neben dem Pferd und wollen es über die Brücke schicken, die rechts liegt. Lassen Sie Vor- und Hinterhand des Pferdes seitlich nach rechts ausweichen, bis es direkt vor der Brücke steht. Um es darüber zu bugsieren, können Sie sich nun nach vorne, schräg vors Pferd, bewegen und es von der Seite darüber führen oder Sie bewegen sich nach hinten schräg neben die Hinterhand des Pferdes und schicken es nach vorne wie beim Führen von hinten.
Will es den Schritt auf die Brücke vermeiden, indem es Ihnen zu weit nach rechts ausweicht und die Brücke zwischen sich und Sie bringt, so »zupfen« Sie seinen Kopf zu sich herüber und verhindern damit erstens, dass es seine Aufmerksamkeit von der Brücke abzieht und zweitens, dass es Ihnen davonläuft. Lassen Sie dann das

Gelenktes Rückwärtsrichten im Zickzack durch Pylonen.

Ein buntes Labyrinth ...

Pferd evtl. erst einmal einen schrägen Schritt über die Brücke auf Sie zumachen. Dabei holen Sie das Pferd im Prinzip wieder zu sich heran, statt es zu schicken.

Führen und Schicken laufen also in vielen Bereichen ineinander. Reagieren Sie bei der Steuerung des Pferdes einfach situationsabhängig – je nach Ihrer relativen Position zum Pferd – und je nach Gefährlichkeit, d.h. Zahl der Auswege für das Pferd bei der Lektion.

Beide Arten der Steuerung können Sie nicht nur für die Angstbewältigung, sondern auch später bei Richtungswechseln an der Longe oder bei der freien Arbeit wieder gebrauchen. Der Gehorsam an der Longe wird durch die Übungen der Angstbewältigung erreicht und gefördert.

Mit Pferden, deren Vertrauen in Sie gefestigt ist, können Sie alle Übungen auch im Gelände z.B. bei Wasserdurchquerungen trainieren. Sie können es auf kleine Hügel schicken und wieder herunterholen, ohne sich selbst von der Stelle zu bewegen. Sie können es über Baumstämme treten oder springen lassen.

Ganz nebenbei haben Sie damit auch das häufige Verladeproblem gelöst, denn Ihr Pferd lässt sich nach einigen Übungen dieser Art überall hin führen und schicken. Der Hänger ist auch nur eine Art von Trainingshindernis – nichts anderes.

!

Keine Ablenkung erlauben

Erlauben Sie dem Pferd nicht, seine Aufmerksamkeit von dem Weg, den es nehmen soll, bzw. von Ihnen selbst und Ihren Signalen, abzuziehen.

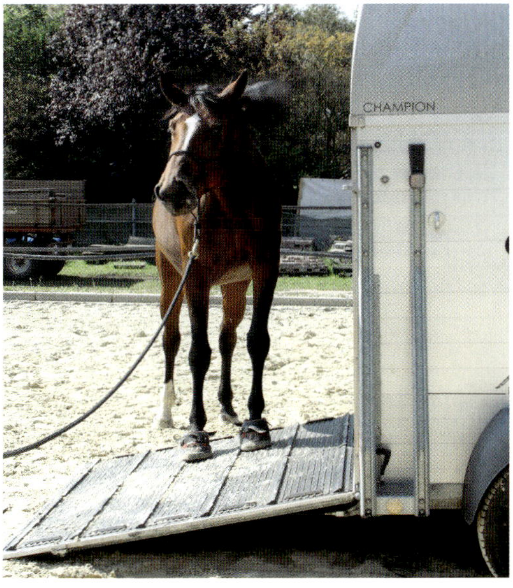

Hängertraining: Schicken Sie das Pferd anfangs quer über die Rampe.

Spielerische Beschäftigung mit einem Ball: Hier kann man das neue Fußball-Ausnahmetalent entdecken.

4 Die klassische Arbeit an der Hand

Die klassische Handarbeit ergänzt die grundlegende Erziehungsarbeit, die in den beiden vorangegangenen Kapiteln beschrieben wurde, und kann den ganzen weiteren Ausbildungsweg vorbereitend und gymnastizierend begleiten. Insbesondere die Seitengänge mit Stellung und Biegung in Bewegungsrichtung sind bei der Handarbeit leichter zu entwickeln als bei der freieren Horsemanship-Arbeit.

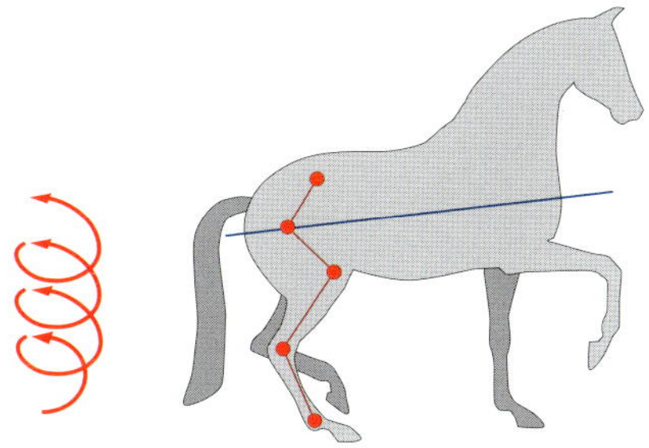

Die positive Auswirkung der Versammlung auf das Gleichgewicht. Federwirkung der Gelenke in der Hinterhand bei gebeugten Hanken.

Schubkraft reduzieren, Tragkraft entwickeln, Gleichgewicht in der Langsamkeit verbessern

Die Ausbildung an der Hand mobilisiert und entspannt das Pferd und hilft langfristig dabei, es zu versammeln. Ein gewisser Versammlungsgrad ist nötig, um es als Reitpferd auf lange Sicht gesund zu erhalten. Unter Versammlung versteht man die Entwicklung von Trag- und Federkraft. Sie entsteht, wenn das Pferd durch und durch beweglich, besonders im Rumpf, arbeiten kann. Die Kräfte, die dabei entwickelt werden sollen, sind eher vertikaler Natur. Die horizontal wirkenden Schubkräfte, die beim freien Pferd den Hauptanteil ausmachen, werden mit der Zeit reduziert. Das Pferd bekommt Kraft in den Hinterbeinen, so dass es im Beugegang arbeiten kann (vergleichbar mit unseren Kniebeugen). Der Rücken kommt hoch und wird tragfähiger.

Die positiven Auswirkungen der Versammlung können durchaus auch für junge Pferde schon genutzt werden. Natürlich fehlt dem jungen Pferd die Kraft, um lange in Versammlung zu arbeiten, aber ein paar Mobilisierungsübungen, einige Tritte im Schulterherein mit Lastaufnahme des inneren Hinterbeins oder angedeutete Piaffe-Tritte sind durchaus möglich – vor allem, weil ja noch kein Zusatzgewicht auf dem Pferd mit ausbalanciert werden muss.

Nach den ersten Monaten können durchaus auch Schulterherein im Trab und Traversbewegungen/Hinterhandwendungen hinzukommen.

Alle neuen Übungen, die man unter dem Reiter etablieren möchte, können an der Hand gut vorbereitet werden, so dass das Pferd schon »eine Idee vom Bewegungsablauf« hat, wenn es schließlich den Reiter mitbewegen muss.

Natürlich muss nicht jedes Pferd eine Galopp-Pirouette oder Passage lernen, aber ausbalancierte Grundgangarten unter dem Reiter mit freier Schulter und in einer federnden Hankenbeugung sollten schon für jeden verantwortungsvollen Reiter das Ziel sein. Ein solches »vertikal ausbalanciertes« Pferd ist zudem deutlich bequemer zu sitzen und leichter und harmonischer zu kontrollieren als eines, das mit viel Schub zu sehr vorwärts geht und sich, oft mit festem Rücken, auf den Schultern abstützt.

Versammlung bedeutet auch die Konzentration aller Kräfte im Pferd – der körperlichen ebenso wie der geistigen. Harmonie und Ausgeglichenheit sind Bedingungen, ohne die man nicht von Versammlung sprechen kann.

Folgende Hilfsmittel stehen dem Menschen in der Arbeit an der Hand in seiner »führenden Rolle« zur Verfügung:

- die Körpersprache: Gesten, Haltung, Bewegungsrichtung, Position im Raum und im Verhältnis zum Pferd
- die Stimme und verbale Signale (die das Pferd mit der Zeit verstehen lernt)
- Kappzaum oder Trensenzaum; auch gebisslose Zäume wie Sidepull oder Glücksrad sind für manche Pferde eine Alternative
- eine lange, flexible Gerte (alternativ kann man auch einen Multifunktions-Stick mit verschiedenen Spitzen oder eine kurze Fahrpeitsche nutzen)
- mentale (Vorstellungs-)Kraft und innere Bilder von einem klaren Ziel, einer Idee, wie das praktisch aussehen soll.

Zudem sollte ein abgegrenzter »Arbeitsraum« (Halle oder Reitplatz) mit griffigem Boden zur Verfügung stehen. Ein gerades Stück Zaun oder Mauer ist sehr hilfreich, um eine äußere Begrenzung zu haben, wenn das Pferd wegdrängeln will.

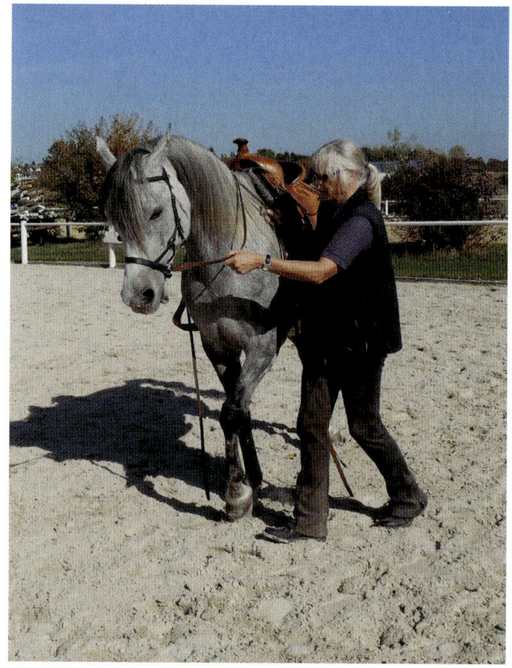

Mobilisation durch Seitengänge an der Hand.

Zentrale Aspekte einer funktionellen Ausbildungspraxis für Reitpferde

Vier zentrale Aspekte sind wichtig und können sehr gut an der Hand vorbereitet und erarbeitet werden.

1. Lösen von Verspannungen, speziell im Maul-, Kopf- und Halsbereich
2. Mobilisation des ganzen Pferdekörpers, inklusive Entspannung
3. Bearbeiten der »Natürlichen Schiefe«, das Geraderichten (Gleichgewichtsverbesserung seitlich rechts/links)
4. Entwicklung der Versammlung und der Federkraft (Gleichgewichtsverbesserung vorne/hinten)

1. Lösen von Verspannungen im Maul-, Kopf- und Halsbereich durch Flexionen

Eine sehr effektive Methode zur Entspannung des gesamten Pferdes ist das Entspannen des Mauls. Dem Pferd wird mittels Gebisseinwirkung an der Hand gezeigt, dass es das Maul »hergeben« und das Genick entspannen soll.

Flexionen sind alle vom Menschen angeleiteten Maul-, Hals- und Kopfbewegungen, samt der

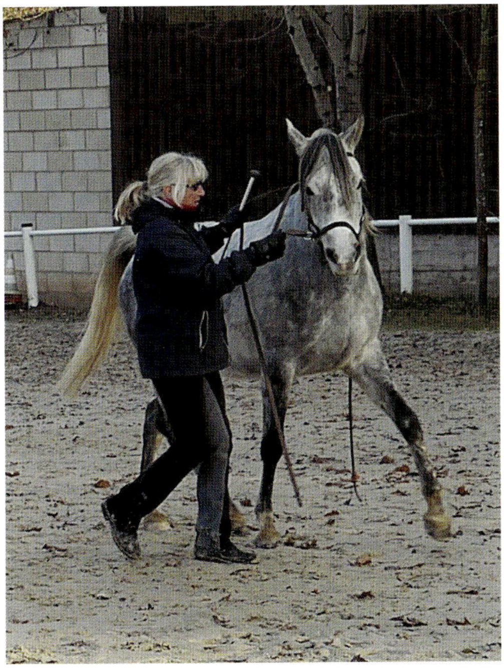

Schulterherein im Trab; das Pferd ist auf Sidepull gezäumt.

Travers im Schritt auf Trense. Das Pferd wird in der Längsachse nur wenig gebogen.

Entspannung dieser Region. Die Flexionen werden zuerst getrennt erarbeitet, um später in andere Übungen integriert werden zu können.

2. Mobilisation des ganzen Pferdekörpers

Gezielte Übungen in Wendungen, Seitengängen, Biegungen und Übergängen verbessern die Beweglichkeit des Pferdes.

Die **Schulterkontrolle** spielt dabei eine wichtige Rolle, weil die seitliche Balance leicht verloren geht, wenn das Pferd z.B. über die Schulter ausweicht oder auf die Schulter fällt. Schulterkontrolle wird zu Anfang mit einem relativ gerade gehaltenen Pferd erarbeitet, bevor die eigentliche Biegearbeit begonnen werden kann. Wendungen werden eventuell sogar in Außenstellung ausgeführt und Seitengänge zu Beginn mit viel Abstellung und wenig Biegung erarbeitet (viel seitwärts – wenig vorwärts). Das Pferd beginnt mit stabiler Halsbasis (welche ermöglicht, die Schultern zu kontrollieren!) die Schultern und Hüften stark zu bewegen, was auch zur Bewegung im Rücken führt. Dabei wird das Pferd mit einer »natürlichen« Halshöhe und mit offenem Genick geführt.

Der Hals wird seitlich stabilisiert und ansonsten in ungezwungener Haltung belassen. Das Pferd befindet sich in einer Haltung, die es von Natur aus einnimmt, wenn es aufmerksam und reaktionsbereit ist (»Aktivitätshaltung« – siehe dort).

Kompensation der natürlichen Schiefe in den Seitwärtsbewegungen an der Hand

Das links hohle Pferd wird geradeaus und rückwärts in ein leichtes Travers rechts auf der rechten Hand bzw. in ein leichtes Renvers auf der linken Hand gebracht (sowohl vorwärts wie rückwärts).

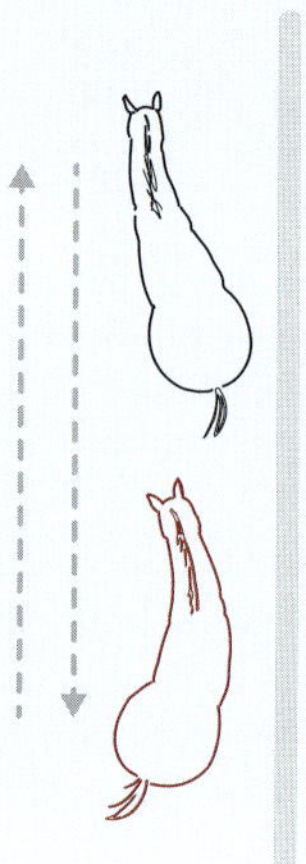

Das links hohle Pferd kann in Rechtsvolten rückwärts gerichtet werden, um das ausweichende rechte Hinterbein zum Lastaufnehmen zu animieren.

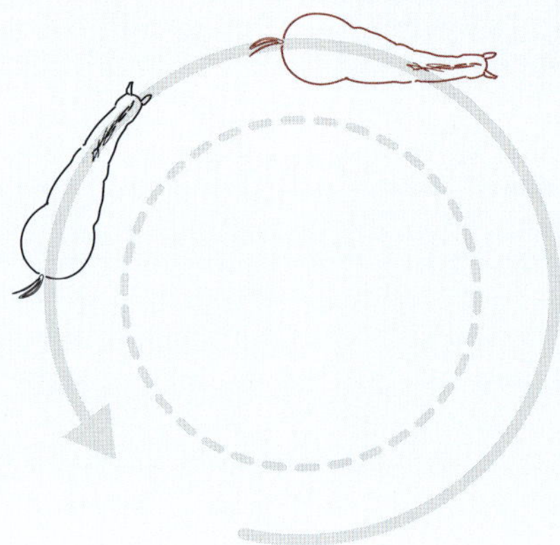

Das links hohle Pferd wird im Schulterherein rechts mit viel Biegung und wenig Abstellung gearbeitet. (Die graue Linie stellt die Bande dar.)

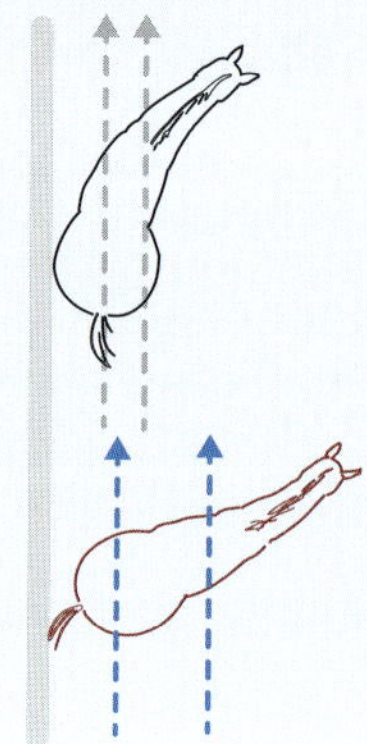

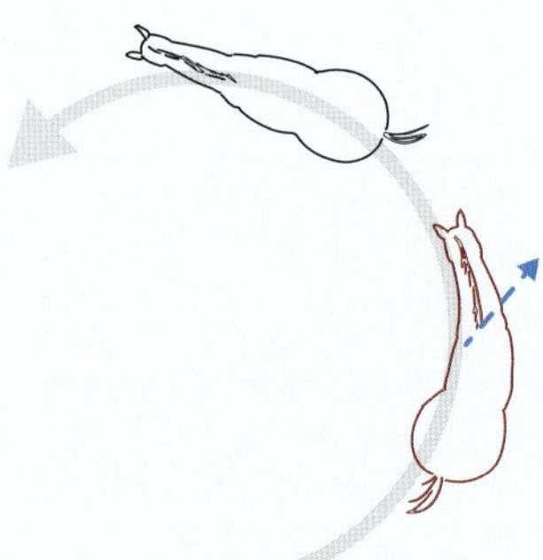

Das links hohle Pferd wird in einer kleinen, engen Linksvolte gerade gehalten oder leicht nach außen gestellt.

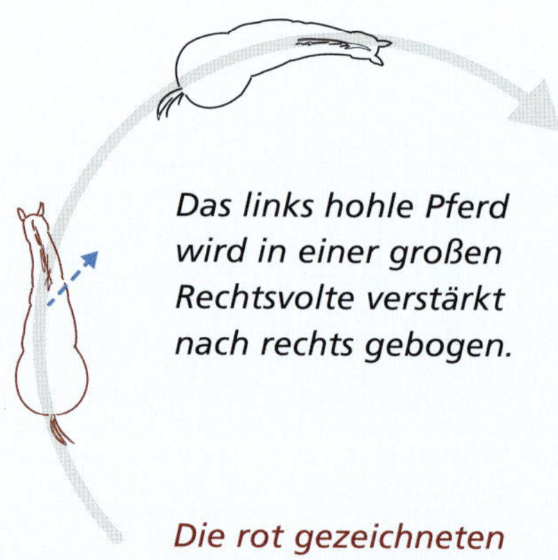

Das links hohle Pferd wird in einer großen Rechtsvolte verstärkt nach rechts gebogen.

Die rot gezeichneten Pferde zeigen jeweils die natürliche Neigung des links hohlen Pferdes an, sich zu bewegen. Die blauen Pfeile zeigen die »Ausweichtendenz«. Die schwarzen Pferde zeigen die Korrekturstellung.

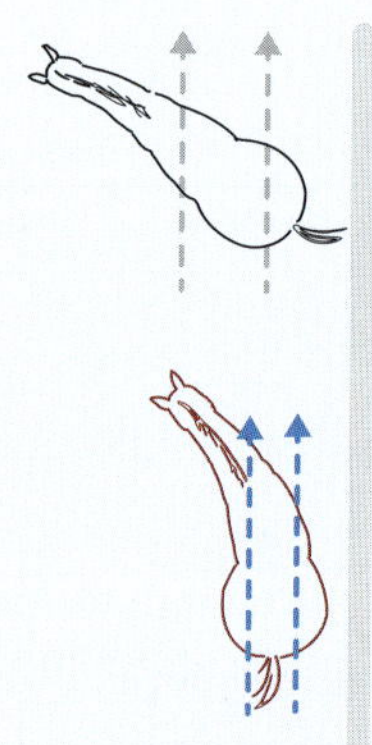

Das links hohle Pferd wird im Schulterherein links mit wenig Biegung und viel Abstellung gearbeitet.

Arbeit an der Hand im Trab.

Zudem darf es eine leichte Außenstellung einnehmen, die es auch in der Natur in Wendungen zeigt. Damit balanciert sich das Pferd selbst aus. Stellung und Biegung nach innen wird erst später eingeführt, wenn das Pferd seine natürliche Balance unter dem zusätzlichen Reitergewicht wieder gefunden und eine Grundausbildung bekommen hat. Das zu starke Stellen des Halses in Wendungen und in den Seitengängen ist eine Unsitte und bringt das Pferd dazu, über die äußere Schulter zu drängen.

Schulterkontrolle und Stabilisierung des Halses werden an der Hand kultiviert, um beides später unter dem Sattel leicht abrufbar zu bekommen. Anschließend wird an der seitlichen Biegefähigkeit in Form der verschiedenen Seitengänge Schulterherein und Konterschulterherein sowie Travers, Traversalen und Renvers, gearbeitet. Die Mobilisierungen führen zu einer Beweglichkeit in alle Richtungen: Seitwärtsbewegungen können auf allen erdenklichen geraden und gebogenen Linien ausgeführt werden.

Meist entwickelt sich ganz von alleine auf diesem Weg die Fähigkeit der »Beizäumung«, die eine reelle Versammlung positiv unterstützt: Das Pferd lernt, Schultern, Halsbasis und Widerrist anzuheben. Rücken und Becken arbeiten. All dies rundet die Oberlinie und entwickelt den Trapezmuskel. Beizäumung und Aufrichtung entstehen fast von selbst – wenn man dem Pferd Zeit genug gibt. An der Entwicklung der Muskulatur kann schließlich abgelesen werden, wie effektiv die Arbeit war.

3. Bearbeitung der »natürlichen Schiefe«, Geraderichten (Gleichgewichtsverbesserung links/rechts)

Die natürliche Schiefe wird während des gesamten zuvor beschriebenen Prozesses in annähernd allen Übungen berücksichtigt, indem alle Übungen kompensatorisch an die hohle oder steife

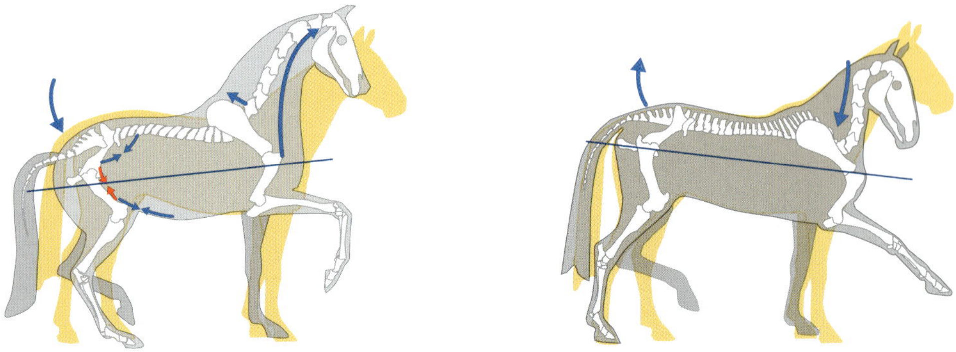

Richtige Versammlung (links) mit tiefer Kruppe, hohem Widerrist und freier Halswirbelsäule und falsche Versammlung (rechts) mit hoher Kruppe, tiefem Widerrist, festem Rücken, gestauchter Halswirbelsäule und blockierter Schulter. (Jeweils im Vergleich zum normal stehenden Pferd dargestellt.)

Seite angepasst werden (siehe Zeichnungen auf Seite 76). Das »Geraderichten« wird ab Seite 180 im Rahmen der »Ausbildungsziele« noch ausgeführt.

4. Entwicklung der Versammlung und der Federkraft (Gleichgewichtsverbesserung vorne/hinten)
Die Vorn-/Hinten-Balance wird durch viele Übergänge, besonders die Übergänge zwischen Rückwärts und Vorwärts, verbessert.

Die Bewegungen werden in allen Gangarten vermehrt nach oben entwickelt, sodass sich der Raumgewinn zugunsten der Kadenz verringert. Der Bewegungsablauf wird erhabener, runder und langsamer, ohne an Energie zu verlieren. Die Elastizität und die Federkraft verbessern sich und es entsteht eine Stoß dämpfende Wirkung auf die Gelenke. Das langsame Balancieren fällt dem Pferd deutlich schwerer als schnelle Bewegungen (wie uns Menschen ja auch). Die Tendenz zur Flucht nach vorn wird durch Versammlung reduziert.

Haltung und Zügelführung

Prinzipiell unterscheiden sich die Haltungskriterien für den Menschen bei der Arbeit an der Hand nicht von denen, die auch im Sattel gelten – und in Kapitel 8 und 9 noch genau beschrieben werden.
Bleiben Sie aufrecht mit getragenem Kopf, stellen Sie sich die gemeinsame Bewegung von Mensch und Pferd im Raum bildhaft vor, damit Sie die Orientierung behalten.
Kontrollieren Sie Abstellung und Schulter des Pferdes am äußeren Zügel.
Versuchen Sie immer, Ihren Oberarm entspannt zu lassen, damit die getragene Hand frei beweglich bleibt. Und damit Ihr Arm nicht ermüdet.
Eine Hand befindet sich dicht am Trensenring, bzw. Maul des Pferdes (Im Schenkelweichen und Schulterherein ist es die innere Hand, in Traversbewegungen und Hinterhandwendungen die äußere). Die andere liegt an der Schulter des Pferdes (bei großen Pferden tiefer als bei kleinen, damit der Oberarm entspannt bleiben kann). Im Schulterherein ist es die äußere und im Travers die innere, die den stellenden Zügel hält. Die

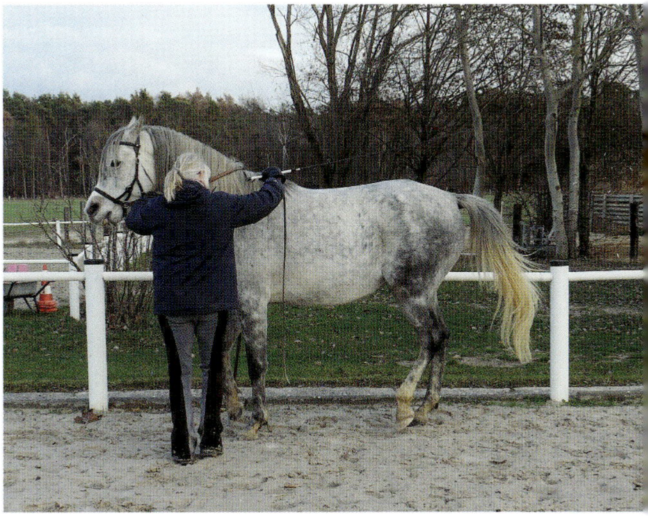

oben: Der junge Araber Lahib lernt die Grundbegriffe der Versammlung (auf dem linken Bild fünfjährig). Die gebisslose Zäumung mit Sidepull lässt keinen Zwang zu. Er nimmt die Haltung, die der Aufgabe entspricht, freiwillig ein.

unten: Hannoveraner Calvados in Übergängen Trab-Rückwärts-Trab. Man sieht die deutliche Hankenwinkelung.

Hand an der Schulter des Pferdes hält auch die Gerte.

Die Touchiergerte ist ein unverzichtbares Hilfsmittel bei der Handarbeit. Sie sollte wie beim Reiten locker aus dem Handgelenk eingesetzt werden. Touchierpunkte sind: Kruppe (siehe Bild rechts oben), Röhrbeine an verschiedenen Stellen, Unterschenkel zwischen Knie und Sprunggelenk – je nachdem, was man bewirken möchte. Bisweilen wird es dafür nötig sein, auch einmal die Zügel einhändig zu führen.

Stellende und verhaltende Impulse am Zügel werden immer kurz gegeben. Ziehen und Festhalten funktioniert bei der Handarbeit noch weniger als beim Reiten.

Präzises Einhalten der gedachten Linie und freie Haltung des Pferdes sind gefragt.

Bei großen Pferden ist es allerdings oft schwer, die Richtung beizubehalten, weil man nicht an ihnen vorbeischauen kann.

5 Gymnastizierung und Kondition · Longenarbeit

In der Basisarbeit am Boden und an der Hand haben wir an Gehorsam, Angstbewältigung, Balance und an der Entwicklung der »funktionellen Haltung« gearbeitet und das Longieren vorbereitet. In der Longenarbeit erarbeiten wir Kondition sowie vermehrten Gehorsam auf Distanz und bereiten den Galopp unter dem Reiter vor.

Das Pferd muss eine gewisse Grundkondition erlangen, um mit dem zusätzlichen Gewicht des Reiters nicht vorzeitig zu ermüden und deswegen die Muskulatur zu verkrampfen. Beides muss eine sinnvolle Longen- und/oder Round-Pen-Arbeit leisten. Der Round Pen, ein hoch eingezäunter geschlossener Longierzirkel, stellt eine Arbeitserleichterung dar, es geht jedoch auch ohne.
Das Pferd hat in der Angstbewältigung gelernt, die Berührung von Leinen und Longen zu ertragen. Sie können das Pferd zu sich heranholen, wegschicken, um sich herumschicken und anhalten – mehr brauchen Sie für die grundsätzliche Longenarbeit nicht.

Gewöhnen Sie das Pferd beim Longieren schon an Longiergurt und Sattel.
Prinzipiell bin ich gegen das Longieren mit Hilfszügeln, da sie das Pferd in eine Zwangshaltung bringen. Insbesondere, wenn man mit dem Pferd bei der Handarbeit schon eine funktionelle Haltung erarbeitet hat, sind sie meist unnötig. Es gibt jedoch immer mal wieder Ausnahmen, bei denen man kurzfristig eine Begrenzung installieren muss, z.B. wenn das Pferd den Hals zu weit nach innen stellt und dabei auf die äußere Schulter fällt. Da braucht man dann einen Longiergurt.

Longieren Sie mit Kappzaum oder gut sitzendem Knoten- oder normalem Halfter.
Wenn Sie dem Pferd zusätzlich eine Trense ins Maul legen wollen, dann führen Sie die Longe trotzdem am Kappzaum.
Das Pferd soll an der Longe in freier Selbsthaltung mit schwingendem Rücken und aktiven Hinterbeinen gehen und sich auf Stimme und Körpersignale anhalten und wieder in Bewegung setzen lassen. Auch Rückwärts an der Longe ist möglich.
Ziehen Sie den Hals nicht herein, damit bringen Sie das Pferd auf die äußere Schulter.

Beginnen Sie nicht zu früh

Führtraining, Ausweichübungen und Angstbewältigung können – in Maßen – schon mit einem Jährling durchgeführt werden; mit dem ernsthaften Longieren (vor allem im flotteren Trab und erst recht im Galopp) sollten Sie sich jedoch Zeit lassen, bis das Pferd mindestens zweieinhalb, besser drei Jahre alt ist. Durch die Zentrifugalkraft auf der Zirkellinie wirken nämlich beträchtliche Kräfte auf den Bewegungsapparat des Pferdes ein, wenn es sich schnell im Kreis herum bewegt. Mit zunehmender Kräftigung der Hinterbeine und besserer Balance fällt es dem Pferd leichter, sich auf gebogenen Linien auszubalancieren, so dass ausgebildete Pferde auch auf engeren Zirkeln galoppieren können. Das junge Pferd kann dies auf keinen Fall.

Ausrüstung

Sie brauchen einen (am besten leichten) Kappzaum oder ein Halfter, eine handliche, nicht zu schwere Peitsche (Fahrpeitschen sind angenehm leicht) oder einen Stick und eine leichte, weiche Longe, die nicht zum Verdrehen und Knotenbilden neigt. Achten Sie darauf, dass alle Riemen am Kopf des Pferdes so verschnallt sind, dass sie dem Pferd nicht ins Auge rutschen – auch wenn Sie einmal einen kräftigen Impuls geben müssen.

Hängen Sie die Longe so ein, dass Sie nichts umschnallen müssen, wenn Sie das Pferd die Richtung ändern lassen. (Beim Kappzaum vorne am Ring auf dem Nasenriemen – beim Halfter unter dem Kinn.)

Vorteile der Arbeit ohne Hilfszügel

Das Pferd nicht mit Hilfzügeln zu begrenzen, hat entscheidende Vorteile:

1. Das Pferd fühlt sich nicht eingezwängt und kann seine natürlichen Bewegungen frei entfalten.
2. Sie können Richtungswechsel einfacher ausführen als mit einem »verschnürten« Pferd.

Bei der gängigen Methode entstehen – besonders am Anfang – oft Spannungen beim Pferd, welches sich gegen die ungewohnte Haltung wehrt. Diese verschwinden zwar meist im Laufe der weiteren Ausbildung wieder, doch geht trotzdem dabei manchmal ein Teil der natürlichen Bewegungs-Eleganz des Pferdes verloren.

Im Verlauf einer gut aufgebauten, versammelnden Ausbildung an der Hand und am Boden wird die Verwendung von Hilfszügeln auch an der Longe meist überflüssig, denn das Pferd hat dort schon gelernt, sich auszubalancieren und sich auf den Menschen auszurichten.

Aufmerksamkeit des Pferdes ...

... und des Menschen ist der Schlüssel für eine sinnvolle Longenarbeit. Haben Sie die nicht, dann wird Ihr Pferd an der Longe tun, was es für richtig hält und Ihre Signale ignorieren, solange es etwas anderes Interessantes sieht. Und ohne diese Aufmerksamkeit können Sie nicht mit ihm arbeiten.

Um Aufmerksamkeit von Ihrem Pferd zu erlangen, haben Sie jedoch das Ausweichtraining durchgeführt. Wenn Ihr Pferd nun also in der Gegend herumschaut und sich nicht für Sie interessiert, dann haben Sie mit den Ausweichübungen ein Korrekturinstrument, um es wieder auf Sie und Ihre Körpersignale einzustimmen.

Korrektur der Unaufmerksamkeit

Schaut es desinteressiert nach außen und ignoriert Sie, treiben Sie mit einem Schritt Richtung inneres Hinterbein seine Hinterhand nach außen. So kommen Schulter und Hals nach innen; es schaut Sie wieder an – und ist wieder aufnahmebereit für Ihre Signale.

Mit einem deutlichen Schritt in Richtung Hinterhand können Sie das Pferd auch zu sich hereinholen. Je weiter es mit der Hinterhand nach außen dreht, desto weiter kommt es mit der Schulter herein in die Zirkelmitte. Gehen Sie dann selbst einige Schritte rückwärts und fordern damit (und mit Stimmsignalen) das Pferd dazu auf, Ihnen zu folgen. Es sollte auf diese Weise zu Ihnen in die Mitte kommen.

Damit haben Sie nun schon **die Grundlage für einen Richtungswechsel** in der Bewegung: Sie brauchen nur noch zur Seite zu gehen und einen Schritt auf die (vorher äußere) Schulter des Pferdes zu machen, dann treiben Sie es damit auf die andere Hand wieder auf die Zirkellinie heraus.

Eilt das Pferd Ihnen davon, so bewegen Sie sich in Richtung seiner Schulter, um es zu verlangsamen und drehen leicht Ihre Schulter herein, so als ob Sie sich frontal vor das Pferd stellen wollten. Nicht zu weit, sonst halten Sie es mit diesem

Junge Pferde können noch nicht in Haltung gehen. Sie brauchen den freien Hals, um sich auf dem Zirkel auszubalancieren.

Signal an. Geht es nicht vorwärts, so gehen Sie schräg hinter die Hinterhand.

Gegebenenfalls helfen Sie in beiden Fällen mit der Peitsche nach; zum Verlangsamen halten Sie diese vor die Schulter des Pferdes, zum Beschleunigen hinter die Hinterhand.

Probleme mit der Kontrolle

Bei machen Pferden müssen Sie sehr aufmerksam sein und häufig korrigierend eingreifen, um zu verhindern, dass sie die Aufmerksamkeit von Ihnen wegnehmen, »ihr eigenes Ding« machen – und Ihnen im schlimmsten Fall die Longe aus der Hand reißen und mit hinterher schleifender Longe verschwinden. Mal abgesehen davon, dass das gefährlich ist, hat das Pferd nun »gelernt«, dass es stärker ist als der Mensch und seinen Willen durchsetzen kann.

Besonders im flotten Trab oder Galopp kann es auch gut sein, dass sich Ihr Youngster »warmläuft« und dann nicht mehr so recht weiß, wohin mit überschüssiger Energie. Führen Sie ein energiegeladenes Pferd im Schritt warm und lassen es sich dann erst einmal frei austoben, damit das nicht passiert.

Kehren Sie in der Arbeit erst einmal zu sicheren Übungen wie Führen und Ausweichen zurück.

Das gilt insbesondere, wenn Sie Ihren Youngster nicht selbst aufgezogen haben. So mancher Züchter legt nicht allzu großen Wert auf Grunderziehung und gutes Benehmen seines Jungpferdes. Bekommen Sie einen rüpelhaften, ungezogenen Dreijährigen, haben Sie erst einmal einiges an Erziehungsarbeit nachzuholen, bevor Sie ihn problemlos longieren können.

Falls es passiert, dass sich das Pferd an der Longe selbstständig macht, dürfen Sie es auf keinen Fall damit bewenden lassen und es wegstellen. Es muss weiterarbeiten, bis wenigstens ein kleiner Erfolg erreicht ist: z.B. dass es 2 Runden ohne zu mucken auf der Zirkellinie geblieben ist. Notfalls verwenden Sie eine Führkette, damit das Malheur nicht erneut passiert. Wenn sich das Pferd benimmt, greift die Kette nicht; benimmt es sich nicht, so haben Sie etwas mehr Kontrolle.

Besser ist natürlich, es gar nicht so weit kommen zu lassen und das Longieren besser vorzubereiten.

Was tun gegen Drängeln?

Das Pferd kippt nach innen

Drängt das Pferd nach innen von der Zirkellinie weg, so müssen Sie seine Schulter außen und oben halten. Zielen Sie mit Ihrer Energie und Ihren »Armverlängerungen« (Gerte, Peitsche oder Stick} auf seine innere Schulter. Es wird mit der Schulter nach außen weichen und sich auf diese Weise wieder nach außen auf die Zirkellinie einstellen.

Achten Sie darauf, dass Sie nicht vor die Schulter des Pferdes geraten – dann würde es anhalten oder verlangsamen, statt nach außen zu weichen. Sind Sie zu weit hinten, entzieht es sich durch »Flucht nach vorn«. Wie bei den verschiedenen Seitwärtsbewegungen im Ausweichtraining müssen Sie auch an der Longe den genauen Punkt/Körperteil des Pferdes, der ausweichen soll, mit Ihrer eigenen Ausrichtung »treffen«, um die richtige Wirkung zu bekommen. Im Prinzip machen Sie auch nichts anderes als Ausweichübungen – nur dass Sie jetzt weiter vom Pferd entfernt sind.

Achten Sie darauf, dass das Pferd bei dieser Korrektur nach innen zu Ihnen schaut – auch, wenn es mit der Schulter nach außen ausweicht, soll es seine Aufmerksamkeit nicht von Ihnen abwenden. (Unter dem Reiter wäre dieses Heraustreiben der Schulter nichts anderes als ein Vergrößern des Zirkels im Schenkelweichen, siehe auch Seiten 209 ff.)

Das Pferd drängt nach außen

Drängelt das Pferd über die äußere Schulter nach außen, stellt es meist seinen Hals zu weit in die Wendung hinein und bleibt mit dem Körper eher grade. In einem geschlossenen Longierzirkel oder Round Pen ist das erstmal nicht so schlimm, denn ganz außen ist die Bande – und da geht's nicht mehr weiter. Haben Sie keine Begrenzung, kann ein nach außen zerrendes Pferd ganz schön unangenehm werden. Doch auch hier können Sie sich mit den Übungen des Ausweichtrainings helfen. Der Schritt in Richtung inneres Hinterbein dreht die Hinterhand des Pferdes nach außen und damit die Schulter und den Kopf nach innen. Gehen Sie nach dieser Reaktion schräg innen hinter die Hinterhand des Pferdes, um es wieder vorwärts zu treiben. Andernfalls bleibt es evtl. ganz stehen und schaut Sie an, wie es das im Ausweichtraining gelernt hat.

Versuchen Sie nicht, das Pferd mit der Longe in den Zirkel hineinzuziehen. Das funktioniert aufgrund der Kräfteverhältnisse nicht. Und selbst wenn – je mehr Sie den Hals nach innen ziehen, umso mehr zieht es über die unkontrollierte äußere Schulter weg.

Ein einzelner Ausbinder, der **nur außen** eingeschnallt wird, und das Pferd daran hindert, den Hals zu weit nach innen zu nehmen, kann da bisweilen helfen.
Je nach Art der Schiefe drängt das noch nicht gerade gerichtete Pferd auf der einen Hand in den Zirkel hinein und auf der anderen Hand heraus. (Das tut es später beim Reiten auch, wenn man nicht weiß, wie man es korrigieren kann.)
Prinzipiell geht es bei diesen Korrekturen immer nur darum, **die Schulter des Pferdes zu kontrollieren**.

> **_Die wichtigsten Ausbildungsziele an der Longe_**
>
> *Kondition, bessere Kontrolle, Gymnastizierung ohne Reitergewicht,*
> *Grundlagen des Geraderichtens = gleichmäßige Dehnung der jeweils äußeren Seite, gleichmäßige Lastaufnahme mit beiden inneren Hinterbeinen,*
> *den Rücken tragfähig machen (den Rücken nach oben bekommen).*

Funktioniert die grundsätzliche Kontrolle, sorgen nun Tempo- und Gangartenwechsel, Anhalten sowie Antreten, Antraben, Angaloppieren aus dem Halten und aus dem Rückwärtsrichten und Biegung auf verschieden großen Zirkelradien für die Gymnastizierung in der Longenarbeit. Und das Pferd wird dabei meist von allein eine Haltung einnehmen, die der Lektion und seinen momentanen Möglichkeiten angemessen ist.

Freie Arbeit im Round Pen

Sie können auch frei mit Ihrem Pferd arbeiten. Dazu brauchen Sie zu Beginn einen sicher eingezäunten Round Pen bzw. Longierzirkel. Alles, was Sie mit dem Pferd an der Longe üben können, können Sie auch mit dem freien Pferd machen. Sie stützen sich dabei auf die Reaktionen aus dem Führ- und Ausweichtraining. Ab und zu müssen Sie selbst jedoch schnell reagieren und laufen können, damit sich das Pferd nicht Ihren Signalen durch Flucht nach vorn entzieht. Im Round Pen kann sich das Pferd jedoch nie mehr als zehn Meter von Ihnen entfernen, wenn Sie in der Mitte stehen. Mit etwas Übung und Augenmaß lernen Sie sehr schnell, an welchen Punkt auf dem Außenradius Sie laufen müssen, um ein Pferd zu stoppen oder zu drehen.

Richtungskontrolle

Beginnen Sie mit der Richtungskontrolle. Angenommen, das Pferd läuft auf der linken Hand im Trab. Sie wollen auf die rechte Hand wechseln. Die einfachste Möglichkeit ist, das Pferd zu stoppen und zu einer Wendung nach außen zu veranlassen. Die Westernreiter sagen Roll Back dazu, wenn es sich um eine schnell gesprungene 180°-Wendung handelt. Ob das Pferd seine erste Wendung schnell oder langsam ausführt, ist jedoch zuerst einmal unwesentlich. Wichtig ist: Sie haben es zu einem Richtungswechsel veranlasst.

Was ist im Einzelnen zu tun?

Suchen Sie sich einen Punkt an der Umzäunung des Round Pen, den Sie vor dem Pferd erreichen können, und bewegen sich schnell und gezielt darauf zu. Wenn Ihr Pferd eine halbwegs erfolgreiche Grunderziehung genossen hat, wird es abstoppen, um Sie nicht über den Haufen zu ren-

von oben nach unten:

Das Pferd galoppiert schön rund ohne Hilfszügel (Zäumung mit Serreta).

Das Pferd auf die Zirkellinie heraustreiben. Bewegungsrichtung des Menschen auf die Mitte des Pferdes. Der linke Arm unterstützt an der Hinterhand.

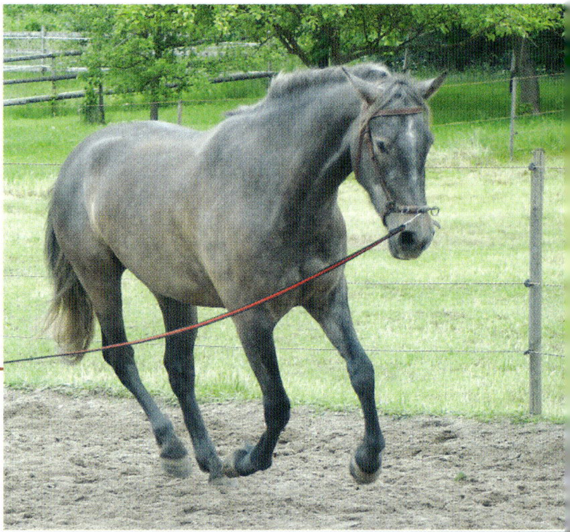

nen. Da Ihre Bewegungsrichtung von innen nach außen gerichtet ist, wird es dabei mit der Schulter nach außen ausweichen – gehen Sie nun weiter auf die Schulter zu, wird das Pferd sich zum Zaun hin umdrehen und in die andere Richtung weiterlaufen. Treiben Sie es jetzt – sich schräg hinter die Hinterhand bewegend – mit Stimmkommandos, Seilende oder Gerte in die Gangart, die es vorher hatte. Ihr erster Richtungswechsel ist geglückt.

Mit vielen Richtungswechseln hintereinander können Sie auch einen Düsewind, der wie angestochen im Round Pen herumgaloppiert, verlangsamen und schließlich sogar zur Ruhe bringen und anhalten. Dazu müssen Sie jedoch selbst ein wenig rennen. Veranlassen Sie Ihren Wirbelwind zum Richtungswechsel, wie oben beschrieben. Er wird wahrscheinlich einen sauberen Roll Back aus dem Galopp auf der einen Hand in den Galopp auf der anderen Hand springen. Rennt Ihr Pferd gleich wieder los, so stoppen Sie es erneut, so schnell Sie können. Und so weiter – bis die Sache dem Pferd zu anstrengend wird und es sich immer mehr Zeit lässt, bevor es nach dem Richtungswechsel wieder lossaust. Dann können Sie

Aufmerksamkeit

Longenarbeit funktioniert nur, wenn Sie die volle Aufmerksamkeit Ihres Pferdes haben und im Gegenzug Ihre Aufmerksamkeit ungeteilt dem Pferd und seinen Signalen widmen.

die gewünschte Verlangsamung mit Stimmhilfen unterstützen. Schließlich wird es langsamer werden oder sogar stehen bleiben und Sie anschauen. Laden Sie es nun ein, zu Ihnen zu kommen, indem Sie einen oder zwei Schritte zurücktreten, loben Sie es und lassen es eine Weile ruhig bei Ihnen stehen. Vermutlich wird es nach dieser Aktion schnaufen und pusten. Warten Sie, bis es sich beruhigt hat und versuchen dann, mit konzentrierter Arbeit in kontrolliertem Tempo zu beginnen.

Verlangsamen

Das Verlangsamen und Stoppen des Pferdes ergibt sich zwangsläufig aus der Richtungskontrolle. Treten Sie dem Pferd zum Verlangsamen nur halb in den Weg (schräg neben/vor die Schulter) und etablieren Sie dabei Stimmhilfen für Schritt, Trab, langsamer und schneller (innerhalb einer Gangart) etc. Oder versperren Sie ihm den Weg durch einen Schritt direkt vor Kopf und Schulter und etablieren das Kommando Ho oder Halt (was das Pferd aus dem Führtraining eigentlich schon kennen sollte). Als »Nothalt« oder Alternative kann immer auch das Heraustreiben der Hinterhand dienen, so dass das Pferd sich zu Ihnen hindreht und Sie anschaut.
Wenn die eine Variante nicht funktioniert, versuchen Sie es eben mit der anderen.

Beschleunigen

Das Beschleunigen des Pferdes lässt sich durch Ihre Position schräg innen hinter der Hinterhand des Pferdes in Verbindung mit Stimm- und Peitschenhilfen einfach bewerkstelligen. Gewöhnen Sie das Pferd daran, auf verbale Kommandos anzutraben und anzugaloppieren. Dann fällt ihm später unter dem Sattel das Verstehen der treibenden Schenkelhilfen in Verbindung mit der bekannten Stimmhilfe umso leichter.

Haben Sie grundsätzliche Kontrolle über Ihr freilaufendes Pferd, dann steht der freie Richtungs-

oben: Ohne Aufmerksamkeit geht nichts.

unten: Zentrifugalkräfte wirken Richtung äußere Schulter.

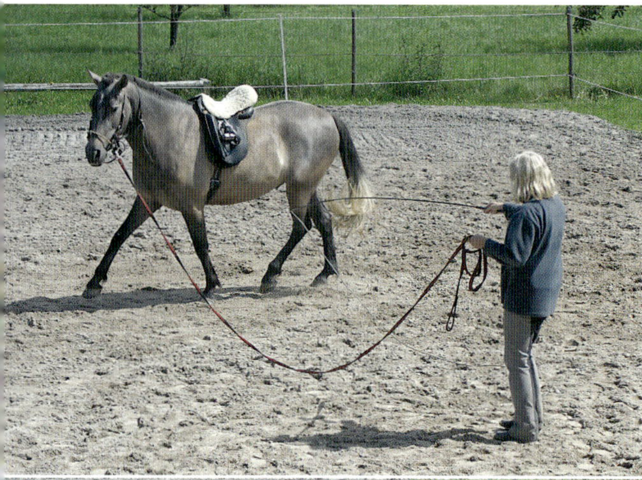

Peitschenpositionen:
oben Richtung Schulter – das Pferd soll nicht über die Schulter nach innen kippen. Mitte: Richtung Bauch – das Pferd soll sich biegen.

unten und Seite 89 oben: Dehnung bei aktiver Hinterhand und freier Schulter, der Rücken ist oben, der Hals frei getragen; die Beinpaare bewegen sich parallel.

wechsel nach innen (wie Sie ihn auch mit der Longe ausführen würden) auf dem Programm.

Was tun, wenn ...

Es gibt Pferde, die sich schlecht in Bewegung setzen bzw. beschleunigen lassen und ihrem Unmut durch Auskeilen in Richtung des Menschen Ausdruck verleihen. Wurde das Ausweichprogramm richtig durchgeführt, sollte dies eigentlich nicht passieren. Haben Sie jedoch einen (Korrektur-)Kandidaten, der Ihre Autorität (noch) in Frage stellt, so sollten Sie auf jeden Fall außer Reichweite der Hinterhufe bleiben, d.h. sich mit einer längeren Peitsche bewaffnen, so dass Sie nicht zu nahe an das Pferd heranmüssen, um Ihren Forderungen Nachdruck zu verleihen. Bleiben Sie bei solchen Pferden sehr wachsam und achten Sie ständig auf Ihren Sicherheitsabstand und darauf, dass das Pferd mit seiner Aufmerksamkeit noch »bei Ihnen ist« (leichte Innenstellung und Ohr Richtung Mensch ausgerichtet). Ein ungezogenes Pferd braucht nur Sekundenbruchteile, um dem Menschen Hinterteil und Hinterhufe entgegen zu drehen.

Auch beim einfachen Richtungswechsel nach außen entzieht das Pferd dem Ausbilder während der Wendung die Aufmerksamkeit. Deswegen ist

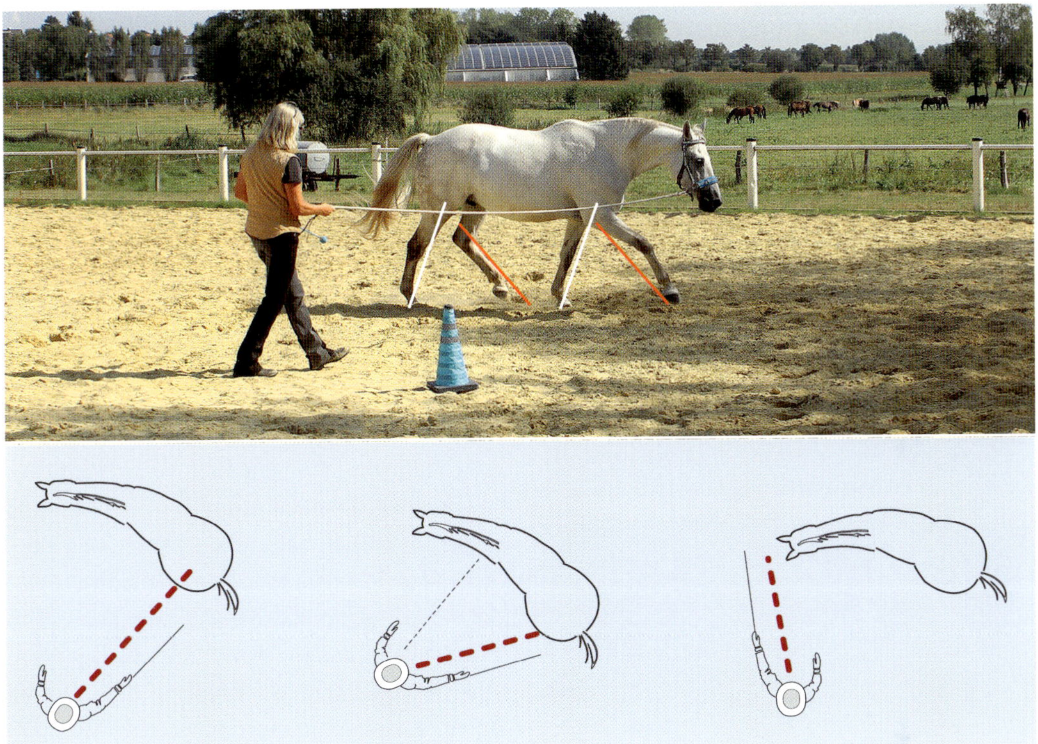

Positionen des Menschen (Zeichnungen v.l.n.r.):
Hinterhand heraustreiben, Hinterbeine vortreiben, bremsen.

es für eine vermehrte Feinkontrolle sinnvoll, wenn das Pferd beim Richtungswechsel nach innen dreht und Sie dabei weiterhin anschaut.

Angenommen Ihr Pferd trabt auf der linken Hand auf dem Zirkel. Stoppen Sie es und veranlassen es, Sie sofort nach dem Stopp anzusehen. Gehen Sie nun rückwärts und fordern das Pferd mit »Komm her« o.Ä. dazu auf, Ihnen in die Mitte zu folgen. (Klappt das Folgen schlecht, versuchen Sie es mit einer kleinen Motivationshilfe in Form eines Leckerli.) Bewegen Sie sich dann seitlich auf seine vorher äußere (rechte) Schulter zu und treiben es wieder auf die Zirkellinie heraus. Um dem Pferd noch deutlicher die Richtung zu zeigen, können Sie den rechten Arm ausstrecken, es damit in die neue Richtung »führen« und wieder auf den Hufschlag hinaustreiben. Es befindet sich nun auf der rechten Hand. Das war er schon, der erste Richtungswechsel nach innen. Er kann durchaus erstmal langsam erfolgen, damit Sie selbst genug Zeit haben, sich in die jeweils richtige Richtung und relative Position zum Pferd zu bewegen. Treiben Sie das Pferd schließlich wieder in die Gangart hinein, in der es vor dem Richtungswechsel war. Mit der Zeit brauchen Sie das Pferd gar nicht mehr zu stoppen, sondern können es aus der Bewegung zu sich hereinho-

Ohne Hilfszügel und sonstige Zwangsmittel kann das Pferd auch schonmal »eigene Ideen« entwickeln. Haben Sie ein gutes Vorbereitungsprogramm am Boden absolviert, ist das nicht weiter schlimm und Sie bekommen schnell wieder die Kontrolle.

len, an sich vorbeilaufen lassen und wieder auf die andere Hand wegschicken. In Vollendung könnten Sie damit sogar einen fliegenden Galoppwechsel mit dem freien Pferd trainieren.

Position beziehen

Bei allen Übungen am Boden und an der Longe ist es wichtig, dass der Mensch genau weiß, welche Position in Realation zum Pferd treibend oder verhaltend wirkt. Zudem muss er sich darüber im Klaren sein, welches Körperteil des Pferdes er wohin bewegen muss, um die Bewegungsrichtung, Aufmerksamkeit und Haltung des Pferdes in gewünschter Weise zu beeinflussen. Dazu muss er gezielt (und oft auch sehr schnell) seine eigene Position in Bezug zum Pferd verändern. Gerte oder Stick (manchmal genügt auch der ausgestreckte Arm) helfen, den Wünschen des Menschen Nachdruck zu verleihen.

Durch gezieltes Heraustreiben von Vorhand/ Schulter bei gleichzeitigem Hereinnehmen des Kopfes kann die Innenstellung erreicht und damit die Aufmerksamkeit des Pferdes auf den Menschen gelenkt werden, ohne dass das Pferd in den Zirkel hineinkippt. Zieht das Pferd ständig nach außen, so treibt man die Hinterhand nach außen, so dass das Pferd die Vorhand in den Zirkel hineinstellt. Versuchen Sie immer, die Längsachse des Pferdes zu beeinflussen und verlassen Sie sich nicht auf die Kontrolle von Hals und Kopf. Das gilt später beim Reiten genauso.

Wenn's doch einmal ein Hilfszügel sein muss ...

Das Longieren des Pferdes mit Trense, Kappzaum und Ausbindern, Dreieickszügeln, Chambon oder auch Rückentrainer ist eine verbreitete Methode in der Ausbildung.

Richtungswechsel aus dem Linksgalopp in den Rechtsgalopp mit kraftvollem Herausspringen nach rechts. Das Pferd nimmt freiwillig eine funktionelle Haltung ein. Mit Hilfszügeln ist eine solche Arbeit nicht möglich.

Beachtet man einige wichtige Richtlinien, dann kann man wenig Schaden damit anrichten. Ein wesentlicher Punkt ist, dass das Pferd sich schon früh ans Trensengebiss gewöhnt und lernt, einen Druck im Maul durch Nachgeben im Genick auszugleichen. Eine starke Außenstellung und ein Hochreißen des Pferdekopfes kann durch die Hilfszügel verhindert werden. Das Pferd ist von Anfang an leichter kontrollierbar, sagen die Verfechter der Hilfszügel. (Sitzt die Grunderziehung durch das Ausweichtraining jedoch sicher, dann ist jedes Pferd auch am Halfter ohne Hilfszügel kontrollierbar.)
Auch bei Verwendung von Hilfszügeln müssen Sie jedoch nicht unbedingt gleich mit einem Gebiss arbeiten. Der Kappzaum oder das Sidepull bieten genug Möglichkeiten, Hilfszügel einzuschnallen. Bei vielen Pferden kommt man mit den Hilfzügeln nicht so recht weiter. Sie legen sich drauf oder drücken den Unterhals heraus und den Rücken nach unten weg. Andere machen sich zu eng im Hals und weichen der Zügelwirkung nach hinten aus. Beobachten Sie also Ihr Pferd sehr genau, wenn Sie mit Hilfszügeln arbeiten wollen, ob diese wirklich den gewünschten Effekt haben.

Hat sich das Pferd erst einmal an das Longierzubehör gewöhnt, kann man auch mit dem Rückentrainer longieren, der die Vorteile der Doppellonge mit der einfachen Handhabbarkeit der einfachen Longe verbindet.

Wenn sich das Pferd an der Longe nicht anhalten lassen will, haben Sie verschiedene Möglichkeiten: Treiben Sie die Hinterhand heraus, damit das Pferd Sie ansieht. Oder nutzen Sie die Bande, wie auf den Bildern oben, und lenken das Pferd dagegen, indem Sie sich schräg vor seine Schulter bewegen (oben). Danach wieder Aufmerksamkeit fordern und weiter longieren.

Nun gibt es allerdings ein paar **»Todsünden« beim Longieren**, die man auf keinen Fall begehen sollte. Nachfolgend ein paar grundsätzliche Richtlinien zur Vorgehensweise und Verwendung der Hilfsmittel.

Todsünden beim Longieren

1. Verschnüren Sie das Pferd nicht wie ein Päckchen, sondern gewöhnen es langsam an den Druck im Maul oder auf der Nase durch Trensengebiss und/oder Hilfszügel. Verwenden

Sie ein doppelt gebrochenes Gebiss. Eine Knebeltrense verhindert, dass Sie dem Pferd das Gebiss durchs Maul ziehen, wenn Sie die Longe am Gebiss einhängen – was meist nicht sinnvoll ist.
Wenn Sie Hilfszügel verwenden wollen, schnallen Sie diese am Anfang ganz lang und verkürzen Sie Schritt um Schritt sehr vorsichtig. Schnallen Sie innen nicht kürzer, sondern stellen beide gleich lang ein. Eine leichte Genickstellung nach innen können Sie mit der Longeneinwirkung erzielen. Und dass das Pferd den Hals weit hereinstellt wollen wir sowieso nicht.
Viele Pferde reagieren geradezu panisch, wenn sie – ohne große Vorwarnung – auf einmal den Kopf nicht mehr heben können. **Die Einschränkung ihrer Bewegungsfreiheit erzeugt psychische und körperliche Spannung.** Schon manches zu früh und zu stark ausgebundene Pferd hat sich in einem Panikanfall überschlagen. Verspannte Muskeln in Hals und Genick sind jedoch das Mindeste, was Sie sich bzw. Ihrem Pferd einhandeln, wenn Sie unbedacht mit Hilfszügeln umgehen. Die untrainierte Muskulatur des Pferdes verträgt ein »Feststellen« der Oberhalslinie nicht und reagiert mit schmerzhaften Verspannungen. Junge Pferde bekommen regelrecht »Haltungsschmerzen«, wenn sie sich nicht zwischendurch lang machen (den Hals dehnen) können (ältere übrigens oft auch noch).

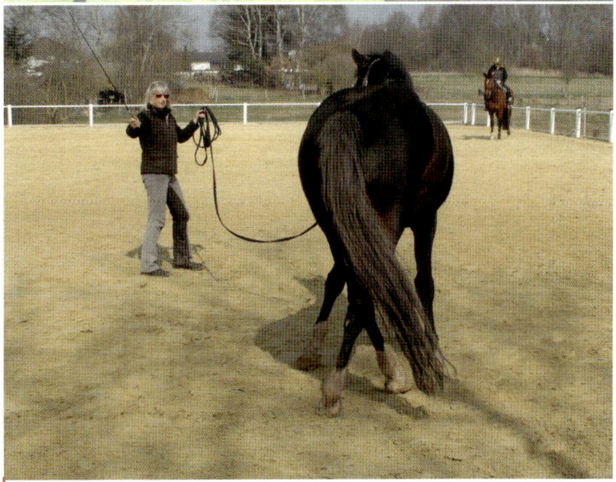

oben: Das Ohr des Pferdes ist auf den Longierenden ausgerichtet.

unten: Seitwärts an der Longe. Auch das Übertreten ist auf Distanz möglich.

Binden Sie dem Pferd auch das Maul nicht gewaltsam zu. Das hannoversche Sperrhalfter, welches die Trense in die Maulwinkel quetscht, den meisten Pferden (vor allem denen mit kurzer Maulspalte) zu tief auf der Nase sitzt und dabei womöglich noch die Atmung behindert, gehört meiner Ansicht nach auf Nimmerwiedersehen in die Mottenkiste. Das lose geschnallte englische Reithalfter reicht vollkommen aus – wenn überhaupt ein Nasenriemen notwendig ist.
Sperrt das Pferd das Maul auf, dann werte ich das als Zeichen mangelhafter Durchlässigkeit oder anderer Probleme und bemühe mich, den Fehler durch Grundlagenarbeit zu beheben. Das

gilt vor allem fürs Reiten, jedoch auch für die Longenarbeit, bei der das Pferd eine Trense trägt. Dem Pferd das Maul zuzuschnüren, bekämpft allerhöchstens ein Symptom und nicht die Ursache des Maulaufsperrens.

Benutzen Sie einen Kappzaum zum Longieren, müssen Sie Nasenriemen (und Kinnriemen) meist etwas enger schnallen, damit der Kappzaum nicht verrutscht und seine Backenstücke dem Pferd nicht in die Augen geraten.

Benutzen Sie Kappzaum plus Trense, dann versuchen Sie, die Ledermenge am Kopf des Pferdes möglichst zu reduzieren. Stellen Sie sich vor, Ihnen würde einer den Kopf mit Riemen verschnüren – Sie fänden das sicher auch nicht so angenehm. Experimentieren Sie doch mal mit einem in den Kappzaum eingehängten Gebiss oder mit dem Multifunktionszaum, so dass Sie das Kopfstück für die Trense sparen. Oder benutzen Sie eine spanische Serreta, die nur mit dünnen Leder-Riemen unter das Trensenkopfstück geschnallt wird. Nehmen Sie aber eine gut gepolsterte oder polstern Sie diese nachträglich, so dass die gezackte Metallseele keinen Schaden auf der Nase des Pferdes anrichtet.

Inzwischen gibt es auch recht schöne Kappzäume mit weniger dicken Riemen, die unter die Trense passen.

Der Rückentrainer ist eine einfache Art, die Vorteile der Doppellongenarbeit mit der problemlosen Handhabbarkeit der einfachen Longe zu verbinden. Vom Trensenring der einen Seite läuft ein Riemen um die Hinterhand bis zum Trensenring der anderen Seite; das Pferd gibt sich durch die Bewegung der Hinterbeine selbst Paraden – hält sich praktisch über seine eigene Bewegungsenergie zusammen. Dabei können Sie die Longe auch ausnahmsweise in den inneren Trensenring einhängen, weil es einen äußeren Zügel gibt, der das Durchziehen verhindert. Auch hier ist es ganz wichtig, zwar eine »Begrenzung des Rahmens« zu schaffen, aber das Pferd nicht zusammenzuschnüren.

2. Hilfszügel sind auf keinen Fall dazu da, das Pferd auf Dauer in eine bestimmte Haltung zu zwingen. Sie sollen nur verhindern, dass es sich selbst schadet, indem es z.B. mit weggedrücktem Rücken läuft. Auch das Herbeiführen einer Innenstellung des Pferdes durch deutliches Verkürzen des inneren Ausbinders hat oft nicht den gewünschten Erfolg. Die meisten Pferde lernen nur, sich auf diesen kürzeren inneren Zügel draufzulegen und auf die innere Schulter zu fallen. Zudem haben Sie natürlich dann mit Richtungswechseln Probleme, weil Sie immer umschnallen müssen. (Dauerhafte Innenstellung erreichen Sie nur dadurch, dass Sie die Aufmerksamkeit des Pferdes auf sich lenken – siehe Ausweichtraining.)

Ein einzelner Ausbinder an der äußeren Seite des Pferdes kann jedoch Vorteile bringen, wenn das Pferd den Hals zu stark nach innen stellt und die äußere Schulter dadurch überlastet.
Der **Außenausbinder** begrenzt die Stellung; die Stellung selbst wird über die Einwirkung mit der Longe erreicht. Der Außenausbinder hat vor allem den Vorteil, dass er dem Pferd zumindest nach einer Seite Bewegungsfreiheit lässt und so einen Panikanfall verhindert.

Lassen Sie das Pferd immer erst ein paar Runden mit langem Hals ohne Hilfszügel laufen. Und schieben Sie immer wieder Entspannungspausen in gedehnter Haltung ein. Arbeiten Sie mit einem Chambon, dann kann das Pferd sich ohne Probleme abstrecken. Arbeiten Sie mit Ausbindern, so müssen Sie diese von Zeit zu Zeit lösen, um dem Pferd die Entspannung nach vorne zu ermöglichen.

Achten Sie immer auf eine aktive Hinterhand, damit der Rücken nach oben kommt. Es gibt »Künstler« unter den Pferden, die den Rücken durchhängen lassen oder festhalten, während Kopf- und Halshaltung mit der Hilfszügelkonstruktion »ganz ordentlich« aussehen. Ein aufmerksamer Beobachter wird zwar immer sehen, dass da falsche Spannung vorhanden ist; wer sich aber nur auf eine »formal richtige« Haltung des Halses konzentriert, dem mag das entgehen.

3. Hängen Sie die Longe nicht in die Trense ein – nicht in den inneren Ring und erst recht nicht über eine Verbindungsbrücke in beide. Damit ruinieren Sie dem Pferd mit Sicherheit das Maul. Mit dem Verbindungsstück erzeugen Sie mit einer normalen Trense die berüchtigte Nussknackerwirkung, bei der die beiden Teile des Gebisses im Gelenk eine Spitze Richtung Gaumen bilden und die Laden einzwängen. Das Gleiche passiert, wenn Sie die Longe in den äußeren Trensenring ziehen und sie dann unter dem Kinn des Pferdes durch den inneren Ring führen. (Bei Verwendung eines doppelt gebrochenen Gebisses schwächt sich die Wirkung etwas ab – die Laden werden jedoch weiterhin eingequetscht.) Hängen Sie die Longe in den inneren Ring ein, dann ziehen Sie dem Pferd unter Umständen den äußeren Trensenring mit durchs Maul, wenn es nach außen drängelt. Kurz – die Longe sollte möglichst nicht in direkter Verbindung zum Maul des Pferdes stehen. Ausnahmen sind der Rückentrainer und das Longieren mit Dreieckszügeln oder einem einzelnen Ausbinder außen; dabei kann die Longe sowohl in den äußeren Trensenring eingehängt und dann über das Genick durch den inneren geführt werden, aber auch nur in den inneren Ring, weil ein »äußerer Begren-

Kleine Pferde, wie dieses Shetland-Pony sind nur über Longen- und Handarbeit auszubilden.

zungs-Zügel« das Durchziehen durchs Maul verhindert (siehe auch: das Prinzip des Rückentrainers).

Erst bei der fortgeschrittenen Arbeit mit der Doppellonge bzw. am langen Zügel können die beiden Longen bzw. Leinen in die Trensenringe geschnallt werden – weil nur dann eine genügende Feinabstimmung zwischen Ausbilderhand und Pferdemaul erreicht ist, um es im Maul nicht ungewollt zu drangsalieren. D.h. das Pferd ist gehorsam und geschmeidig genug, um sich nicht mehr gegen die Forderungen des Ausbilders zu wehren und der Ausbilder hat genug Fingerspitzengefühl für die Bewegungen des Pferdes – und seine eigenen – entwickelt, um eine weiche Verbindung zum Pferdemaul mit den Leinen zu bekommen. Eine weiche Verbindung zum Maul ist mit den langen Leinen deutlich schwieriger als z.B. das gefühlvolle »gummibandartige« Handhaben der Zügel beim Reiten (und selbst das bereitet vielen Reitern noch genug Schwierigkeiten). Zudem kommt noch die eigene, vom Pferd abgekoppelte Bewegung dazu. Da braucht es schon Erfahrung, um die Verbindung zum Pferdemaul zu halten. Einführende Lektionen mit der Doppellonge sollten deswegen auch mit der harmloseren Verbindung Kappzaum-Ausbilderhand geübt werden (auch ein Sidepull ist o.k.). Ein »Schnitzer« in der Leinenführung oder auch ein Hopser des Pferdes wirken sich dabei nicht gleich gravierend aus.

(Das Fahren vom Boden ist prinzipiell nichts anderes als die Arbeit am langen Zügel. In den Übungen der Angstbewältigung hat das Pferd schon gelernt, etwas hinter sich herzuziehen. In der Arbeit mit der Doppellonge lernt es, sich sicher lenken zu lassen – und die Grundsatzarbeit für das Kutschpferd ist auch schon in die vorbereitende Bodenarbeit integriert.)

Was sonst noch zu beachten ist ...

Achten Sie auf Ihre eigene Körpersprache. Klappt etwas nicht, dann fragen Sie sich immer erstmal, ob Ihre Signale undeutlich oder widersprüchlich waren. Nach der vorbereitenden Bodenarbeit sollte die grundsätzliche Kontrolle Ihres Pferdes nicht das Thema sein, und nur Pferde mit speziellen Problemen erfordern bsiweilen eine individuelle Anpassung der Arbeitsschritte.

Lassen Sie das Pferd niemals aus den Augen. Unterhalten Sie sich bei der Longen- oder freien Arbeit z.B. mit einem Zuschauer am Rand, so wird das Pferd das Interesse an Ihnen verlieren, weil auch Sie nicht bei der Sache sind. Und schon

macht es, was es will und nicht, was Sie wollen (in dem Moment, in dem Sie anderweitig beschäftigt sind, wollen Sie ja auch nichts von dem Pferd ...).
Beginnen Sie immer mit der Minimalmethode: sparsame Hilfen und reduzierte Ausrüstung. Erst, wenn Sie damit gar nicht zurechtkommen, können Sie es mit Hilfsmitteln versuchen.

Lektionen an der Longe

Nun zur eigentlichen Arbeit an der Longe bzw. im Round Pen. Ziel ist, Gangarten, Tempo und Richtung des Pferdes sicher – auch aus der Entfernung – zu kontrollieren und es durch häufige Gangarten-, Tempo- und Richtungswechsel zu gymnastizieren. Körpersprache und Stimme des Ausbilders sowie eine Peitsche oder ein Seilende als Armverlängerer dienen dabei der Kommunikation. Ein klares Vorstellungsbild im Kopf des Ausbilders ist ein wesentlicher Faktor für gutes Gelingen einer Lektion.
Beginnen Sie nun mit einfachen Übungen, wie das Pferd sie aus dem Führtraining kennt. Anhalten aus dem Schritt und aus dem Trab. Antraben aus dem Halten. Gangartenwechsel Trab-Schritt-Trab-Schritt.
Tempowechsel und vermehrte Biegung innerhalb des Trabes schließen sich an. Holen Sie das Pferd auf einen kleineren Zirkelradius herein – damit fordern Sie vermehrte Längsbiegung, deutliche Dehnung der äußeren Seite und Untertreten des inneren Hinterbeines.
Und lassen Sie das Pferd dann wieder auf die äußere Zirkellinie zurückkehren.
Sie werden sehen, dass das Pferd nach der »spannenden« Arbeit auf dem kleinen Zirkel zum Entspannen auf der größeren Kreislinie die Oberlinie dehnt.

Ein einzelner Ausbinder außen verhindert, dass sich das Pferd zu stark mit dem Hals nach innen hereinstellt und über die äußere Schulter wegdriftet. Die Feinkontrolle erfolgt über die innen wirkende Longe. Der ***Außenausbinder*** *hat den Vorteil, dass sich das Pferd nicht eingezwängt fühlt. Er funktioniert auch mit Sidepull, wie auf den Bildern zu sehen.*

oben: Auch, wenn nicht immer alles klappt: Behalten Sie die Ruhe ...

Mitte: Das Pferd in Hab-Acht-Haltung nach dem »Ausbruch« auf dem obigen Bild. Es wurde mit dem Heraustreiben der Hinterhand angehalten.

unten: Hier sieht man noch einmal, wie das Heraustreiben der Hinterhand das Pferd wieder auf den Menschen ausrichtet.

Zirkel verkleinern

Noch ein Wort zum Verkleinern des Zirkels: Bleiben Sie dazu nicht einfach in der Mitte des Zirkels stehen und holen den Kopf des Pferdes nach innen, so dass es sich in enger werdenden Spiralen auf Sie zu bewegt (wie es oft gefordert wird). Bewegen Sie sich stattdessen langsam auf die Hinterhand des Pferdes zu. Diese wird leicht nach außen ausweichen – dadurch kommt die Schulter des Pferdes nach innen. (Würden Sie schnell und abrupt auf die Hinterhand zulaufen, würden Sie das Pferd damit stoppen und zu sich umdrehen wie im Ausweichtraining.) Bleiben Sie nun schräg neben der Hinterhand des Pferdes und verkürzen die Longe langsam. Auf diese Weise verhindern Sie, dass das Pferd sich aus der Schulter gegen das Hereinkommen und die anstrengende enge Wendung wehrt und nach außen zieht. Sie befinden sich am Ende des Verkleinerns nicht mehr in der Mitte des Zirkels, sondern haben das Pferd in einen nach außen versetzten kleinen Kreis geführt. Für das Vergrößern des Zirkels müssen Sie nun langsam wieder in Ihre Mittelposition zurückkehren.

Richtige und falsche Haltung des Pferdes an der Longe beurteilen

Der Unterschied zwischen »Hängenlassen« oder und »Vorwärts-abwärts-Dehnen« des Pferdes liegt in der aktiven Hinterhand.
In der richtigen Dehnungshaltung treten die Hinterbeine aktiv vor, der Rücken ist oben und schwingt, die Nase ist vor oder in der Senkrechten und der Unterhals nicht zu sehen. Lässt sich das Pferd hängen oder macht es sich zu eng im Hals, treten die Hinterbeine nicht mehr aktiv vor, der Rücken hängt durch und schwingt nicht mehr, der Unterhals ist zu sehen. Das Pferd ist über, auf oder hinter dem Zügel.

Galopp an der Longe

Erst wenn Schritt- und Trab-Lektionen sicher und kontrolliert funktionieren, beginnen Sie, den Galopp zu fordern. Natürlich kann es passieren, dass das Pferd auch vorher schon galoppiert. Vor allem bei der freien Round-Pen-Arbeit ist es nicht auszuschließen, dass es ab und zu unkontrolliert losbuckelt oder galoppiert. Hier geht es jedoch um einen von Ihnen initiierten und kontrollierten Galopp. Arbeiten Sie schließlich mit Übergängen Trab-Galopp-Trab-Galopp danach mit der Folge Galopp-Trab-Schritt-Galopp-Trab-Schritt. Ist das Pferd dabei schließlich gut kontrollierbar, können auch Paraden aus dem Galopp direkt zum Schritt und schließlich zum Halten erfolgen.

»Zirkel verkleinern und vergrößern« im Galopp stellt schon eine ziemlich fortgeschrittene Lektion an der Longe dar, ist jedoch auch möglich, wenn Sie dem Pferd Zeit genug lassen, die dafür erforderliche Balance und Beweglichkeit zu erlangen (das kann jedoch Monate dauern).

Solche versammelnden Longen-Lektionen können Sie mit der Handarbeit vorbereiten. Sie brauchen sie nicht unbedingt, um das Pferd anreiten zu können. Sie können später eingeschoben werden, um das Pferd für eine stärkere Versammlung unter dem Reiter vorzubereiten.
Achten Sie bei der Galopparbeit auf den »richtigen« Galopp. Korrigieren Sie Kreuz- oder Außengalopp sofort durch Zurückführen in den Trab.

Rückwärts

Auch eine Rückwärtsbewegung kann aus der Entfernung initiiert werden. Sie bewegen sich dazu im Bogen aus der Mitte auf Kopf und Schulter des Pferdes zu – am besten in Verbindung mit dem verbalen Kommando für Rückwärts (was dem Pferd aus dem Ausweichtraining bekannt ist). Nehmen Sie evtl. die Peitsche quer in beide Hände – das verdeutlicht Ihre Absicht und wirkt wie eine Barriere. Sie können auch die Longierpeitsche vor der Nase des Pferdes auf und ab bewegen.

Bei der Arbeit am langen Zügel kann der Mensch am Zügel genauso einwirken als ob er im Sattel säße. Er kann das Pferd am äußeren Zügel kontrollieren.

Haben Sie das Pferd an der Longe, können Sie diese in eine Wellenbewegung versetzen und so eine »Störung« am Kopf des Pferdes verursachen, der es ausweichen soll (siehe auch Ausweichtraining). Dieses Wellen-Signal wird schließlich auch funktionieren, wenn Sie in der Mitte stehen bleiben und das Pferd auf der Zirkellinie mit verbalem Signal plus Wellenschlag rückwärts schicken.

Arbeiten Sie mit dem freien Pferd, dann kann ein Gertensignal vor dem Pferd (in Verbindung mit verbalen Kommandos) den Wellenschlag der Longe ersetzen. Bewegen Sie sich einfach aus der Zirkelmitte schräg auf einen Punkt vor dem Pferd zu und schwenken Sie dann die Peitschenspitze vor der Nase des Pferdes auf und ab. Tippen Sie als Verstärkung die Brust des Pferdes, später auch die Vorderfußwurzel- oder Fesselgelenke mit der Peitsche an. Hilft das immer noch nichts, dann versuchen Sie es vielleicht einmal mit einem Stick mit »Rasselspitze« oder binden Sie Flatterband an die Gerten- oder Peitschenspitze.

Sie haben nun Ihr Pferd erzogen und grundsätzlich gymnastiziert.

Der nächste Vorbereitungsbereich am Boden ist die Feinabstimmung des Pferdes auf Ihre Körpersignale.

An dieser Stelle möchte ich noch ein paar Worte über die Koordinationsfähigkeit und die Körpersprache des Menschen verlieren. Verschiedene »Trockenübungen« ohne Pferd können diese deutlich verbessern. Zudem ist es hilfreich, sich einmal die Lage des Pferdes zu versetzen, damit man eine Idee davon bekommt, wie sich Pferde fühlen, wenn sie z.B. mit Hilfszügeln in eine Haltung gezwungen werden, die sie noch nicht einnehmen können.

An der Doppellonge kann man die äußere Seite des Pferdes kontrollieren und Ausweichmanöver, wie unten zu sehen, verhindern.

Ausweichmanöver: Wenn das Pferd den Hals zu stark nach innen stellt, fällt es über die äußere Schulter aus (wie auch beim Reiten).

Exkurs: Grundsätzliches zum Thema Sperrriemen

Das Thema Sperrriemen scheidet die Geister. Es kommt hauptsächlich beim Reiten zur Diskussion, ist jedoch auch beim Longieren mit Gebiss und Hilfszügeln ein bedenkenswerter Punkt.

Die eine Fraktion, zu der auch ich gehöre, lehnt den – fest zugezogenen – Sperrriemen rundweg ab, da er die Maultätigkeit behindert. Ein unzufriedenes Pferd, welches ohne den Sperrriemen das Maul aufsperren würde, versucht dies mit dem Riemen immer noch: Es knirscht, zeigt die Zähne, kräuselt die Nase, verspannt den Kiefer und geht häufig gegen die Hand; das Genick ist in der Regel gleich mit verspannt, da Kiefer und Genick des Pferdes direkt zusammenhängen. Der fortgesetzte Zwang und die dadurch entstehende ständige Spannung im Genick machen das Pferd unsensibel auf die Zügelhilfen, nach gängiger Auffassung »hart im Maul«.

Das Aufsperren des Maules und Klappern mit den Zähnen bietet zudem für so manches Pferd ein Ventil, um Spannungen abzubauen. Pferde, die aus verschiedensten Gründen »unter Strom stehen«, sind auch mit gebissloser Zäumung oft unruhig mit dem Maul, obwohl die Einwirkung über die Nase erfolgt.
Das offene Maul ist zwar unschön und zeigt deutlich, dass etwas nicht stimmt, kann aber auch Schlimmeres verhindern, z.B. dass das Pferd »in die Luft geht« oder sich die Spannung herausbockt.

Die Befürworter des strammen Sperrriemens führen folgende Argumente auf: Das Gebiss liegt ruhiger im Maul und das Pferd ist besser kontrollierbar.
Ersteres mag zutreffen, ist jedoch allenfalls bei Reitern mit »schlechter« (unkontrollierter, unsensibler) Handeinwirkung ein Thema. Und dagegen sollte der Reiter etwas unternehmen – bei sich selbst und nicht beim Pferd.
Letzteres trifft nicht zu, da das Pferd sowieso schon durch den ständigen Druck fest im Maul ist und umso schneller gegen den Zügel geht oder sich drauflegt. Dem Reiter ist ein Teil seiner Möglichkeiten genommen, durch Nachgeben mit der Hand Druck wegzunehmen, denn der zugezogene Sperrriemen übt weiterhin Druck aus.

Der Sperrriemen verhindert das Durchziehen des Gebisses durchs Maul. Dieses Argument ist bedingt berechtigt. Doch mit einem Kinnriemen, wie ihn die Westernreiter benutzen, und/oder mit Verwendung einer Knebeltrense, ist dieser Punkt auch abgehandelt. Zudem sollte es bei vernünftiger Handhabung der Zügel (insbesondere auch bei richtigem Einsatz des äußeren Zügels) nicht dazu kommen, das Gebiss durchs Maul zu ziehen.

Manche Riemen dienen allerdings der Fixierung des Kopfstückes.
Sidepull, Serreta und Kappzaum müssen bisweilen so fixiert werden, dass bei seitlichem Zug nichts verrutscht und »ins Auge« geht.

6 Sich in die Lage des Pferdes versetzen

Vorangestellt wieder einige bedenkenswerte Begriffe im Fokus.

Fokus: »Empathie«

Pferde sind sehr empathisch, was den Zustand »ihrer Menschen« angeht. Andersherum ist es leider oft nicht ganz so gut um die Empathie bestellt. Viele Reiter überhören und übersehen Anzeichen von Unwohlsein und Stress bei ihren Pferden. Pferde sind, wie Menschen, manchmal »schlecht drauf«, haben Verdauungs- oder Kreislaufprobleme, Kopfschmerzen oder sonstige Zipperlein – oder bisweilen auch mal einfach keine Lust, jeden Tag das Gleiche im Training zu machen. Und gar nicht selten verstehen sie einfach nicht, was der Mensch gerade von ihnen will, weil er unklare Signale gibt.

Empathie bedeutet, sich als Mensch in die Erfahrungswelt des Pferdes hineinzudenken.
Viele Menschen können sich nicht vorstellen, mit welchen Schwierigkeiten (und Ängsten) das Pferd im menschlichen Umfeld bisweilen zu kämpfen hat.
Prinzipiell ist das Pferd als friedlicher Pflanzenfresser ein Fluchttier. Der Fluchtreflex hat ihm das Überleben bis heute gesichert. Auch unser modernes – schon lange domestiziertes – Pferd neigt dazu, erst wegzulaufen und dann aus sicherer Entfernung zu schauen, ob etwas wirklich gefährlich ist. Hat man das im Hinterkopf, so kann man viele Reaktionen des Pferdes richtig einordnen. Das heißt nun keinesfalls, dass man dem Pferd einfach seinen Willen lässt (das wäre gefährlich), sondern nur, dass man sich vorher überlegt, welche Anforderungen in welchem Stadium der Ausbildung sinnvoll sind, um das Pferd nicht zu überfordern.

Fokus »Logik«

Unter dem Sattel kommt erschwerend hinzu, dass viele Anweisungen (Hilfen) des Reiters, von denen wir denken, dass das Pferd sie einfach umsetzen könnte, durchaus nicht logisch für das Pferd sind. Bestes Beispiel ist das so oft missverstandene »Reiten mit angezogenem Kreuz« (= festgestelltem Becken) und das Einspannen des Pferdes zwischen dauerhaft treibenden und verhaltenden Hilfen. Solche Art der Hilfengebung nimmt jedem Pferd den natürlichen Vorwärtsdrang, weil es die Rückenbewegung blockiert – Reiter und Pferd arbeiten gegeneinander in Verspannung statt mit losgelassener Bewegungsmuskulatur.
Mit Empathie sowie durch einige Übungen mit menschlichen Partnern (siehe Seite 106 ff) kann man sich ein wenig in die Erfahrungswelt des Pferdes hineinfühlen.
Wie kommt eine Hilfe beim Pferd an? Versteht es sie richtig? Gebe ich sie richtig?
Störe ich das Pferd in seinem Gleichgewicht? Kann ich sitzen? Funktioniert die Energiesteuerung? Lässt sich das Pferd leicht lenken, bremsen und beschleunigen?
Wenn wir in der Lage sind, zuzuhören und nicht alles mit blindem Aktionismus übertönen, sagt uns das Pferd durchaus, ob es uns versteht, was es empfindet und was es leisten kann.
In einigen Abschnitten dieses Buches verdeutliche ich die Kriterien einer für das Pferd logischen Hilfengebung noch ausführlich.

Fokus »Gewohnheiten«

Das Gedächtnis sitzt nicht nur im Kopf. Auch der Körper hat ein Bewegungs-Gedächtnis und führt einmal erlernte Handlungen oft aus, ohne dass der Kopf bewusst »eingeschaltet« wird (z.B. beim

Autofahren). Das sind unsere Gewohnheiten. Diese sind bequem, da wir eben unser Gehirn nicht für Alltägliches bemühen müssen, aber sie sind nicht immer zweckdienlich.

»Das haben wir immer schon so gemacht« – dieser Satz ist gefährlich, denn er hindert uns am Weiterlernen bzw. am Umlernen. Sieht man, wie schlecht Körperbewusstsein und Haltung oft schon bei Jugendlichen und erst recht bei Erwachsenen im mittleren Alter ausgeprägt sind, so ist es dringend erforderlich, so manche schlechte Angewohnheit (z.B. eine krumme oder verspannte Körperhaltung) abzulegen und sich eine bessere (gesündere) anzugewöhnen. Unsere Pferde werden auf einen (selbst-)bewussteren Einsatz des Körpers sofort positiv reagieren, weil wir damit klarer im Ausdruck werden. Für den Menschen geht es vorrangig darum, sein »Bewegungs-Gedächtnis« umzuprogrammieren, um seinen Körper effektiver und funktioneller einzusetzen

Leider gibt es neben dem Bewegungs-Gedächtnis auch so etwas wie ein Schmerz-Gedächtnis, was sowohl Pferde als auch Menschen bisweilen davon abhält, sich funktionell zu bewegen, weil sie einen Schmerz befürchten. Wo der Schmerz zur Gewohnheit geworden ist, werden noch lange nach Abklingen des Schmerzes Schmerzvermeidungstaktiken angewendet. Auch mit solchen Ausweichbewegungen muss man sich auseinandersetzen, wenn die Körpersprache deutlicher werden soll – sowohl bei sich selbst als auch beim Pferd.

Fokus »Gesundheit«

Wir als Halter und Ausbilder sind für das Wohlergehen und die Gesundheit unseres Pferdes verantwortlich. Die physischen und psychischen Bedürfnisse unseres Schützlings, Schülers und schließlich Freizeitpartners zu befriedigen ist eine ethische Pflicht. Haltung und Training müssen sich immer an der Natur des Pferdes orientieren.

Viele Trainingsgrundsätze kann man aus dem sportlichen Training des Menschen ableiten, denn Organe, Nerven, Muskeln, Sehnen und Haltung funktionieren beim Pferd sehr ähnlich wie beim Menschen. Man erinnere sich bloß einmal an den letzten Muskelkater, wenn die Muskulatur durch zu schnelles Steigern der Anforderungen oder durch Arbeit in falscher »Verspannung« überbeansprucht wurde oder den langen Zeitraum, den es braucht, um eine Verstauchung oder Sehnenzerrung wirklich auszuheilen.

Taktfehler, Steifheiten und Widersetzlichkeiten beim Pferd sollten immer Anlass zur Überprüfung des Gesundheitszustandes und der Trainingsmethoden geben.

Was die Haltung angeht, ist es jedoch nicht so sehr angeraten, den Menschen als Beispiel zu nehmen. Die warme, gefütterte Winterdecke und der Schutz vor jeglicher Zugluft und Nässe in klimatisierten Boxen sind nicht dazu geeignet, Pferde gesund zu erhalten. Dem Wohlbefinden des Pferdes und dessen Gesundheit ist es zuträglicher, auch bei widrigen Witterungsbedingungen in kleinen oder größeren Gruppen draußen zu sein und sich zu bewegen. Das Scheren von Sportpferden, damit man sie schnell wieder trocken bekommt, ist meiner Ansicht nach eine Unsitte. Schwitzt ein Pferd mit normalem Winterfell bei kalter Witterung übermäßig, steht es meist durch die angewandte Trainingsmethode unter

Fokus Gesundheit: ermöglichen Sie Ihrem Pferd freien Auslauf in der Herde.

Stress und wird in falscher Verspannung gearbeitet. Angemessenes Training lässt ein Pferd zwar durchaus warm, aber nicht klatschnass werden.

Fokus »Sensibilität«

Pferde sind hochsensible und empathische Wesen. Alle!

Sie spüren jede Fliege auf dem Fell und dementsprechend auch jede Änderung in der Körperhaltung und Körperspannung des Reiters und jeden leichten Impuls mit Bein oder Hand. Das leider immer noch verbreitet praktizierte feste Zudrücken mit dem Schenkel als vermeintliche treibende Hilfe, das dauerhafte rhythmische Klopfen oder das »Am-Zügel-Ziehen« mit Muskelkraft ist völlig unnötig und bringt das Pferd dazu, sich gegen die Belästigung abzuschotten – nach dem Motto »Augen zu und durch«.

Manche Pferde haben eine hohe Frustrationstoleranz und ertragen unklare Anweisungen oder »Dauergeschwätz« ihrer Reiter besser als andere. Sie sind vom Gemüt her stoisch und werden »Meister im Ignorieren«, wenn eine Reaktion nicht konsequent eingefordert wird. Solche Pferde gelten gemeinhin als »triebig«, lassen sich jedoch sehr schnell auf leichtere Impulse sensibilisieren, wenn man es richtig anstellt.

Gerade junge Pferde mit einem eher ruhigen Temperament trauen sich zu Beginn unter dem Reitergewicht nicht so recht vorwärts, weil sie um ihr Gleichgewicht fürchten.

Die nervöseren spielen bisweilen »Rennmaus« und versuchen, ihr Gleichgewicht durch schnelleres Auffußen und mehr Tempo zu erhalten oder sich den Anforderungen ihrer Reiter durch Flucht nach vorn zu entziehen. Diese Pferde legen sich auch gerne mal auf die Hand, wenn der Reiter sie bremsen will. Hier hilft nur viel langsame Schrittarbeit und das häufige Reiten von Übergängen »ohne Zügel«, damit das Pferd keine Chance hat, sich auf der Hand des Reiters abzustützen.

Wichtig für den Ausbilder ist, dass er/sie sich darüber im Klaren ist, dass das Pferd nicht etwa unsensibel oder stumpf/stur ist, sondern dass es »dicht macht«, weil es sich nicht anders zu helfen weiß.

Fokus »Bewusstheit«

Was der Reiter tut und was er meint, zu tun, sind oft zwei unterschiedliche Dinge. Viele Missverständnisse entstehen, weil ein Signal (eine Hilfe) vom Pferd nicht so verstanden wird, wie sie der Mensch gedacht hat. Hier helfen Übungen, teilweise mit menschlichen Partnern, mit denen sich der Reiter ansatzweise in die Lage des Pferdes versetzen kann. Und mit denen er bestimmte Fertigkeiten und Handgriffe trainieren kann.

Bewegungseinschränkung durch Zwangshaltung nachempfinden: Laufen Sie ganz locker (links). Laufen Sie dann im Hohlkreuz (mitte) und schließlich im Hohlkreuz mit eingezogenem Kinn (rechts). In der rechten Position werden Sie sich kaum noch bewegen können ...

Hilfreiche Trockenübungen für den Reiter

Immer wieder kann man sehen, dass Reiter mit Gerte, Peitsche, Führseil, Zügel und Longe nicht routiniert umgehen können. Üben Sie den Umgang mit Gerte und Peitsche ohne Pferd. Sie können Zielübungen mit dem Peitschenschlag veranstalten, das schnelle Umgreifen der Gerte üben, wenn Sie sie z.B. im schnellen Wechsel rechts und linsk einsetzen wollen. Zügel- und Longenführung und das Nachgreifen können Sie mit einem Partner trainieren, der Pferd spielt.

Führen und Folgen

Üben Sie auch das »Führen und Folgen« mit einem Partner; führen Sie selbst und lassen Sie sich führen – mit direktem Körperkontakt, später über eine simulierte Zügelverbindung mit einem Seil und schließlich auch ohne Verbindung, nur mit Augenkontakt. Insbesondere beim Führen mit Seilverbindung in der geführten Rolle werden Sie sehr schnell feststellen, dass die Führung nicht funktioniert, wenn nicht beide Partner mit voller Konzentration aufeinander bei der Sache sind. Und, wenn der Geführte nicht von sich aus vorwärts geht. Zu fester Kontakt artet schnell ins Gegeneinander-Ziehen aus. Unsteter, schlabberiger Kontakt lässt den Geführten oft ziemlich ratlos »im Regen stehen«.

Besonders aufschlussreich bei solchen Übungen – für den Führenden und für den Geführten – ist es immer wieder, wenn der Führende beim Abwenden den inneren Zügel nicht zur Seite führt, sondern nach hinten zieht. Probieren Sie es aus und Sie ziehen nie wieder am inneren Zügel rückwärts, wenn Sie abwenden wollen.

Versetzen Sie sich in die Lage des Pferdes

Sie können auch mit einem Partner testen, wie Ihr Sitz auf das Pferd wirkt. Einer geht auf die Knie und spielt Pferd, der andere setzt sich aus-

Führen und Folgen: ... mit direktem Kontakt (links).... mit Augenkontakt (mitte) ... mit Simulation der Zügelverbindung mit einem Seil (rechts).

balanciert mit Körperspannung (Oberkörper senkrecht, Gesäßknochen senkrecht nach unten zeigend) bzw. unausbalanciert und ohne Körperspannung auf seinen Rücken und kann aufgrund des verbalen Feedbacks des menschlichen »Pferdes« überprüfen, ob er dem Pferd dessen Arbeit leicht oder schwer macht.

Gerade junge Pferde sind schnell aus dem Gleichgewicht zu bringen und tun sich schwer mit dem Tragen eines instabil sitzenden Reiters, der sich nicht durch adäquate Haltung und Balance »leicht machen« kann (siehe auch Diacont: DVDs »Einfach Reiten lernen« 1–3).

Bewegungseinschränkungen durch Zwangshaltung nachempfinden

Folgende Übung ist sehr aufschlussreich, wenn Sie einmal nachvollziehen wollen, wie sich ein Pferd fühlt, dessen Haltung mit einem Zwangsmittel wie dem Schlaufzügel hergestellt wird.

Laufen Sie gebückt mit rundem, gedehntem Rücken, entspanntem Hals, freien Schultern und locker hängenden Armen eine kurze Strecke. Machen Sie große Schritte und fühlen Sie, wie die Bewegung durch den ganzen Körper fließt und wie Sie die Knie beugen können.

Machen Sie dann das gleiche (immer noch in gebückter Haltung, um die vierbeinige Bewegung zu simulieren), aber mit Hohlkreuz und einem in den nacken gelegten Kopf. Sie werden merken, dass die Bewegung Ihrer Beine eingeschränkt ist. Die Schrittlänge wird kürzer und das Beugen der Knie funktioniert nicht mehr so gut. So etwa fühlt sich das Pferd, wenn es im Hohlkreuz ist.

Führen Sie jetzt die Bewegung im Hohlkreuz aus, und versuchen Sie dabei, den Nacken zu beugen und das Kinn einzuziehen. Ihre Bewegung wird noch steifer und ungelenker. So fühlt sich das Pferd, wenn es mit Schlaufzügeln in eine Haltung gezogen wird, obwohl der Rücken noch fest ist.

7 Koordination am Boden

Verbesserung der Koordination und Aufmerksamkeit

Trailhindernisse mit Rückwärts-Seitwärts-Vorwärts-Steuerung des Pferdes sowie Cavalettiarbeit und kleine Sprünge an der Hand oder im Round Pen verbessern die Zusammenarbeit zwischen Mensch und Pferd und bringen Abwechslung in die Arbeit. Zum eigentlichen Anreiten des Pferdes sind diese Übungen nicht unbedingt nötig.

Wer es eilig hat, auf sein Pferd zu klettern, kann dies jetzt schon tun. Wer sich noch nicht so recht traut oder wem das Pferd noch zu »unfertig«, zu jung wirkt, der schiebt das Anreiten noch eine Weile auf, »spielt« noch ein wenig am Boden mit dem Pferd und vervollkommnet dessen Ausbildung ohne Reiter.

Um die Möglichkeiten der Bodenarbeit mit dem noch ungerittenen Pferd abzuschließen, stelle ich die folgenden Übungen jedoch noch vor das eigentliche Anreiten.

Die Koordinationsübungen stellen das »Sahnehäubchen« der Ausbildung am Boden dar. Cavalettiarbeit und Trailtraining fördern die Aufmerksamkeit des Pferdes und verbessern seine Koordinations- und Konzentrationsfähigkeit. Träge Pferde werden – besonders bei der Cavalettiarbeit – ermuntert, ihre Beine zu heben und aufzupassen. Nervösen Pferden, die sich gerne in »hektische Betriebsamkeit« stürzen, kann man damit ein etwas stabileres Nervenkostüm verschaffen. Sie lernen, abzuwarten.

Folgende Trailhindernisse bieten sich für eine feinere Koordinierung der Hilfen am Boden an. Die Reihenfolge in dieser Aufzählung ist gleichzeitig ein Hinweis für die sinnvolle Staffelung hinsichtlich des Schwierigkeitsgrades. Unterschiedliche Pferde können jedoch durchaus ihre eigene »Schwierigkeitseinschätzung« haben.

Die Grundsatzarbeit für alle folgenden Lektionen ist mit dem Ausweichtraining getan. Körperlich hat kein Pferd mit diesen Übungen Schwierigkeiten – wohl aber psychisch. Es muss Ihnen vertrauen, um sich z.B. auf gelenkte Rückwärtsbewegungen einzulassen, denn es sieht hinter sich nichts.

Sie brauchen für alle Lektionen nur einen langen Führstrick, ein Halfter und evtl. eine Gerte – wenn Sie statt Gerte nicht das freie Ende des Führstricks benutzen wollen.

1. Rückwärts in eine Gasse einfädeln

(Die Gasse können Sie aus Stangen oder Strohballen legen oder mit Pylonen andeuten.) Das Pferd hat im Ausweichtraining gelernt, sich rückwärts von Ihnen wegschicken zu lassen und Sie immer anzuschauen.

Durch Ihre eigene Position geben Sie ihm nun die Richtung an, in die es sich rückwärts von Ihnen wegbewegen soll. Sie stehen mit dem Gesicht zu ihm und frontal vor ihm, so dass Sie sehen können, wo sich das Hindernis befindet.

Bewegen Sie sich nun z.B. vor dem Pferd nach rechts, werden Kopf und Schultern des Pferdes Ihnen folgen (weil es Sie weiterhin ansehen will, damit es Ihre Signale nicht »verpasst«) und seine Längsachse richtet sich auf Ihre neue Position aus. Da das Pferd sich nicht freiwillig biegt (es geht immer den Weg des geringsten Widerstandes), wird auch seine Längsachse gerade sein. Durch diese Gegebenheiten sind Sie in der Lage, die Bewegungsrichtung der Hinterhand zu steuern. Wenn das Pferd schräg vor der Gasse steht, dann

Das Stangen-L (hier mit den Horse-Walking-Schaumstoff-Stangen schnell gelegt): Rückwärts einfädeln und die Bewältigung der Ecke sind die Hauptschwierigkeiten.

bewegen Sie sich einfach nach links, wenn Sie die Hinterhand nach rechts steuern wollen. Dann gehen Sie frontal auf das Pferd zu und schicken es rückwärts von sich weg. Achten Sie darauf, dass Sie selbst dabei völlig gerade bleiben. Viele Pferde sperren sich anfangs gegen das Ausrichten und die Richtungsänderungen rückwärts, weil sie der ganzen Sache nicht so recht trauen. Haben Sie Geduld, und forcieren Sie dabei nichts. Lassen Sie das Pferd nach jedem richtigen Schrittchen ruhig stehen und loben es. Es wird bald merken, dass Sie es nicht rückwärts ins Verderben schicken.

Anhalten können

Besonders für komplizierte Wege in Rückwärts-Hindernissen ist es nötig, dass Sie das Pferd jederzeit anhalten können. Bleiben Sie stehen, sollte es das Pferd auch sofort tun – nur dann verhindern Sie, dass es rückwärts davonsaust nach dem Motto: »Das haben wir gestern und vorgestern so gemacht, das wird wohl auch heute die richtige Richtung sein.« Damit führen Sie jedoch alle Trailübungen ad absurdum, denn diese sollen ja das Pferd noch feiner auf Ihre Signale einstimmen. Das Pferd soll nicht vorgreifen und sich nicht irgendetwas »zusammenreimen«, sondern auf die tatsächlichen Signale achten. Mit verbalen Kommandos können Sie sich natürlich immer zusätzlich helfen, um ein Pferd zu stoppen. Regt das Pferd sich auf, so funktioniert das verbale Kommando oft jedoch nicht mehr; hat es gelernt, zuverlässig stehen zu bleiben, wenn der Mensch sich »nicht mehr rührt«, dann ist es einfacher, es wieder zu beruhigen. Das gleiche System kommt später beim Trail-Reiten zur Anwendung: Das Pferd lernt, sofort stehen zu bleiben, wenn der Reiter den Zügel loslässt und sich im Sattel entspannt, d.h. nichts mehr tut. Damit hält man das Pferd viel sicherer an, als wenn man als Reiter etwas tut, um gegenzusteuern.

Ist das erste Einfädeln in die Gasse geglückt und an mehreren Tagen hintereinander sicher und ohne Widerstand des Pferdes abrufbar, können Sie zu komplizierteren Steuerungen übergehen.

Steuerung Rückwärts in verschiedenen Hindernissen

Diese Rückwärts-Übungen beinhalten Richtungswechsel. Man kann um Pylone rückwärts steuern (siehe auch Ausweichübungen) oder in verschiedenen Stangenformen (L, U etc.).

Die Zeichnung oben rechts zeigt den Positionswechsel des Ausbilders, durch den das Pferd gesteuert wird. Als Markierungen verwenden Sie am besten Pylonen.

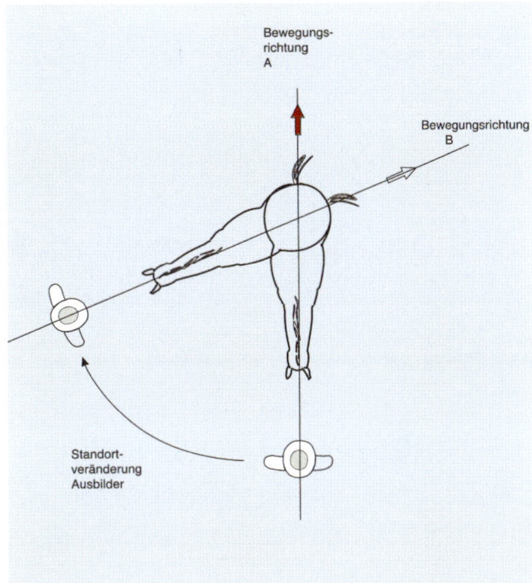

Positionswechsel für die Rückwärtssteuerung.

Besonders bei den ersten Versuchen des gelenkten Rückwärtsrichtens spielt das unerfahrene Pferd gern Fußball mit solchen Markern, weil es entweder zu schnell reagiert und Sie als Ausbilder mit dem Positionswechsel nicht mehr nachkommen oder weil es überreagiert und dabei zu große Tritte macht. Wenn es auf diese Weise das erste Mal mit den Hinterbeinen an eine Markierung angestoßen ist, wird es oft hektisch und traut Ihren Anweisungen nicht mehr. Manche Pferde zappeln dann nervös herum und treten dabei alles über den Haufen, was an Markierungen herumsteht. Haben Sie einen solchen Zappelphilipp, ist es besonders wichtig, dass Sie selbst die Ruhe behalten und nicht mitzappeln. Sobald das Pferd sich aufregt, stellen Sie also jedes Signal ein und bleiben so ruhig wie möglich stehen. Dadurch sollte sich in den meisten Fällen auch das Pferd wieder beruhigen. Beginnen Sie mit der Übung nicht von neuem, bevor das Pferd nicht mit tiefem Kopf ruhig und entspannt steht, denn nur dann kann es sich wieder auf Ihre Signale konzentrieren.

Bleiben Sie bei allen Übungen mindestens einen Meter (besser noch weiter) vom Pferd entfernt und bedrängen es nicht, indem Sie ihm körperlich

zu dicht auf den Pelz rücken. Dann provozieren Sie keine Kurzschlusshandlung des Pferdes, bei der es Ihnen »in die Hosentasche« springt.
Zudem kann das Pferd Sie und Ihre Signale besser wahrnehmen, wenn Sie auf Distanz arbeiten.

Gymnastischer Wert

Das gelenkte Rückwärtsrichten in Trailhindernissen hat wenig gymnastischen Wert. Natürlich setzt ein sauberes Rückwärtsgehen das Pferd auf die Hinterhand – aber nur dann, wenn es dabei »in Haltung geht«. Diese Art von Rückwärts ist im Trail jedoch nicht unbedingt gefragt. Es geht vorrangig um Aufmerksamkeit, Vertrauensaufbau und Koordination. Zudem funktioniert die freie Steuerung nur mit gerader Längsachse des Pferdes. Es ist also nicht gebogen.
Für ein gebogenes Rückwärtsrichten, was gymnastizierenden und versammelnden Wert hat, fehlen bei der Trailarbeit die Kontrollinstrumente durch Schenkel und Zügel.

Rückwärts durch ein Stangen-L

Diese Übung stellt eine etwas schwierigere Variante des Zickzackhindernisses (siehe auch S. 47) dar. Da Sie hier mit seitlich begrenzenden Stangen arbeiten, hat das Pferd mehr Möglichkeiten, irgendwo mit dem Huf anzustoßen – und dabei unsicher zu werden.
Kritische Punkte beim L sind das Einfädeln und die rechtwinklige Ecke. Dazu muss das Pferd auf jeden Fall gelernt haben, sich im Hindernis von Ihnen anhalten zu lassen, sonst rennt es Ihnen geradeaus in die Ecke hinein.
In der rechtwinkligen Ecke führt das Pferd eine Art Mittelhandwendung rückwärts aus. Es setzt Schrittchen für Schrittchen z.B. erst ein inneres Hinterbein rückwärts-seitwärts nach innen, dann ein äußeres Vorderbein rückwärts-seitwärts nach außen, dann ein äußeres Hinterbein rückwärts-seitwärts nach innen, dann ein inneres Vorderbein rückwärts-seitwärts nach außen. Bei einem späteren Mindestmaß von etwa einem Meter stellt das Zentimeterarbeit dar und das Pferd muss lernen, Minischrittchen zu machen, um nicht anzustoßen. Legen Sie das L am Anfang breiter oder verwenden Sie Schaumstoffstangen.

Kontrollierbare kleine Schritte, die Entwicklung von mehr »Körperbewusstsein«, zu wissen, wo der eigene Körper zu Ende ist, sind die Lernziele für das Pferd, die in diesen Lektionen im Vordergrund stehen.

Seitwärts

Das einfache Ausweichen zur Seite und damit die Grundlagen zu Vorwärts-Seitwärts sowie für Vorhand- und Hinterhandwendung hat Ihr Pferd im Ausweichtraining gelernt. Jetzt kommen zusätzlich einzelne oder mehrere Stangen dazu, an die das Pferd anstößt, wenn es von der geforderten Richtung abweicht.

Seitwärts über eine Stange

Die einfachste Übung in dieser Kategorie ist das Seitwärtstreten über eine einzelne Stange. Lassen Sie das Pferd mit den Vorderbeinen drübertreten und halten es an, so dass es die Stange zwischen Vorder- und Hinterbeinen hat. Lassen Sie es eine Weile so stehen und dann endgültig nach vorne über die Stange hinweg treten. Beginnen Sie parallel dazu, das Pferd vor einer Stange seitwärts zu richten, so dass es die Stange als Begrenzung sehen kann. Wenn beides, das Anhalten über der Stange und die Seitwärtsbewegung vor der Stange, klappt, dann können Sie das Pferd über die Stange stellen und die Seitwärtsbewegung mit der Stange zwischen Vorder- und Hinterbeinen probieren.

Die meisten Pferde haben die Tendenz, nach zwei Seitwärtsschritten schräg nach vorne davonzulaufen – und stolpern dann mit den Hinterbeinen über die Stange. Andere entziehen sich rückwärts und bleiben mit den Vorderbeinen an der Stange hängen.

Wohin sich das Pferd entzieht hängt erstens von Ihrer Position in Relation zum Pferd ab und zweitens vom Wesen des Pferdes. Sie müssen die Position finden, bei der das Pferd weder mit den Vorder- noch mit den Hinterbeinen die Seitwärtsbewegung »führt«. Es soll immer in einem 90-Grad-Winkel zur Stange bleiben. »Halbe Tritte« sind dabei von Vorteil; das Pferd überkreuzt dabei die Beine nicht mehr, sondern setzt jeweils ein Bein seitwärts und zieht das andere nach.

Es gibt Pferde, die können Sie anfangs nur davon abhalten, sich vorwärts zu entziehen, indem Sie ihnen »im Weg« stehen. Leiten Sie die Seitwärtsbewegung fast frontal vor dem Pferd stehend ein. Zeigen mit der führenden Hand seitwärts. Zusätzlich tippen Sie das Pferd mit einer Gerte seitlich z.B. an der Schulter an.

Seitwärts über einen Winkel. Hier kann man Vorhand- oder Hinterhandwendungen integrieren.

Sie stehen vor dem Pferd und es soll (aus Ihrem Blickwinkel) nach rechts über die Stange treten. Ihre rechte Hand führt den Pferdekopf dabei leicht nach rechts und die linke Hand tippt mit der Gerte die Flanke oder Schulter des Pferdes an. Mit einem Impuls am Halfter und einem lauten »Ho« halten Sie das Pferd an, wenn es sich nach vorne an Ihnen vorbeimogeln will. Manchmal macht es Sinn, das Pferd rückwärts wieder über die Stange zu schicken, wenn es schon mit allen Vieren über die Stange getreten ist. Manche

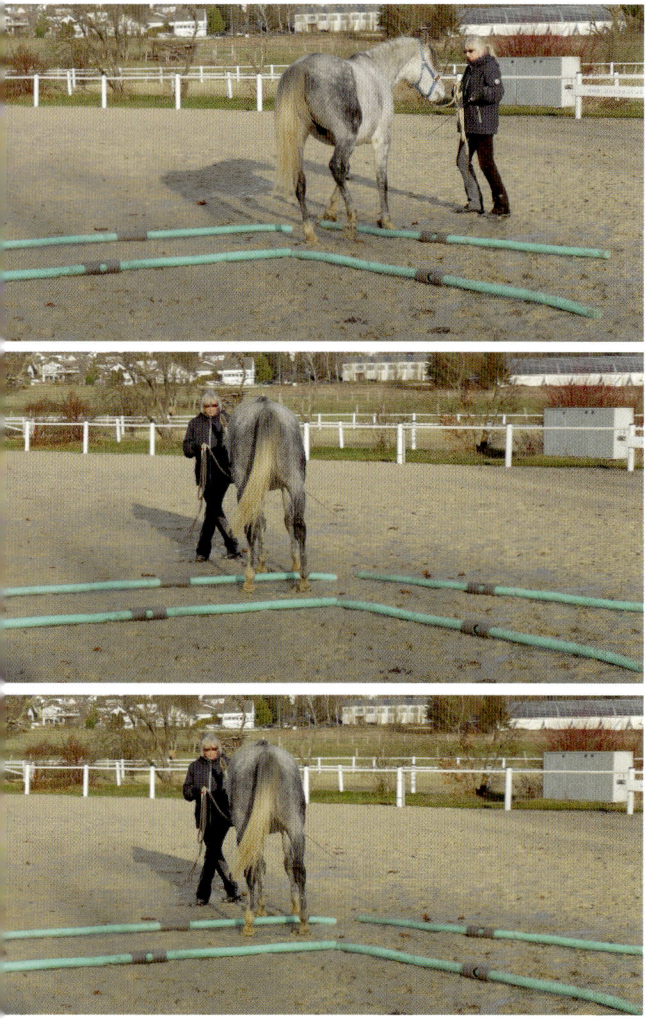

Kombi-Hindernis: Seitwärts über einen Winkel in Verbindung mit einer Hinterhandwendung.

Pferde regen sich allerdings auf, wenn Sie mit den Hinterbeinen die Stange treffen, so dass es besser sein kann, das Pferd neu von vorne an das Hindernis heranzuführen.
Es kommt hier nicht darauf an, das Pferd irgendwie seitwärts über die Stange zu bugsieren, sondern darauf, jeden einzelnen Tritt gezielt steuern zu können.

Viele Pferde greifen ihrem Ausbilder sofort vor, wenn sie begriffen haben, wo es hingeht. Sobald sie über der Stange stehen, marschieren sie nach der einen oder andere Seite los – und Sie haben keine Chance mehr, sie zu stoppen.
Üben Sie also von Anfang an Einzelschritte: Seitwärts – Anhalten – Stehenlassen – Seitwärts – Anhalten – langes Stehenlassen – usw. Klappt das nach einer Richtung, üben Sie es auch nach der anderen. Geht das Pferd in beide Richtungen gleich sicher, dann wechseln Sie nach einem Anhalten Ihre Position und die Richtung. Sie werden sich wundern, wie sehr Sie damit Verwirrung stiften können. Achten Sie darauf, dass das Pferd beim Anhalten über der Stange nicht mit gekreuzten Beinen stehen bleibt. Pferde mit Koordinationsschwächen wissen beim Richtungswechsel evtl. dann nicht mehr, mit welchem Bein sie antreten sollten und schwanken unschlüssig hin und her (so ähnlich, wie sich mancher von uns schwer tut, bei mit gekreuzten Armen verschränkten Fingern auf Zuruf einen bestimmten Finger der »richtigen Hand« zu bewegen).

Kombi-Hindernisse

Winkel- und Kombi-Hindernisse sind nach den konsequent durchgeführten Grundübungen nur noch eine Frage der Zeit. Stangen-Winkel kombinieren Seitwärtsbewegungen mit Vor- oder Hinterhandwendungen. Labyrinthe können auf verschiedene Arten durchschritten werden. Eine U-Form kann z.B. vorwärts – seitwärts – rückwärts gemeistert werden oder nur rückwärts, nur seitwärts (mit Stange zwischen den Beinen oder vor den Beinen des Pferdes) etc.

Die Kombinationsmöglichkeiten sind vielfältig. Nutzen Sie verschiedene Kombinationen und »dekorieren« Sie die Hindernisse immer mal wieder um, damit kein »Ach-das-kenn-ich-schon«-Effekt beim Pferd aufkommt.

Labyrinthe

Eine besondere Form der Kombinations-Hindernisse sind Labyrinthe, die normalerweise vorwärts und nur im Schritt überwunden werden. Ungleichmäßig liegende Stangen mit unterschiedlichen Abständen, rechts und links verschieden hoch liegend, Stangengitter, -fächer und andere »Gemeinheiten« lehren das Pferd, sehr präzise und vorsichtig seine einzelnen Hufe abzusetzen. Gehen Sie mit Ihrem Pferd im Gelände spazieren, dann bieten sich Baumstämme für solche Übungen an.

Unterschätzen Sie die psychischen Anforderungen solcher Labyrinthe für das Pferd nicht, und beginnen Sie immer mit wenigen, weit auseinanderliegenden Stangen. Wenn das Pferd vor lauter Stangen den Boden nicht mehr sieht, reagiert es mit Angst und manchmal unkontrollierten Sätzen, die es wieder auf »sicheren Boden« zurückbringen sollen. Das kann für die Knochen Ihres Pferdes und auch für Ihre eigenen ziemlich ungesund sein.

Cavaletti und Stangen

Cavaletti sind eine sehr nützliche Erfindung. Sie können damit »Faulheimer« auffrischen und »Rennmäuse« disziplinieren. Sie können problematische Gangarten verbessern, die Winkelung der Hinterhand trainieren sowie den Rücken und die Schultern des Pferdes entspannen. Stolperer lernen, die Füße zu heben und »Hans-Guck-in-die-Lufts« bequemen sich, hinzuschauen, wohin sie laufen.

Seitwärts im Zickzack um Pylonen.

Im Schritt können Sie Ihr Pferd noch ohne Probleme über ein paar Cavaletti führen, im Trab und erst recht im Galopp macht das natürlich Schwierigkeiten. Da hilft uns nun wieder die Longen- oder freie Round-Pen-Arbeit. Beginnen Sie mit einer Stange bzw. einem niedrig gestellten Cavaletto im Trab und steigern Sie langsam auf bis zu insgesamt vier Stangen. Erhöhen Sie die Zahl immer erst, wenn das Pferd mit tiefer Nase und ohne aus dem Takt zu kommen die geringere Anzahl überwunden hat.

Nur im Schritt können Stangen/Cavaletti manchmal ungleichmäßig weit gelegt werden. (Wollen Sie sie passend legen, so dass das Pferd im Takt bleibt, müssen die Abstände dazwischen etwa 80 bis 90 Zentimeter betragen.)

Cavaletti im Trab (und erst recht im Galopp) müssen jedoch immer gleiche Abstände zueinander

Bereiten Sie die Stangenarbeit am Boden vor. Dann geht alles leichter.

haben und passend liegen. Sie wollen schließlich das Pferd nicht aus dem Takt bringen, sondern diesen im Gegenteil verbessern. Da Sie auf dem Zirkel arbeiten, müssen Sie die Stangen fächerförmig legen. Die Abstände sind dann außen weiter als innen. An der Longe können Sie dann durch Verkleinern oder Vergrößern des Zirkelradius die Abstandweite variieren (bei der freien Arbeit wird das Pferd normalerweise ganz außen laufen – dort sollten die Abstände dann seinen Bedürfnissen angepasst sein.

Das ungefähre Richtmaß für den Abstand im Trab zwischen den einzelnen Stangen beträgt für ein mittelgroßes Pferd etwa 1,20 bis 1,40 Meter, für Ponys entsprechend weniger, für größere Pferde etwas mehr. Zudem können Sie – bei mehr als zwei Cavaletti hintereinander – über enger oder weiter gelegte Stangen die Länge des Trabtrittes steuern. Das funktioniert jedoch erst, wenn das Pferd gelernt hat, diszipliniert darüber zu traben und nicht Fußball damit zu spielen.

Pferde, die gerne die Hinterhand nachschleppen oder den Rücken festhalten, können über weitere Abstände zum energischen Vortreten veranlasst werden. Sind die Abstände jedoch allzu weit, dann wird das Pferd Zwischentritte einfügen und völlig aus dem Takt kommen oder angaloppieren und versuchen, einen großen Satz über alle Stangen zu machen. Damit entzieht es sich dem Zweck der Übung. Sie können bei solchen Pferden die Cavaletti jedoch auch höher oder unterschiedlich hoch legen, damit sie lernen, die Füße zu heben.

Pferde, die zu eilig im Trab sind, bremst man mit etwas zu kurzen Abständen. Doch auch hier besteht wieder die Gefahr, dass das Pferd einfach über alles drüberspringt. Bremsen Sie dann zusätzlich mit Ihrer Körperposition, mit Stimme und/oder der vor die Schulter zeigenden Gerte.

Mit Übungen im Galopp lassen Sie sich so lange Zeit, bis im Trab alles reibungslos und ohne dauerndes Anschlagen funktioniert. Dann beginnen Sie mit einer einzelnen Stange im Galopp. Bei der Cavalettiarbeit im Galopp ist immer die erste Stange die schwierigste, weil das Pferd seinen letzten Galoppsprung vor dieser Stange selbstständig variieren muss, um halbwegs passend drüberzukommen. Haben Sie die weiteren Stangen dem Galoppsprung des Pferdes gut angepasst (Durchschnitts-Richtmaß ist etwa 3,50 m), so hat das Pferd normalerweise kein Problem mit diesen In-Outs.

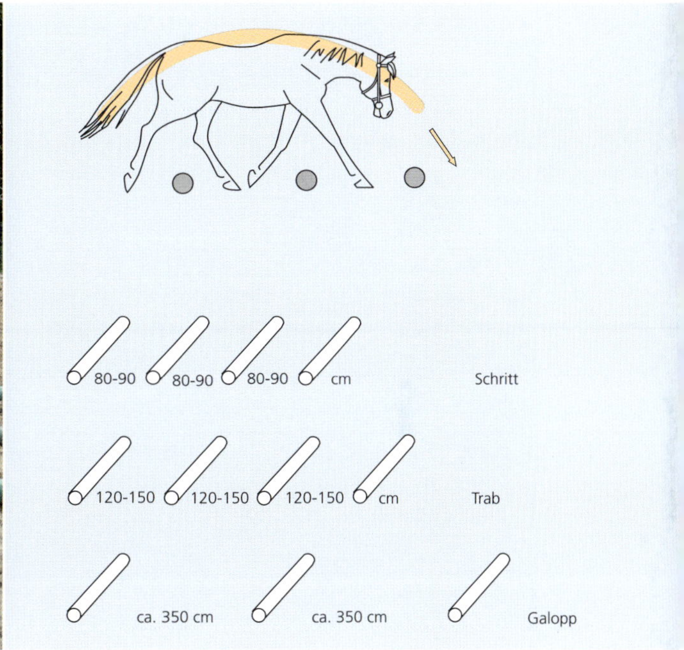

Kleine Sprünge

Erhöhen Sie das letzte Cavaletti ein wenig, haben Sie schon einen ersten kleinen Sprung. Kleine Hopser können Sie auf diese Weise gut auf der Zirkellinie des Longierzirkels üben. Wollen Sie Ihr Pferd schon über etwas erhöhte Hindernisse freispringen lassen, dann sollten Sie das auf der Geraden tun. Holen Sie sich einen oder zwei Helfer, die sich in den Ecken der Bahn postieren und verhindern, dass das Pferd den Weg abschneidet. Bauen Sie Fänge auf, um dem Pferd die Möglichkeit zu nehmen, auszubrechen.

Mit dem freien Springtraining haben Sie ein gutes Instrument, um die Hinterhand des Pferdes zu kräftigen, seine Koordinationsfähigkeit zwischen Auge und Beinen zu verbessern und seine Aufmerksamkeit auf den Weg vor ihm zu richten. Wie auch in den engen Trailhindernissen lernt es, sich auf eine Aufgabe zu konzentrieren. Unterschied ist nur, dass die meisten Trailhindernisse sich in sehr langsamem Tempo abspielen und bei Cavalettiarbeit und Springtraining ein deutlich höheres Grundtempo angesagt ist, aus dem heraus das Pferd seine Beine »sortieren« muss.

8 Kriterien für funktionelle Haltung von Pferd und Reiter und richtige Kontrolle

Sichere Kontrolle, ohne festzuhalten

Bevor wir uns nun draufsetzen auf unser Pferd, will ich noch einige Gedanken zur Kontrolle voranstellen. Menschen neigen dazu, etwas mit den Händen »festhalten« zu wollen. Dieser Reflex bringt uns beim Reiten oft in Schwierigkeiten. 500 Kilogramm Pferd kann man nicht durch Festhalten kontrollieren und wenn man es versucht, bringt man das Pferd und sich selbst in Gleichgewichtsnöte.

Hier nun einige Überlegungen zu Kontrolle, Kommunkation und der »Idee dahinter«.

Fokus ...

Fokus »Aufmerksamkeit«

Gute Zusammenarbeit funktioniert nur, wenn beide Partner – Mensch und Pferd – einen Vorteil von der Zusammenarbeit haben, wenn sie sich miteinander wohlfühlen und bereit sind, dem jeweils anderen zuzuhören, d.h. Aufmerksamkeit zu schenken. Ein respektvoller Umgang miteinander ist angesagt, damit die »Persönlichkeitsrechte« von Pferd und Mensch bewahrt werden.
Gegenseitige Aufmerksamkeit bedeutet: wechselseitig zuzuhören/wahrzunehmen, was der jeweils andere sagen will. Zwischenzeitlich muss der Reiter dementsprechend auch einmal ruhig sein (still sitzen) und warten können. Er muss das Pferd »machen lassen« und darf es nicht unaufhörlich mit »Dauergeschwätz« (sprich permanenten Hilfen, die auch dann nicht aufhören, wenn das Pferd reagiert hat) belästigen. Je dauerhafter ich als Reiter rede (d.h. Hilfen gebe), umso schlechter wird das Pferd zuhören und auf feine Impulse reagieren.

Fokus »Orientierung«

Die Idee dahinter

Der Ausbilder sollte eine Grundidee im Kopf haben, was er von dem Pferd möchte (Vortritt mit den Hinterbeinen, Energieentwicklung, weiches Genick, freie Schulter etc.). Dann nimmt er erst einmal an, was das Pferd freiwillig gibt. Und wenn ihm das nicht gefällt, kann er durch kurze Impulse »Änderungsvorschläge« machen.

Aufgaben stellen

Einfache Aufgaben helfen dabei, dem Pferd den Sinn einer Anweisung durch den Reiter zu vermitteln. Eine gute Übung, um das Pferd wechselseitig zu biegen, ist z.B. eine »Pylonenreihe«, um die in Schlangenlinien in Schritt und Trab geritten (oder geführt) wird. Sie ist für das Pferd sehr leicht nachzuvollziehen und gibt Orientierungspunkte für Mensch und Pferd.

Fokus »Reflexkontrolle«

Reiten, d.h. die Zusammenarbeit von Mensch und Pferd, basiert im Wesentlichen auf an- und umtrainierten Reflexen.
Beim Menschen müssen insbesondere die natürlichen Reflexe des Festhaltens und der überwiegenden Kontrolle mit der Hand umtrainiert werden.
Beim Pferd muss zuallererst der Fluchtreflex unter Kontrolle gebracht werden (durch Aufbau des Vertrauens in die Führungskompetenz des Menschen, siehe Kapitel Angstbewältigung).

Fokus »Vorstellungskraft«

Machen Sie sich ein Bild! Denken Sie in Bildern! Ein Bild sagt mehr als tausend Worte – und es ist schneller in eine Aktion umzusetzen!
Wenn Sie schnell reagieren müssen, können Sie

nicht lange überlegen, welches Bein oder welche Hand Sie wohin bewegen sollten. Ein bildhaft vorgestelltes (automatisiertes) »Handlungsmuster« kann schnell abgerufen werden und macht Sie reaktionsschnell.

Verwenden Sie Bildersprache in Ihren Gedanken statt verbal durchdachte Anweisungen. So trainieren Sie sich schnelle Reflexe an. Zuerst müssen Sie jedoch die »Langform« einer Handlungsanweisung lernen und verstehen, was Sie tun. Dann fassen Sie diese zu Bild-Kürzeln zusammen.

Die Macht der positiven Bilder

Die Macht der positiven Bilder ist enorm. Vermeiden Sie deswegen negative Vorstellungsbilder. Stellen Sie sich immer vor, was Sie gerne möchten. Sperren Sie die unangenehmen Bilder und die Angst aus Ihrem Kopf aus. Andernfalls ergreifen diese Besitz von Ihrem Körper – und übertragen sich direkt auf Ihr Pferd.

Fokus »Konsequenz«

Bei der Arbeit mit Pferden gibt es kein Vielleicht, nur Ja oder Nein. Wir müssen uns als Lehrer und Erzieher des Pferdes sehr genau überlegen, was wir von unserem Schüler fordern können und diese Forderung konsequent durchsetzen. Ohne Gewalt und Zwangsmittel, nur mit einer »lächelnden Sturheit« nach dem Motto: Am Ende machst du doch, was du sollst ... Ein Belohnung danach kann das Pferd motivieren, beim nächsten Mal schneller die gewünschte Reaktion zu zeigen.

Fragen Sie sich immer im Vorfeld, was Sie dem Pferd und sich selbst zum aktuellen Stand der Ausbildung zumuten können. Ein untrainiertes Pferd in einer kleinen Volte galoppieren zu lassen, wird nicht funktionieren: Das Pferd kann es einfach körperlich noch nicht – und der »Ungehorsam« ist programmiert.

Fokus »Energie«

Energiekreis und Energiekontrolle

Pferd plus Mensch bilden ein geschlossenes System in Bewegung, vergleichbar einem Tanzpaar – egal, ob der Mensch sich am Boden oder im Sattel befindet. Jede noch so geringfügige Aktion von Mensch oder Pferd beeinflusst dabei immer das gesamte System.

Reiten bedeutet, die Energie des Pferdes zu kontrollieren und zu lenken. Diese Energie muss es freiwillig liefern. Der Reiter kann sie nicht erzeugen und nicht mit Gewalt oder Druck einfordern. Er kann nur mit leichten Impulsen »anfragen« und dann die gelieferte Energie nach vorne durchlassen, indem er den Rücken des Pferdes mit senkrecht stehendem, beweglichen Becken freigibt. Oder er kann sie umlenken (z. B. versammeln durch kurzes Blockieren des Rückens mit Kippen und Feststellen des Beckens).

Es geht jedoch nicht nur um die Steuerung der Energie des Pferdes, sondern auch und sogar vorrangig um die des Menschen als »Steuermann« des Systems Pferd+Reiter. Der Reiter sollte über mentale Kontrolle seine eigene Energie gezielt ausrichten können. Die Vorstellung einer kleinen Energiekugel in der Bauchmitte, die nach vorne, hinten oder in Bewegungsrichtung geschoben wird und die Vorstellung davon, wie sich das Reiter-Pferd-Paar im Raum bewegt ist sehr hilfreich für die Steuerung.

Fokus »Zentrieren und Loslassen«

Das Finden der eigenen Mitte (und so auch einer stabilen Position) und damit die Möglichkeit, loszulassen und etwas geschehen zu lassen, Impul-

Stabilität und Losgelassenheit: Reiter und Pferd müssen sich unabhängig voneinander ausbalancieren. Keiner darf sich beim anderen abstützen.

se aufzunehmen und dem anderen zuzuhören, ist eine ganz wesentliche Fähigkeit, um Kraft sparend und leicht zu reiten. Physische und psychische Losgelassenheit von Reiter und Pferd bedingen sich dabei gegenseitig. Der Reiter ist jedoch für alle Formen der Losgelassenheit (wie auch des Gleichgewichts) verantwortlich und muss sie bei sich selbst erzeugen können. Das Pferd wird auf die Veränderung im Spannungszustand des Reiters reagieren und sich in der Folge auch loslassen. Insbesondere die psychische Losgelassenheit, die der körperlichen vorausgeht, hat auch etwas mit Souveränität und Gelassenheit zu tun. Und wer gelassen ist, lässt sich nicht so leicht aus dem Konzept bringen und versucht nicht, jede Regung des Pferdes zu kontrollieren. Das Pferd mal »machen zu lassen« ohne zu stören oder dauernd einzuwirken ist ein gutes Konzept, um das Reiten für beide Partner angenehmer und Kraft sparender zu machen.

Fokus »Stabilität«

Stabilität und Gleichgewicht hängen eng zusammen.

Ist der Mensch instabil oder unsicher, so wird das gesamte System instabil. Das Pferd übernimmt dann die Führung oder drückt sich vor anstrengender Arbeit, wenn keine klaren Ansagen kommen.

Der Mensch muss dem Pferd einen stabilen, jedoch nicht zu engen **»Haltungs- und Bewegungs-Rahmen«** vorgeben und verhindern, dass es »aus dem Rahmen fällt«, z.B. dass es über die Schulter ausweicht, davonrennt oder den Rücken wegdrückt. Wir »positionieren« uns selbst (und das Pferd) und behaupten Haltung und Position, ohne starr zu werden und festzuhalten. D.h. Pferd und Mensch halten unabhängig voneinander ihr Gleichgewicht und ihre Position – am Boden und im Sattel. Überprüfen kann man das, indem man immer wieder Druck wegnimmt: Spannung aus dem Zügel nehmen, Hand minimal sinken lassen, Becken entspannen und aufrecht stellen, langsam ausatmen (Luft rauslassen, Atem fließen lassen) ...

Bei Bedarf muss der Mensch kurzfristig den »Rahmen dichtmachen« (eine Parade geben, nach dem Motto: »Nimm dich mal – körperlich – zusammen und bleib – mental – bei mir«). Im Sattel tut er dies, indem er die Achselhöhlen hinten mehr schließt und den ganzen Arm durch stärkeres Schließen der Faust kurzfristig versteift. Der Ellbogen bleibt dabei gewinkelt, die Hand wird getragen und bleibt vorn (Zügel vor der Parade etwas nachgreifen). Der Oberkörper bleibt in der Senkrechten und wird keinesfalls nach hinten geworfen. Die zur Parade aufgewendete Kraft im Arm beschränkt sich auf isometrische Spannung durch Schließen der Faust. Gibt das Pferd nach, so merkt der Reiter das sofort und kann durch leichtes Öffnen der Faust die Spannung aus Arm und Zügel nehmen und das Pferd damit in seiner Reaktion bestätigen. Eine eher weite Stellung der Zügelhände ist dabei von Vorteil und wird durch das Schließen der Achselhöhlen schon begünstigt.

Der Oberkörper muss bei dieser Art des **kontrollierten Gegenhaltens** senkrecht bleiben, so dass auch die Gesäßknochen (GK) weiterhin senkrecht nach unten zeigen. Wird der Oberkörper nach hinten geworfen, so zeigen die GK nach vorn und die Rückenbewegung des Pferdes sowie in der Folge das Vortreten mit den Hinterbeinen werden gehemmt. Das Pferd fällt auf die Schulter.

Das junge Pferd als Handpferd führen

Um das junge Pferd daran zu gewöhnen, dass sich der Reiter über seiner Kopfhöhe befindet, kann man es mit einem ruhigen Führpferd vom Sattel aus führen. Das Führpferd sollte nicht in irgendwelchen »Kompetenzstreitigkeiten« mit dem jungen Pferd stehen, sondern deutlich ranghöher sein. Es sollte sicher einhändig gelenkt werden können und nicht zu explosiven Ausbrüchen neigen. Und vor allem sollte es vertragen, dass sich das junge Pferd dicht herandrängt, an der Kruppe oder Flanke schnüffelt oder sonst etwas tut, was es eigentlich nicht leiden kann. Stuten sind oft ungeeignet als Führpferde, weil sie es mit einem Kicken quittieren, wenn sich ein anderes Pferd zu nahe an die Hinterhand wagt.

Wenn Sie kein geeignetes Führpferd haben, dann überspringen Sie diesen Teil – Sie können Ihr Pferd nach den Vorbereitungsübungen aus dem ersten Teil des Buches auch ohne die Handpferdphase besteigen.

Auf was müssen Sie beim Handpferd-Training achten?

Vergewissern Sie sich, dass das Pferd in den Führ- und Ausweichübungen das »Folgen« gut gelernt hat und auf Zug am Halfter nicht zurückzieht.

Reden Sie mit dem Pferd und streicheln es (vom Sattel des Führpferdes aus), damit es weiß, dass Sie das sind (und nicht der imaginäre Säbelzahntiger), der da auf einmal in luftiger Höhe schräg über ihm thront.

Benutzen Sie ein stabiles Halfter und einen langen weichen Strick. Eine Serreta oder ein Kappzaum sind ebenfalls zweckmäßig.

Binden Sie das Handpferd nie am Sattel an, sondern führen es immer mit Ihrer freien Hand (wenn Ihr z.B. vorne am Sattelhorn hängendes Pferd das erste Mal nach hinten gezogen und Ihnen mit dem Strick den Oberschenkel eingeklemmt hat, dann wissen Sie warum).

Lassen Sie sich die ersten Male das Pferd von einem Helfer in die Hand geben, während Sie schon auf dem Führpferd sitzen. Später können Sie auch mit dem Youngster an der Hand aufsteigen. Voraussetzung für sicheres Handpferdreiten ist, dass beide Pferde sich »anständig benehmen« und solange ruhig stehen bleiben, bis das Signal zum Losgehen erfolgt. Ein gut etabliertes verbales Haltesignal ist dabei von Vorteil.

Absolvieren Sie die ersten Übungen immer auf dem Reitplatz oder im Round Pen – da können Sie bedenkenlos loslassen, bevor Ihr Jungpferd Sie aus dem Sattel zerren kann. (In Gegenden, die von vielen Hauptverkehrsadern durchschnitten werden, würde ich persönlich mit einem Handpferd auch später nicht ins Gelände gehen. Denn auch bei einem bombensicheren Führpferd und einem coolen, nervenstarken Youngster sind unvorhersehbare Reaktionen, die einen dazu nötigen, sein Handpferd loszulassen, nicht völlig auszuschließen.)

Reiten Sie ein wenig im Schritt, halten an, probieren ein paar Richtungswechsel und versuchen evtl. auch schon einmal einen Trab und das Zurücknehmen in den Schritt. Arbeiten Sie viel mit Stimme, denn den Part des Führenden an sich übernimmt ja nun Ihr Reitpferd, welches vom Handpferd natürlich nicht überholt werden darf. Zur Not helfen Sie mit einem Ruck am Halfter nach, wenn das Handpferd zu weit nach vorne drängt. Galopp ist mit dem jungen Handpferd erstmal tabu, denn das Galoppieren geht nur in den seltensten Fällen ohne Probleme. Und in dieser Gewöhnungsphase ist es nicht nötig, sich ein Problem damit zu schaffen.

Vorbereitung auf den Sattel

Im Kapitel Angstbewältigung haben Sie gelesen, wie das Pferd durch Aussacken an verschiedene Gegenstände auf seinem Rücken gewöhnt wurde. Der Sattel ist nur ein weiterer Gegenstand, den das Pferd auf seinem Rücken dulden soll, und sollte deswegen auch keine heftige Reaktion mehr hervorrufen. Vielleicht haben Sie Ihr Pferd

Egal, welche Art von Sattel Sie auf das Pferd legen: Passen muss er – dem Reiter und dem Pferd.

ja auch schon im Zuge des Aussackens an den Sattel gewöhnt. Wenn nicht, beginnen Sie jetzt wieder mit ein paar kurzen Aussack-Übungen: Werfen Sie die Satteldecke schwungvoll über den Rücken des Pferdes. Zappelt es herum, dann üben Sie das solange, bis es völlig ruhig stehen bleibt.

Nicht anbinden

Am besten, Sie arbeiten dabei mit dem frei stehenden (nicht angebundenen) Pferd in der Mitte eines eingezäunten, nicht zu großen Platzes (der Round Pen ist ideal). Am Kopf trägt es ein Halfter und einen Führstrick, den Sie lose in die Hand nehmen oder aber auch einfach auf den Boden hängen lassen können. Versucht es wegzulaufen, dann korrigieren Sie es mit einem Rucken am Strick und ermahnen es mit einem deutlichen »Halt«. Macht es sich erschrocken auf und davon, dann fangen Sie es wieder ein, positionieren es erneut in der Mitte und beginnen von neuem. Eigentlich haben Sie das alles ja schon während des Aussackens durchexerziert. Die Schreckreaktionen des Pferdes sollten sich deswegen doch sehr in Grenzen halten.

Muckst es sich dabei nicht, können Sie gleich den Sattel auflegen. Das Pferd ist auch dabei nicht angebunden.

Das Pferd nicht anzubinden hat einen triftigen Grund: Das Pferd soll später, wenn wir aufsteigen wollen, genauso gut stehen bleiben, wie bei den Vorübungen. Hindern wir das Pferd daran wegzulaufen, indem wir es bei den Vorübungen anbinden, so brauchen wir beim ersten Aufsteigen mit ziemlicher Sicherheit einen Helfer, der das Pferd am Kopf festhält, während wir »hochklettern«. Haben wir dem Pferd aber vorher schon beigebracht, auf jeden Fall stehen zu bleiben, komme was da wolle, dann bleibt es auch stehen, wenn wir beginnen, die Steigbügel zu belasten bzw. das erste Mal aufsitzen. Wir können bequem ohne Helfer arbeiten und haben von Anfang an ein Pferd, welches beim Aufsteigen brav steht.

Natürlich haben Sie im Vorfeld etwas mehr Arbeit, weil Sie das eine oder andere Mal Ihr Pferd wieder einfangen müssen. Doch das Pferd hat auf diese Weise schließlich das Gefühl, freiwillig stehen geblieben zu sein. Es entwickelt vor allem keine Angst, was durchaus vorkommen kann, wenn Sie Ihr Pferd angebunden aussacken oder mit dem Sattel konfrontieren. Es springt vielleicht weg, wird vom Strick zurückgerissen und fühlt sich dem gefährlichen Ding auf seinem Rücken hilflos ausgeliefert, weil es nicht fliehen kann. Bis Sie ein solches Pferd beim späteren Aufsteigen zum Stillstehen überreden können, dauert es lange. Diese Zeit können Sie auf nützlichere Art verwenden, indem Sie ihm grundsätzliche Dinge beibringen, z.B. dass es wesentlich angenehmer und bequemer ist, wenn man nicht herumzappelt, sondern in der Mitte bei seinem Ausbilder bleibt (ein kleiner Leckerbissen bei erwünschter Reaktion – in diesem Fall bei fehlender (Fluchtreaktion kann den Lerneffekt unterstützen).

Sie haben nun also den Sattel glücklich auf den Pferderücken gebracht, und das Pferd erträgt es gelassen. Ziehen Sie nun langsam den Sattelgurt fest. Lassen Sie sich viel Zeit mit dem Nachgurten. Benutzen Sie einen englischen Sattel, können Sie für die folgenden Übungen die Steigbügel entfernen. Andernfalls müssen Sie sie oben fixieren, damit das Metall dem Pferd nicht schmerzhaft gegen Ellbogen und Flanken schlägt. Benutzen Sie einen Westernsattel mit schweren Leder bezogenen Bügeln, so hängen auch die frei schwingenden Bügel relativ ruhig und wirken vor allem nicht so hart, wenn sie gegen das Pferd schlagen. Zur Philosophie des Anreitens bei Westernpferden gehört auch, dass sich die Pferde an den erstmal irritierenden beweglichen Steigbügel an ihrer Seite gewöhnen sollen, damit sie später beim Einsatz des Schenkels nicht erschrecken. Deswegen brauchen Sie die Bügel nicht unbedingt zu fixieren. Wenn Sie wollen, können Sie die Bügel jedoch mit einem Riemen am Sattelgurt festbinden und so die Auslenkung und den Schwung der Bügel-Bewegung etwas vermindern. Oder Sie binden die Bügel mit einem weichen Seil unter dem Bauch des Pferdes zusammen. Benutzen Sie dabei auf jeden Fall mit einer Hand lösbare Knoten, falls Sie – aus welchem Grund auch immer – das Pferd schnell von seinem Sattel befreien müssen. Eine weitere Möglichkeit ist, die Bügel mit den hinten am Sattel befindlichen Lederbändchen hochzubinden.

Mit Sattel laufen lassen

Um das Pferd daran zu gewöhnen, mit dem Sattel auf dem Rücken zu laufen, können Sie es nun longieren oder im Round Pen frei laufen lassen. Am Kopf sollte es bei den ersten Sattel-Gewöhnungs-Übungen nur Halfter, Kappzaum oder Sidepull (mit verschränkten Zügeln) tragen, so dass es sich ungestört (ohne irgendwo hängen zu bleiben) ausbuckeln kann, wenn ihm der Sattel in der Bewegung noch nicht geheuer ist. (Auch bei Pferden, die beim Sattelauflegen völlig cool bleiben, ist es nicht ausgeschlossen, dass sich das in Bewegung ändern kann.) Das Pferd wird allerdings schnell merken, dass sich dieses Ding auf dem Rücken nicht loswerden lässt, und das Bocken einstellen.

Lassen Sie die evtl. heftigen Reaktionen auf einen Sattel ruhig zu und versuchen nicht, sie z.B. durch Einwirkung an der Longe zu verhindern. Nur so lernt das Pferd, dass ihm der ganze Tanz, den es vielleicht aufführen wird, nichts nützt und dass das Ding auf seinem Rücken eigentlich ungefährlich ist.

Nachdem das Pferd sich beruhigt hat, beginnen Sie mit einigen kontrollierenden Übungen.
Das Longieren oder auch die freie Arbeit mit dem Sattel können Sie nun einige Tage oder auch Wochen und Monate (je nachdem, wie alt das Pferd ist, wenn Sie ihm das erste Mal den Sattel auflegen) fortsetzen. Sie können es auch mit dem Sattel über Trailhindernisse arbeiten.

Wenn Sie das Pferd vom Boden fahren wollen, dann können Sie die Leinen durch die fixierten Steigbügel ziehen.
Alle Lektionen, die Sie vorher mit dem freien bzw. ungesattelten Pferd ausgeführt haben, können Sie nun auch mit dem gesattelten Pferd üben.
Wenn Sie Ihr Pferd spät (d.h. mit mindestens drei Jahren) das erste Mal satteln, dann können Sie wenige Tage nach der Gewöhnung an den Sattel auch mit den Aufsteigeübungen und den ersten Schritten unter dem Reiter beginnen.

Prinzipiell können Sie davon ausgehen, dass das Pferd Ihnen »sagt«, wann es bereit für die ersten Aufsteigeübungen ist. Fühlt es sich völlig wohl mit dem Sattel, bleibt beim Satteln mit hängendem Kopf entspannt stehen, regt sich in keiner Weise auf, wenn es mit ihm trabt oder galoppiert, dann können Sie damit beginnen, es mit Ihrem Gewicht bekannt zu machen.

Erstes Aufsitzen

Auch, wenn Sie nach den sorgfältigen Vorbereitungen nun beim eigentlichen Aufsitzen keinen Helfer zum Halten des Pferdes brauchen, sollten Sie sich nicht mutterseelenallein an die Arbeit machen. Nehmen Sie sich einen »Beobachter« mit, der am Rand steht und notfalls eingreifen kann, wenn Sie in Schwierigkeiten geraten. Stellen Sie Ihr Pferd in die Mitte des Round Pen oder auf den Reitplatz. Sicherer ist der hoch eingezäunte Round Pen, denn dort kann das Pferd kein Tempo entwickeln, wenn es wider Erwarten mit Ihnen auf dem Rücken buckeln oder lossausen sollte. Dort sollte sich in diesem Moment kein anderes Pferd befinden. Schließen Sie den Eingang und achten Sie darauf, dass keiner während Ihrer ersten Aufsteigeversuche auf den Platz bzw. in den Round Pen kommt.
Arbeiten Sie mit einer **Aufsteigehilfe**, um nicht zu sehr auf einer Seite des Pferdes zu hängen. Gewöhnen Sie das Pferd vorher daran, sicher an der Aufsteigehilfe »einzuparken«.

Bei vielen Pferden verbessert sich die Rückentätigkeit, wenn sie Gewicht auf dem Rücken spüren. Deswegen ist es sinnvoll, nach erfolgter Gewöhnung an den Sattel immer mit Sattel zu longieren. Ist das Pferd brav und neigt nicht zu explosiven Reaktionen, kann man dann auch schon dazu übergehen, einen leichten Reiter mit zu longieren.

Auf dem Bild unten befindet sich ein baumloser Sattel auf dem Pferd. Für die ersten Übungen ist das in Ordnung, weil der nicht irgendwo drücken kann. Leider setzen die meisten baumlosen Sättel den Reiter schlecht hin (oft in den Stuhlsitz) und sind deswegen keine Dauerlösung.

Ausrüstung

Am Kopf des Pferdes sollte sich ein stabiles gut angepasstes Halfter mit langem Führstrick befinden (ersatzweise ein Sidepull oder ein Kappzaum). Eine Trense bzw. ein Gebiss irgendeiner Art brauchen Sie nicht. Fühlen Sie sich jedoch nicht wohl (d.h. nicht sicher), wenn Ihr Pferd kein Gebiss im Maul trägt, dann verwenden Sie zusätzlich zum Halfter eine Trense, deren Zügel Sie jedoch völlig lang lassen und möglichst nicht benutzen. (Dazu muss das Pferd natürlich schon an die Trense gewöhnt sein.)

Betrachten Sie es als eine Art psychologischen Haltegriff, denn sollte das Pferd Ihnen tatsächlich aus der Kontrolle geraten, wenn Sie das erste Mal draufsitzen (was sehr unwahrscheinlich ist, wenn Sie es gut vorbereitet haben), dann nützt Ihnen auch die Trense nicht viel. Mit dem Ziehen oder Festhalten am Führstrick richten Sie wenigstens keinen Schaden im Maul des Pferdes an. Ziehen Sie jedoch an der Trense (was sowieso nur Sinn macht, wenn das Pferd in der Longenarbeit schon gelernt hat, auf Druck im Maul nachzugeben) und das Pferd ignoriert Ihre Zügelsignale, dann haben Sie nachträglich gleich ein weiteres Problem, nämlich, dass das Pferd das evtl. in der Handarbeit schon aufgebaute Vertrauen in den Zügel wieder verliert.

Stimmungsprüfung

Bocken und in den Dreck setzen kann Ihr Pferd Sie sowieso, egal ob mit Trense oder Halfter. Sinnvoller als der psychologische Haltegriff mit der Trense ist eine sorgfältige »Stimmungsprüfung« beim Pferd, bevor Sie sich tatsächlich in den Sattel schwingen. Achten Sie darauf, dass das Pferd nicht langsam Spannung aufbaut, während Sie an ihm herumhantieren. Beobachten Sie immer wieder seinen Gesichtsausdruck. Pferde zeigen sehr deutlich, wenn ihnen etwas missfällt. Ist die Maulpartie verkniffen, sind die Nüstern gekräuselt, die Augen aufgerissen, die Ohren ungnädig angelegt? (Eine leichte Ohrenstellung nach hinten ist jedoch normal, weil das Pferd sich ja mit dem auseinandersetzt, was hinter seinem Kopf, an seinem Rücken vorgeht.) Schlägt der Schweif unruhig (es sei denn das Pferd wedelt Fliegen damit weg), steht das Pferd steifbeinig oder macht gar einen leichten Katzenbuckel, dann sollten Sie nicht aufsteigen, sondern das Pferd erstmal wieder mit anderen Übungen entspannen bzw. es mit dem Belasten der Steigbügel bewenden lassen.

Die einzelnen Phasen der Aufsteigeübungen

Alle Phasen bis zum eigentlichen Aufsteigen sollten Sie von beiden Seiten üben. Das beidseitige Aufsteigen verhindert einseitige Steifheiten und Gewohnheiten beim Pferd und bei Ihnen selbst. Zudem rückt es den Sattel immer wieder halbwegs gerade, denn ein wenig wird er immer nach der Seite verrutschen, auf der Sie gerade aufsteigen – auch mit **Aufsteigehilfe**.

Inzwischen plädiere ich auf jeden Fall dafür, eine Aufsteigehilfe zu nutzen – möglichst stabil und ohne scharfe Kanten. Kleine Strohballen, Kunststoffblöcke oder stabile Hocker mit großer Standfläche sind geeignet. Keinesfalls sollte es passieren, dass eine Aufsteigehilfe zusammenbricht und das Pferd erschreckt.

Das Pferd sollte sich in keiner Phase der Übungen von der Stelle rühren und nicht von einem Helfer gehalten werden müssen. Nehmen Sie das Führseil so in die Hand, dass nie Zug am Kopf des Pferdes ausgeübt wird. Das Pferd soll seinen Kopf frei bewegen können und darf sich auch ruhig zu Ihnen umschauen, um zu sehen, was Sie da tun.

1. Phase: Steigbügel belasten
2. Phase: Mit vollem Gewicht einseitig im Steigbügel stehen
3. Phase: Mit dem Oberkörper über den Sattel legen
4. Phase: Ein Bein über den Sattel schwingen und vorsichtig in den Sattel setzen
5. Phase: Den Steigbügel mit dem zweiten Fuß aufnehmen.

Phase 1 bis 5 müssen Sie nicht unbedingt an einem Tag absolvieren. Beginnen Sie z.B. am ersten Tag mit Phase 1 und 2 und arbeiten sich über die nächsten zwei, drei Tage bis zu Phase 5 hoch. Je länger Sie die Einzel-Übungen ziehen, umso weniger besteht die Gefahr, dass Sie Ihr Pferd in einer Phase verschrecken und damit eine Reaktion provozieren, die Sie nicht unter Kontrolle haben.

Steigbügel belasten

Sie können den Steigbügel zuerst von unten mit der Hand belasten, indem Sie sich mit Ihrem Gewicht in den Bügel stützen. Machen Sie das von beiden Seiten. Sprechen Sie mit dem Pferd. Loben Sie es immer, wenn es sich bei den ganzen Aktionen nicht von der Stelle rührt. Klappt das, dann können Sie von der Aufsteigehilfe aus einen Fuß in den Steigbügel setzen und diesen Fuß etwas belasten. Sprechen Sie weiter mit dem Pferd und beobachten Sie, ob es Anzeichen von Nervosität oder Unbehagen zeigt. Machen Sie das auf beiden Seiten und bleiben dabei dicht am Pferd mit Blickrichtung zum Kopf des Pferdes, um

Junge Pferde stehen oft x-beinig, um das Zusatzgewicht auszubalancieren.

Eine Aufsteigehilfe verhindert das Schiefziehen des Sattels und schont den Pferderücken. Wem das zu unsportlich ist, der sollte wenigstens abwechselnd von rechts und links aufsteigen.

seine Mimik und Reaktion im Auge behalten zu können.

Einseitig im Steigbügel stehen

Bleibt es ruhig, stellen Sie sich schließlich einseitig in den Bügel – mit Blickrichtung zum Pferdekopf. Loben und streicheln Sie das Pferd aus dieser Position heraus, steigen dann wieder ab und wiederholen die Prozedur auf der anderen Seite. Das tun Sie ein paar Mal auf beiden Seiten. Belasten Sie nicht zu lange, damit dem Pferd die einseitige Belastung nicht unangenehm wird. Bewegt sich das Pferd von der Stelle, wenn Sie auf halber Höhe im Bügel stehen, so versuchen Sie es mit einem verbalen Kommando und einem Zupfen am Führstrick wieder anzuhalten. Nützt das nichts, steigen Sie ab und positionieren es von unten neu. Bleiben Sie ruhig dabei, dann wird sich auch das Pferd nicht aufregen. Je dichter Sie bei diesen Übungen mit dem Oberkörper am Pferd bleiben, umso weniger ziehen Sie den Sattel dabei schief und umso weniger bringen Sie das Pferd aus dem Gleichgewicht. Lehnen Sie dagegen den Oberkörper nach außen, dann rutscht erstens der Sattel und zweitens muss sich das Pferd gegen Ihr seitwärts ziehendes Gewicht stemmen, was es mit Sicherheit nicht als besonders angenehm empfindet. Achten Sie auch darauf, das Pferd nicht mit der Fußspitze in die Seite zu piken.

Oberkörper über den Sattel legen

Können Sie bequem auf beiden Seiten im Sattel stehen, dann legen Sie den Oberkörper über den Sattel. Sprechen Sie dabei mit dem Pferd und klopfen es mit der freien Hand, die nicht den Führstrick hält, beruhigend an Hals, Schulter, Flanke und Kruppe. Dreht das Pferd dabei den Kopf zu Ihnen, dann können Sie ihm auch einen Leckerbissen geben. Steigen Sie wieder ab und probieren das Ganze auf der anderen Seite.

Bein über den Sattel schwingen

Wirkt das Pferd bei all diesen Übungen schließlich entspannt, dann schwingen Sie das zweite Bein langsam über den Sattel. Stützen Sie sich dabei mit der freien Hand etwa in der Mitte des Sattels (an der von Ihnen aus äußeren Seite des Sattels) ab. Die Hand, die den Führstrick hält, bleibt im vorderen Bereich des Sattels. Stützen Sie sich zuerst mit Knie und Oberschenkel ab und bringen dann langsam Ihr Gewicht in den Sattel. Nehmen Sie den zweiten Steigbügel noch nicht auf, sondern bleiben eine Weile so sitzen. Loben Sie das Pferd, reden mit ihm und geben ihm ruhig einen Leckerbissen, weil es so brav stehen geblieben ist. Steigen Sie wieder ab und üben die Prozedur auf der anderen Seite.

Grundsätzliche Haltungskriterien hinsichtlich der Funktionalität gelten für alle Pferde ...

Setzt das Pferd sich einfach unaufgefordert in Bewegung, während Sie oben sitzen, so versuchen Sie es zuerst mit einem Stimmkommando und dann mit einem seitlichen Abwenden wieder anzuhalten. Dazu führen Sie den Führstrick des Halfters weit zur Seite. Welche Seite ist egal und ergibt sich daraus, auf welcher Seite des Halses gerade der Strick hängt. Das Pferd hat in den Übungen am Boden gelernt, einem seitlichen Zug am Halfter mit Kopf und Hals nachzugeben. Nun wird es mit den Schultern und Vorderbeinen dem Zug folgen, sich dabei im Kreis bewegen und schließlich anhalten, weil ihm Biegung und Kreisbewegung auf Dauer nicht angenehm sind. Dann loben Sie das Pferd, steigen ab und wiederholen die Übung auf beiden Seiten, bis es nicht mehr wegläuft. In dieser Phase sollten Sie das Pferd nicht einfach losspazieren lassen, wie es

... müssen jedoch auf das individuelle Pferd und den individuellen Reiter angepasst werden.

ihm gefällt. Es muss lernen, dass es nicht nach eigenem Gutdünken handeln, sondern auf Ihre Anweisung warten soll. Damit verhindern Sie im Ansatz, dass Ihr Pferd später beim Aufsteigen schon losmarschiert und Sie diese Unsitte dann korrigieren müssen. Ist es erstmal so weit, dann haben Sie viel mehr Schwierigkeiten mit der Korrektur dieser schlechten Gewohnheit als wenn Sie bei den Anfangsübungen gleich darauf achten.

Den zweiten Bügel aufnehmen

Den zweiten Steigbügel nehmen Sie erst auf, wenn das Pferd in Phase 4 entspannt unter Ihnen steht. Üben Sie auch das ein paar Mal von beiden Seiten. Dann erst sind Sie so weit, das Pferd tatsächlich in Bewegung setzen zu können.

Fokus »funktional statt formal«

Bevor wir jetzt mit dem Reiten beginnen, möchte ich wieder einige grundsätzliche Gedanken zur Funktionalität vorausschicken. Themen sind:

- Haltungskriterien für Pferd und Reiter
- Anforderungen an den Sitz und die Einwirkung des Reiters
- Energiesteuerung

Fokus »Individualität«

Pferde sind ausgeprägt eigenständige (und auch oft eigenwillige) Persönlichkeiten mit individuell sehr unterschiedlichem Charakter. Es gibt ängstliche, vertrauensselige, mutige, ausgeglichene, nervöse, hypersensible oder phlegmatische; solche, die schnell lernen und andere, die etwas länger brauchen. Zudem bringen sie sehr unterschiedliche körperliche Voraussetzungen mit.

Alle menschlichen Eigenschaften gibt es auch beim Pferd.

Diese Individualität muss in der Zusammenarbeit mit dem Pferd berücksichtigt werden. Deswegen sind starre Ausbildungsregeln in den seltensten Fällen hilfreich. Sie dürfen nicht jedem Pferd-Reiter-Paar unreflektiert übergestülpt werden. Die überlieferte **Ausbildungsskala** – obwohl in den Grundsätzen durchaus richtig – kann da immer nur grobe Richtlinien geben, die nach individuellem Feeling modifiziert werden dürfen.

Dazu kommt die – eher noch stärker ausgeprägte – Individualität des Menschen, mit ganz unterschiedlichen körperlichen und psychischen Stärken und Schwächen.

In der Zusammenarbeit funktionieren bisweilen bestimmte Konstellationen auch nicht auf Dauer. Hektischer Mensch und nervöses Pferd passen z.B. auf keinen Fall zusammen, es sei denn der Mensch bekommt seine Unruhe in den Griff.

Fokus »Haltung«

Funktionelle statt formale Haltung

Haltung in einem sich bewegenden System ist dann funktionell, wenn sie für Pferd und Reiter größtmögliche Bewegungsfreiheit bei guter Stabilität und kleinstmöglichem Energieeinsatz zulässt.

Dazu brauchen beide Partner Losgelassenheit in den Gelenken mit Wechselspannung in der Bewegungsmuskulatur sowie Stabilität in der Haltemuskultur. Und vor allem müssen sie sich gemeinsam in einem dynamischen Gleichgewicht befinden.

Haltung darf nicht erzwungen werden, Haltung ist Bewegung

Was bei der Haltung zu bedenken ist

- *Funktionell statt »formal richtig«*
- *Dem jungen Pferd Freiraum lassen, sich selbst auszubalancieren. Der Reiter muss es aushalten, dass das Pferd bisweilen »aus der Haltung fällt«*
- *Wie viel (Zügel-)Kontrolle ist zweckmäßig?*
- *Dehnung der Oberlinie, ohne Schulter und Vorhand zu überlasten: offene Ganaschen, Nase vor der Senkrechten, Hals lang und getragen,*
- *Die Grenzen von »Nase tief«. Wann »vorwärts-abwärts« auch beim jungen Pferd nicht angesagt ist.*
- *Individualität und Exterieur beachten. Die funktionelle Haltung eines jungen Friesen sieht anders aus als die eines jungen Vollblüters ...*

Losgelassenheit, Stabilität und Körperhaltung

Losgelassenheit bezeichnet das Spiel in der Bewegungsmuskulatur, bei dem die **Antagonisten** wirklich **im Wechselspiel arbeiten** und nicht gleichzeitig gegeneinander anspannen.

Beispiel: Wenn der Beuger des Sprunggelenks arbeitet (sich verkürzt), um das Gelenk zu beugen, sollte der Strecker komplett loslassen (d.h. gedehnt werden können), damit der Beuger nicht gegen den Strecker »ankämpfen« muss. Das Gleiche gilt umgekehrt: Wenn der Strecker verkürzt wird, muss der Beuger in der Dehnung loslassen. Das leuchtet ein, ist aber leider nicht selbstverständlich. In Bewegungen mit falscher Spannung (= Verspannung) arbeiten die Antagonisten oft dauerhaft gegeneinander; die losgelassene, gedehnte Phase fehlt und daraus entstehen langfristig ernsthafte Probleme für den gesamten Organismus. Die Beweglichkeit wird eingeschränkt, Bewegungen werden unökonomisch und unrund, und die entsprechenden Gelenke (in diesem Beispiel das Sprunggelenk) werden unnötig belastet.

Der Druck auf die Gelenke ist viel höher, wenn die Antagonisten dauernd gegeneinander arbeiten. Gleichzeitig ist der Zug auf den Sehnen, mit denen die Muskeln an den Knochen befestigt sind, viel größer. Auch die Bänder, welche die Gelenke zusammenhalten, werden strapaziert. Zudem ist durch dauerverspannte Muskulatur die Durchblutung der Gelenke vermindert. Die Gelenke werden immer nur indirekt durch Diffusion durchblutet, weil es hier keine größeren Blutgefäße gibt. Damit die Durchblutung nicht eingeschränkt ist, sollte die Umgebung der Gelenke möglichst wenig Blockaden und Verspannungen aufweisen. Nur bei einem gut durchbluteten Gelenk sind eine gute Nährstoffversorgung und der einwandfreie Abtransport von Stoffwechselendprodukten gewährleistet. So können kleinste Verletzungen einfach und schnell vom Körper repariert werden. Bei Dauerverspannungen und Dauerblockaden ist die Versorgung oft so stark eingeschränkt, dass sich kleine Verletzungen manifestieren und zu chronischen Entzündungen werden können. Daraus können langfristig Probleme wie Arthrosen entstehen, die man mit gutem Training hätte vermeiden können.

Wenn man die Durchblutungsstörungen durch funktionelle Arbeit verhindert und damit die Belastung für die Gelenke reduziert, ist die Gefahr von Verletzungen viel geringer. Gut gearbeitete Pferde ziehen sich auch auf der Koppel nur selten Verletzungen zu, weil sie gelernt haben, sich zu koordinieren und ihre Muskulatur funktionell zu benutzen.

Oft kann man beobachten, dass Pferde mit körperlichen Einschränkungen und Blockaden, die in der Herde auf der Koppel in der Rangfolge ganz unten standen, nach einer funktionellen Ausbildung, die ihre Beweglichkeit und damit ihr Selbstbewusstsein verbesserten, in der Rangfolge aufgestiegen sind.

Neben der **Bewegungsmuskulatur**, die mit wechselnder Anspannung der Antagonisten arbeiten muss, gibt es die **Haltemuskulatur**, die für die Körperhaltung zuständig ist. Diese arbeitet tatsächlich ohne wechselseitige Verkürzung oder Verlängerung des Muskels in **isometrischer »Haltespannung«**. Dabei ist keine Bewegung erforderlich. Nennen wir diese Haltespannung einfach die »funktionell richtige Haltung«. Sie hält das ganze Pferd (und den Menschen/Reiter) aufrecht. Gäbe es die Arbeit der Haltemuskulatur nicht, würden Pferd und Mensch flach am Boden liegen und Bewegung wäre gar nicht möglich. Die angestrebte Losgelassenheit (= Rhythmische Anspannung und Entspannung) bezieht sich immer nur auf die Gelenke, die mit der Bewegungsmuskulatur gebeugt und gestreckt werden.

Haltung in einem bewegten System hat jedoch immer auch einen Bewegungsanteil. Versuchen Sie einmal, einfach nur still auf der Stelle zu stehen und sie werden merken, dass Ihre Muskulatur ständig leichte Ausgleichsbewegungen vornimmt, damit Sie das Gleichgewicht halten und nicht umfallen – auch dann, wenn Sie sich gut im Gleichgewicht befinden und Ihre Körperteile funktionell übereinander ausgerichtet haben.

Isometrische Spannung schränkt Bewegung ein, darf also nicht vorhanden sein, wenn Bewegung gefordert ist. Nötig und richtig ist sie jedoch, wenn es um die **Stabilisierung des Rumpfes**, wie bei der aufrechten Haltung des Menschen, geht. Die Stabilität des aufgerichteten Oberkörpers darf jedoch die Beweglichkeit im Becken und in den Extremitäten nicht beeinträchtigen.

Genauso ist es beim Pferd: Die Stabilität der Haltung (der sogenannte Spannungsbogen) darf nicht auf Kosten der Beweglichkeit gehen.

Freie Balance im System erreichen

Stützt sich das Pferd in irgendeiner Form beim

Die Parallelität der Beinpaare und der frei getragene Hals des Pferdes sind im Arbeitstempo und auch in den Verstärkungen Kriterien für funktionelle Bewegung. Das gilt für alle Reitweisen. Rote und hellblaue Linien verdeutlichen hier die Parallelität. Wird sie zerstört, um die Vorhand spektakulärer arbeiten zu lassen, als es der natürliche Ablauf zulässt, wird die Bewegung gesundheitsschädlich. Eine Rücklage im Sitz, wie sie häufig in Verstärkungen zu sehen ist, sollte vermieden werden, denn sie bringt das Pferd dazu, die Schulter zu überlasten.

Reiter ab (z.B. mit zu fester Anlehnung am Zügel) oder hält der Reiter dauernd gegen und treibt das Pferd gegen die starre Hand (wie es leider oft gelehrt wird), balancieren sich beide nicht mehr unabhängig voneinander aus. Die Bewegungsmuskulatur bekommt falsche isometrische (= dauergespannte) »Anteile«. Dadurch entstehen Verspannungen und Bewegungseinschränkungen, die mit immer stärkeren Hilfen »übertönt« werden müssen – und zu immer zäheren Reaktionen des Pferdes führen. Das Pferd wird künstlich gespannt und zusammengehalten. Das System Reiter+Pferd befindet sich in seiner Gesamtheit nicht in freier Balance,

Wir wollen jedoch ein reaktives Pferd, welches feine Hilfen wahrnimmt und gut genug **in freier Balance** ist, um auch prompt und fein reagieren zu können. Freie Balance heißt: **keine Anlehnung. Das Pferd darf keine Gelegenheit be-**

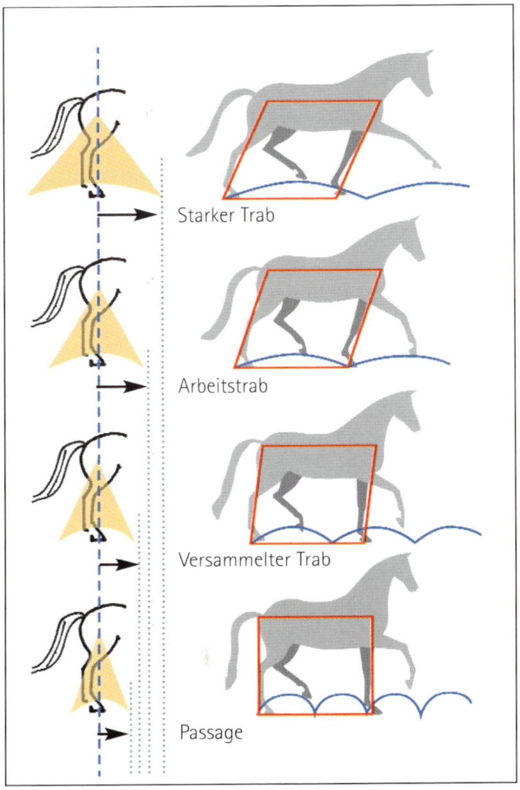

Parallelität der Beinpaare im Trab und Untertreten: Wichtig in allen Phasen des Trabs ist die Parallelität der Beinpaare. In der Versammlung tritt das jeweilige Hinterbein nicht vermehrt unter den Pferdekörper, sondern sogar weniger, da sich die Trittlänge verkürzt, wie man an der unteren Zeichnung sehen kann. Die Bewegungen werden kürzer und erhabener. (Zeichnung in Anlehnung an Philippe Karl im Buch »Irrwege der modernen Dressur«)

kommen, sich im Zügel abzustützen. Selbst 100 Gramm auf dem Zügel sind manchmal zu viel.

Freie Balance schont die Kräfte von Reiter und Pferd, verbessert das Körpergefühl, sorgt für »Ökonomie« in der Bewegung und verhindert Verschleiß. Die entstehende Bewegungsvielfalt führt zu verbesserter Koordination, die wiederum das Verletzungsrisiko minimiert.

Die hohe Mobilität des Bindegewebes und der Wirbelsäule in der freien Balance gewährleistet einen optimalen Stoffwechsel sowie eine reibungslose Funktion des Nervensystems und trägt somit zur Gesunderhaltung des gesamten Organismus wesentlich bei.

Zentrale Aufgabe einer funktionellen Arbeit ist es also, die Losgelassenheit in der Bewegungsmuskulatur zu erreichen und die Körperhaltung und die damit verbundene Balance zu verbessern. Das Pferd soll lernen, eine zweckmäßige Haltung selbständig einzunehmen und nicht durch Zwang.

Reiter und Pferd müssen sich unabhängig voneinander ausbalancieren

Reiter und Pferd sollen – auch ohne Zügelanlehnung – unabhängig voneinander im Gleichgewicht bleiben können. Der Zügel darf Impulse geben, mit denen wir dem Pferd den Vorschlag machen, wie es seine Haltung funktioneller unter dem Reiter gestalten und sein Gleichgewicht besser halten kann. Ein Impuls für: »Tritt mal mit dem Hinterbein vor und gib mir mehr Energie« muss etabliert werden. Und die »Bremse« muss installiert werden.

Wichtig bei allen diesen Grundlagen ist, dass wir uns darüber klar werden, dass wir 500–600 kg Pferd weder mit Kraft im Bein anschieben noch mit Kraft im Arm anhalten können.

Wir können immer nur Impulse geben und dem Pferd klarmachen, dass es sich in seiner tragenden Rolle (mit dem unnatürlichen Gewicht auf seinem Rücken) anders ausbalancieren muss als ohne Reiter. Es muss den Arbeits-Schwerpunkt immer weiter auf die Hinterhand verlegen, Schulter anheben und die Vorhand entlasten. Eine recht langwierige Arbeit hinsichtlich Kraftentwicklung in der Hinterhand und Kondition.

Das Pferd darf nicht lernen, dass es sich im Zügel abstützen kann (und damit auf die Schulter fällt) und es muss auf einen treibenden Impuls Vorwärts-Energie bereitstellen.

Die funktionelle Haltung kann für unterschiedliche Pferdetypen und in verschiedenen Ausbildungsphasen durchaus etwas anders aussehen. Ein Friese ist anders zu reiten als ein Warmblüter oder ein Isländer – auch wenn das Ziel der Arbeit grundsätzlich das Gleiche ist: ein Pferd, welches sich unter dem zusätzlichen Reitergewicht ausbalancieren kann, Energie über den Rücken von hinten nach vorne durchlässt und willig auf Impulse und Vorschläge des Reiters reagiert.

Die Dehnungshaltung

Wofür sie gut ist und was sie nicht leisten kann

Weit verbreitet ist die Annahme, dass ein Pferd als allererstes Ziel den Kopf tief tragen sollte. Fortgeschrittene Ausbildung, die dem Pferd etwas mehr Versammlung abverlangt, bleibt nur ganz wenigen »Dressurcracks« vorbehalten. Viele Pferde werden die meiste Zeit ihres Lebens in falsch verstandener Dehnungshaltung geritten, bleiben »kopflastig« und fallen in jeder Parade auf die Schulter.

Mal abgesehen davon, dass die Dehnungshaltung mit entspanntem und schwingenden Rücken selten wirklich korrekt gelingt, hat sie ihre Grenzen dort, wo vermehrte Balance gefragt ist. **Reiten in Dehnungshaltung ist ein vorübergehender Zustand** – für Pferde, die noch keine Kraft in den Hinterbeinen haben oder den Rücken verspannen.

Leider verwechseln viele Reiter die Dehnungshaltung mit einem energielosen Hängenlassen oder Herunterziehen von Hals und Kopf (Schulter und Hals »hängen«, die Nase ist hinter der Senkrechten oder das Pferd streckt den Hals ohne Haltung mit Spannung im Unterhals gerade nach vorn) und wundern sich, wenn das Pferd dabei nach unten »in den Boden läuft« und die Schulter fest macht.

In der korrekten Dehnungshaltung bleibt jedoch die Schulter oben und der Hals wölbt sich mit offenen Ganaschen nach vorne (nicht nach unten). Die Nase ist dabei nicht tiefer als auf Höhe des Buggelenks und vor der Senkrechten. Diese Dehnungshaltung in der wirklich korrekten Form kann später in eine Art »versammelte Dehnungshaltung« überführt werden, bei der sich das Pferd in der Schulter mehr hebt und hinten setzt und trotzdem noch eine gedehnte Nacken-Rückenlinie hat.

Prinzipiell ist auch die funktional richtige Dehnungshaltung eine **Selbsthaltung** des Pferdes und darf keinesfalls mit dem Zügel erzwungen werden. Die meisten Pferde ohne schwerwiegende Exterieur-Probleme finden von allein eine funktionale Haltung, wenn der Reiter langsam und kleinschrittig arbeitet und nichts erzwingt. Zum Erreichen der Selbsthaltung auch bei jungen Pferden dienen alle Varianten der Seitengänge, Biegeübungen, Übergänge und Rückwärtsrichten – anfangs im Schritt (an der Hand und unter dem Reiter), damit beim Pferd keine Angst vor Gleichgewichtsverlust auftritt. Diese Übungen mobili-

oben: Das Bild zeigt eine falsche Dehnungshaltung. Das Wallach kommt auf die Vorhand und geht mit hoher Kruppe.

mitte: In den Übergängen drückt das Pferd den Hals hoch und geht gegen die Hand. Ich reite den Übergang vom Leichttraben zum Schritt ohne Zügeleinwirkung mit Stimme und Energieverschiebung. Damit nehme ich dem Pferd die Stütze in der Hand weg und gebe ihm keinen Grund, gegen die Hand zu gehen. Ich nehme die optisch schlechte Haltung bewusst in Kauf, weil ich es zwingen will, sich über Einsatz der Hinterhand auszubalancieren.

unten: Hier sieht man das verbesserte Gleichgewicht in der richtigen Dehnungshaltung. Der Rücken ist oben. Schulter und Hals sind frei.

sieren und kräftigen, ohne dass das Pferd zu stark auf die Vorhand kommt.

Versammlung wird leider genauso oft falsch erarbeitet wie die Dehnungshaltung: Mit dem Zügel erzwungen, mit verkürztem Hals, tiefer Schulter und hoher Kruppe. In dieser falschen Versammlung können Rücken und Hinterhand genauso wenig arbeiten wie in der falschen Dehnungshaltung (siehe auch Zeichnungen S. 78).

Aussitzen oder Leichttraben?

Nicht bei allen jungen Pferden muss zwingend leicht getrabt werden.

Lässt das Pferd sitzen, so kann durchaus ausgesessen werden – vorausgesetzt, der Reiter blockiert sein Becken nicht (siehe nachfolgende Kri-

Aussitzen mit freiem Becken und losgelassenen Gelenken.

terien). Beim Leichttraben kommt sehr viel mehr »Unruhe« in den Sitz des Reiters. So manches junge Pferd empfindet das als störend und ist zufriedener, wenn der Reiter weich sitzen bleibt.

Korrektes Aussitzen – Losgelassen, aber nicht schlaff

Idee: Sich vom Pferd mitbewegen lassen, statt selbst das Pferd bewegen zu wollen

Ganz wesentlich ist die Idee, dass wir uns vom Pferd bewegen lassen und dabei dem Pferd seine »Tragearbeit« so leicht wie möglich machen, indem wir mit akzeptabler Körperspannung und losgelassenem Becken im Gleichgewicht sitzen.

Um mit minimalem Energie-Aufwand (und trotzdem stabil) zu sitzen, muss der Reiter seine Körperteile senkrecht übereinander ausrichten. Er braucht Stabilität in der Haltemuskulatur: Der Oberkörper ist aufgerichtet, die Achselhöhlen sind hinten geschlossen (= Arme in der Außenrotation), die Beine sind leicht in die Innenrotation gedreht.

Die Bewegungsmuskulatur in Armen und Beinen muss losgelassen sein, damit die Antagonisten rhythmisch an- und abspannen können. So bleiben die Gelenke und das Becken als »zentraler Bewegungsumwandler« frei beweglich.

Der Oberarm hängt locker aus der Schulter; der Ellbogen ist gewinkelt, die Hand wird frei getragen. Man kann sich vorstellen, der Zügel wird wie ein mit Wasser gefüllter Becher vor sich her balanciert.

Das Bein hängt locker aus dem Hüftgelenk. Der Bügel wird allein über die Schwere des Beins

Wichtig ist, den Oberkörper (und damit das Becken) wirklich senkrecht zu halten, um die Rückenbewegung des Pferdes nicht zu behindern.

gehalten. Der Reiter gibt keinen aktiven Druck hinein. Das ganze Bein federt Bewegung aus dem Rücken des Pferdes nach unten weg.
Jedes Klemmen mit Knie oder Unterschenkel, jedes Hochziehen des Absatzes und jedes Verdrehen der Handgelenke oder dauerhafte Ziehen am Zügel blockiert die Gelenke des Reiters und verhindert Losgelassenheit im gesamten System Reiter+Pferd.

Körperspannung ≠ Verspannung

Richtige Körperspannung lässt Bewegung durch, falsche Verspannung blockiert Bewegung.
Es gilt: körperlich und mental stabil bleiben, um loslassen zu können.
Nur wer im »stabilen Gleichgewicht« sitzt und sich deswegen sicher fühlt, kann überhaupt loslassen – und auch das Pferd zum Loslassen bringen.

Energie-Kontrolle im Leichttraben

Pferde, die nicht sitzen lassen, sollten natürlich leicht getrabt werden. Richtiges Leichttraben mit positiver Energieentwicklung nach vorneoben ist jedoch dabei notwendig. Häufig sieht man ein Leichttraben, das nichts Leichtes hat. Der Reiter stemmt sich mit Hohlkreuz aus dem Bügel hoch und kommt beim Einsitzen hinter die Bewegung. Oder er macht einen Buckel und lässt sich vom Pferd mitziehen. Viele Reiter müssen beim Leichttraben mit dem vorlieb nehmen, was das Pferd ihnen anbietet. Das langsame Pferd ist schwer in Gang zu bringen, das schnelle Pferd schwer zu bremsen ...

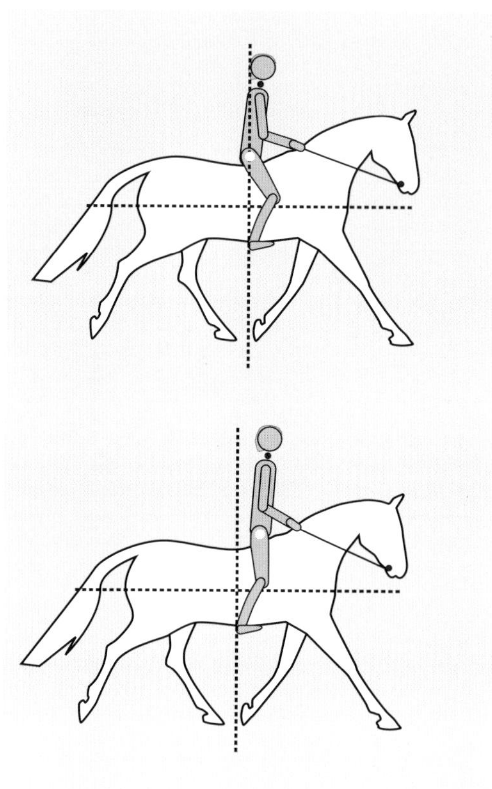

Richtiges Leichttraben:
Einsitzen: Der Oberkörper bleibt leicht vor der Senkrechten. Das Leichttraben ist mit dem leichten Sitz verwandt. Also bitte nicht einsitzen, als würden Sie aussitzen wollen. Dabei geraten Sie schnell hinter die Bewegung und stören das Pferd im Rücken. Zum Einsitzen schließen sich nur Hüft-, Knie- und Ellbogenwinkel leicht, der Oberkörper bleibt in sich gerade (auf allen Seiten gleich lang), der Unterschenkel bleibt am Platz.

Aufstehen nach vorne oben: Der Oberkörper bleibt gerade, das Becken wird über den Vorderzwiesel gebracht; Hüft-, Knie- und Ellbogenwinkel öffnen sich, der Unterschenkel rührt sich nicht von der Stelle. Der Impuls für das Aufstehen kommt eher aus dem Knie und dem Verschieben der Energie aus der Bauchmitte. Man kann sich vorstellen, dass man aus dem Stand losrennen würde – und die Pferdebeine reagieren statt der eigenen Beine. Auf keinen Fall dürfen Sie sich aus dem Bügel nach oben drücken.

Um Tempo und Rückenbewegung des jungen Pferdes im Leichttraben beeinflussen zu können, muss der Reiter seine eigene Energie beim Aufstehen und Setzen dosiert einsetzen können. Zu »schnelle« Pferde kann man dabei durch betontes Ausatmen, etwas verzögertes Aufstehen und **Energieverschiebung** nach hinten bremsen und »langsame« durch Betonung des Aufstehens nach vorn-oben und Energieverschiebung nach vorne beschleunigen. Diese Energieverschiebung im Leichttraben durch den Reiter bremst und treibt effektiver als Zügel- und Schenkelimpulse und bringt das Pferd dazu, sich immer wieder alleine auszubalancieren, ohne eine Stütze in der Hand zu suchen.

Diese »**Leichttrab-Mechanik**« kann man durchaus auf dem stehenden Pferd üben: Stellen Sie sich vor, dass Sie, wie beim Losrennen am Boden, aus dem leicht gebeugten Knie Ihr Becken nach vorne-oben über den Vorderzwiesel des Sattels bringen. Der Oberkörper und die Schultern bleiben dabei einfach gerade über dem Becken. Der Oberkörper ist vorne und hinten gleich lang – also ohne Hohlkreuz oder Buckel. Der Oberschenkel muss dabei hinten bleiben, das Knie tief.
Wenn Sie sich wieder setzen, schließen sich nur die Winkel in Hüfte, Knie und Fußgelenk sowie im Ellbogengelenk. Die Hand bleibt getragen.
Der Unterschenkel bleibt beim Aufstehen und Setzen in der gleichen Lage.

Funktionelles Leichttraben mit Vorwärtstendenz im Sitz.

Von der Idee her ist das richtige Leichttraben mit dem leichten Sitz verwandt und nicht mit dem Aussitzen. Man kann es in der Bewegung üben, indem man immer mal wieder zwischen leichtem Sitz im Trab und Leichttraben wechselt. Auch asymmetrisches Leichttraben ist eine gute Balance-Übung: drei Takte normal leicht traben, dann dreimal oben bleiben und nur mitschwingen, dann wieder leicht traben etc.

Übergänge zum Schritt und Paraden zum Halten aus dem Leichttraben

Mit dieser veränderten Leichttrabmechanik können Sie problemlos auch Übergänge **vom Leichttraben zum Schritt** reiten (siehe Bild Seite 139) und stören so das Pferd in der eigentlichen Parade nicht im Rücken – was fast immer passiert, wenn aus dem Leichttraben ein paar Takte ausgesessen und dann erst die Parade eingeleitet wird. Sie bleiben erst sitzen, wenn das Pferd in den Schritt hinein geglitten ist. Wichtig bei diesen Übergängen ist, mit viel Energie nach vorn oben aufzustehen, damit Rücken und Schulter des Pferdes schön mit hoch kommen, dabei aber gleichzeitig die Vorwärtsbewegung zu begrenzen. Man versammelt das Pferd etwas im Leichttraben. Das Reiten einer engeren Wendung kann dabei helfen. Irgendwann wird dem Pferd die Versammlung zu anstrengend und es fällt in den Schritt. In dem Moment bleibt der Reiter sitzen und lässt das Becken und den Zügel los, um das Pferd im Schritt frei vorwärts gehen zu lassen. Falls das Pferd stocken sollte, kann ein Gertenimpuls helfen, es wieder vorwärts zu schicken. Ein klemmender bzw. fest zudrückender Schenkel hingegen blockiert das Becken des

Reiters und damit die Vorwärtsbewegung des Pferdes.

Wollen Sie **aus dem Leichttraben zum Halten** durchparieren, geben Sie im Trab immer wieder halbe Paraden, bremsen praktisch immer wieder die Bewegung an und geben dann wieder nach, damit sich das Pferd ohne Zügeleinwirkung ausbalanciert. Dabei weiter mit viel Energie aktiv aufstehen und sich vorstellen, man zieht den Rücken des Pferdes beim Aufstehen mit nach vorn oben. Dem Pferd wird das mit der Zeit ziemlich anstrengend. Und wenn man merkt, dass es gerne aufhören würde zu traben, gibt man eine etwas deutlichere Parade, denkt an Halten, hilft mit dem Stimmkommando »Halt« oder »Ho«, bleibt mit etwas gekipptem Becken sitzen und lässt sofort den Zügel los.

Übergänge ohne Zügeleinwirkung

Wichtig ist, die eigentliche Parade zum Halten, aber auch zum Schritt, ohne Zügeleinwirkung zu reiten. Man bereitet das Pferd mit halben Paraden vor (bringt die Gangart hinsichtlich des Energieflusses in Ordnung) und reitet den eigentlichen Übergang ohne Zügel – so kann sich das Pferd nicht auf den Zügel legen oder gegen die Hand gehen und muss sich alleine ausbalancieren.

Das Gleiche gilt auch für die Übergänge nach oben (z.B. vom Schritt zum Trab). Man bereitet diese vor, indem man die niedrigere Gangart »in Ordnung bringt«, so dass das Pferd ohne Zügeldruck im Genick nachgibt und gut über den Rücken vortritt. Dann kontrolliert man, ob es auf einen leichten treibenden Impuls mehr Energie anbietet (reitet z.B. einen verstärkten Schritt) und lässt es schließlich mit minimalen Hilfen und **ohne es gegen den Zügel bzw. gegen die aushaltende Hand zu reiten** in die höhere Gangart (den Trab) hineingleiten. Selbst wenn es dabei die Haltung verliert, setzt man den Zügel erst wieder nach ein paar Tritten in der neuen Gangart ein, um erneut Haltung herzustellen.

Viele Pferde haben gelernt, sich in den Übergängen auf die Hand zu legen oder gegen die Hand zu gehen, weil der Reiter zu viel mit dem Zügel kontrolliert und Angst davor hat, dass das Pferd seine Haltung verliert. Lässt man im eigentlichen Übergang die Handeinwirkung weg (und macht ihm die vorige Gangart etwas anstrengend), so hat das Pferd keinen Grund mehr, im Übergang gegen die Hand zu rebellieren. Selbst, wenn es drei-, viermal die Nase in die Luft streckt, lässt es das schnell, wenn es merkt, dass nichts passiert. **Der Reiter muss es bloß aushalten**, dass das einige Male nicht so toll aussieht (siehe Bild Seite 137).

Hier kommt das Thema »funktionell statt formal richtig« ins Spiel.

Aktive Arbeitshaltung und entspannte Pausenhaltung

Die Dehnungshaltung soll das Pferd entspannen. Wenn allerdings eine ganze Trainingseinheit nur dazu benutzt wird, das Pferd in Dehnungshaltung zu lösen und zu entspannen, wo bleibt dann der Ausbildungsfortschritt? Warum sollte das Pferd in einer Haltung gut arbeiten können, in der es sich befindet, wenn es sich ausruht und döst?

Irgendwann muss auch die Arbeit beginnen.

Nur während der Arbeit kann das Pferd etwas dazulernen. Arbeit bedeutet dabei auch »das Verlassen der Komfortzone«. Andernfalls kann man keine Ausbildungsfortschritte erzielen.

Das Pferd soll sich also ruhig etwas anstrengen,

Freude an der Bewegung: Mein Wallach Calvados, der gern mal auf die Schulter fällt, richtet sich hier im Watt von ganz allein auf und nimmt eine funktionelle Arbeitshaltung ein.

allerdings, ohne sich dauerhaft zu verspannen. Hier liegt die Kunst des Reiters: aktive Anstrengung vom Pferd fordern, ohne es langfristig in negative Anspannung zu bringen. Kurze Arbeitsreprisen, ohne am Zügel festzuhalten, im Wechsel mit vielen Pausen sind angesagt (**Intervalltraining**).

Pause in Dehnungshaltung ist die Belohnung eines gelungenen Arbeitsabschnitts. Eine Pause kann im Schritt oder auch im Halten gemacht werden. Pferde, die im Schritt schlecht vorwärts gehen oder solche, die zu eilig werden, lässt man besser im Halten pausieren, damit man nicht einwirken muss und das Pferd in seiner Pause auch wirklich in Ruhe lässt.

Wenn ein Pferd aufmerksam oder gespannt ist, nimmt es den Kopf etwas höher. Damit verbessert es seine Orientierung im Raum und verändert sein Gleichgewicht: Es setzt sich in einen »aktivitätsbereiten« Zustand, um schnell reagieren zu können. Spielende Pferde befinden sich z.B. nie in einer völlig entspannten Haltung, weil dabei die Vorhand »am Boden klebt« und keine schnellen Manöver möglich wären. Für schnelle Reaktionen beim Spiel benötigt das Pferd eine ähnliche Balance, wie beim Reiten in Versammlung.

Da ist es doch nahe liegend, dem aktiven Pferd eine entsprechende »Aktivitätshaltung« zu geben oder ihm diese – von ihm oft spontan eingenommene Haltung – nicht zu nehmen? Im Klartext: Die Pferdenase darf durchaus oben sein, solange das Pferd die Schulter frei hat und nicht herunterdrückt.

»Aktivitätshaltung« in den Arbeitseinheiten im Wechsel mit kurzen Pausen in »Pausenhaltung«, führt dazu, dass die Pferde ihr Gleichgewicht unter dem Reiter besser finden. Natürlich nur unter der Voraussetzung einer mobilisierenden und funktionellen Arbeit.

In der Praxis ist oft zu beobachten, dass die reine Vorwärts-Abwärts-Reiterei eher Verspannungen produziert, obwohl sie eigentlich entspannen soll. Viele dauerhaft tief gerittene Pferde haben Probleme am Halsansatz, im Schultergürtel und im Kreuzdarmbeingelenk – auch deswegen, weil sie meist kopf- und schulterlastig ihrer Balance hinterherrennen müssen und den Zügel als Stütze missbrauchen.

Fokus »Intervalltraining«

Die Arbeit **in kurzen Reprisen** mit kleinen Zwischenzielen und darauf folgenden Pausen ist ein gutes Arbeitsprinzip für alle Pferde und speziell für junge. Pferde können leichter verstehen und lernen, wenn sie bereits nach einem kurzen Ansatz eines richtigen Ablaufs pausieren dürfen und danach neu angesetzt wird. Zu lange oder zu komplexe Einheiten bringen deutlich geringere Lern- und Trainingsfortschritte, weil die nötige Konzentration nicht so lange gehalten werden kann.

Nicht nur Pferde, sondern auch Menschen sind mit diesem Prinzip gut beraten, denn die Arbeit in kurzen Zeiträumen mit hoher Konzentration fördert die »**Bewusstheit**« für Bewegungsabläufe. In der nachfolgenden Pause kann sich das Gelernte setzen und Pferd und Mensch können sich erholen. Die Länge der Reprisen wird an den Ausbildungsstand und die Zwischenergebnisse angepasst.

Der Aufbau der Muskulatur erfolgt immer am besten durch **wechselnde An- und Entspannung**. Ein durchdachtes »Intervalltraining« ist die beste Vorbeugung gegen Verspannungen und Überforderung geistiger wie körperlicher Art. In jeder Sportart, die von Menschen ausgeübt wird, ist dieses Prinzip schon lange Standard. Warum es im Pferdesport bislang so wenig Beachtung fand, ist eigentlich nicht verständlich, arbeitet doch die Muskulatur des Pferdes genauso wie die des Menschen, und der Mensch könnte sich mit etwas Einfühlungsvermögen gut vorstellen, wie ein Pferd sich fühlt, wenn es mit verspannter Muskulatur arbeiten muss (siehe auch »**Sich in die Lage des Pferdes versetzen**«).

Fokus »Bewegungsvielfalt«

Das Reiten in ein und derselben (Dehnungs-)haltung, Runde um Runde, ist fatal für das Pferd. Die Belastung geht einförmig auf die Vorhand und den passiven, faszialen Halteapparat. Die Körperfaszien passen sich an diese Position an, was eine vermehrte Tragfähigkeit der Hinterhand massiv erschwert. Besser ist es, durch Mobilisierung und ständige Änderung von Gangart, Tempo und Richtung das Pferd aufmerksam zu erhalten. Fordern Sie wechselnde Hals- und Körperhaltungen in kurzen Reprisen: Aufrichtung mit hoher Aktivität und Energie im Wechsel mit (relativer) Entspannung mit gedehntem (trotzdem frei getragenem) Hals und Rücken, ohne dass das Pferd dabei auf der Schulter hängt oder sich einrollt. Die Übergänge »Halten, Rückwärts und wieder Antraben« in schneller Folge sind auch gut geeignet, um das Pferd aufmerksam zu halten.

Das Zauberwort heißt »Bewegungsvielfalt«. Lassen Sie das Pferd nicht ohne Haltungsänderung »vor sich hinschusseln«, sondern wechseln Sie ständig Haltung und Energieentwicklung, um das Pferd interessiert und reaktiv zu halten.

Bewegungsvielfalt: Bieten Sie Ihrem Pferd Abwechslung – z.B. indem Sie die Arbeit ins Gelände verlegen ...

... oder indem Sie Aufgaben stellen, wie hier das Galoppieren durch eine L-Form.

Fokus »Steuerung und Orientierung im Raum«

Zu Beginn läuft das junge Pferd »der Nase nach« – der Reiter schaut in die beabsichtigte Bewegungsrichtung (Kopfdrehung, Augensteuerung, »Idee der Bewegung im Raum«).

Er lenkt mit einfachen Signalen und zeigt dem Pferd den Weg in eine Wendung hinein. Die innere Hand wird seitwärts herausgeführt, der Kopf des Pferdes leicht in Bewegungsrichtung gestellt. Die Seitwärtsführung der Hand erfolgt aus dem Ellbogen mit geradem Handgelenk und aufrecht getragener Hand. Dazu ist es nötig, den inneren Zügel nachzufassen. Sobald das Pferd gestellt ist, wird der innere, stellende Zügel wieder lose.

Achtung: Nicht einfach den Pferdehals nach innen ziehen, sondern das Pferd in der Längsachse relativ gerade halten (mit dem begrenzenden äußeren Zügel) und die Schulter in die Wendung steuern. Das Pferd kann nämlich mit rechtwinklig abgestelltem Hals geradeaus weiterlaufen, wenn man es nicht dazu bekommt, die Schulter mit in die Wendung zu nehmen.

Zudem wird der Reiterkörper, speziell das Becken, auf die gedachte Bewegungslinie ausgerichtet. Diese Ausrichtung des Beckens übernimmt mit fortschreitender Ausbildung die Hauptfunktion in der Steuerung und Kontrolle des Pferdes. Wichtigstes Instrument dieser Beckensteuerung ist das Vorschieben der inneren Hüfte und des inneren Gesäßknochens (GK) in Bewegungsrichtung, je enger die Wendung, desto mehr.

Manche Lehren zum Sitz propagieren den Drehsitz, bei dem die Hüfte in Bewegungsrichtung vorgeschoben, die Schultern jedoch mit dem Kopf leicht in die Wendung hineingedreht werden.

Achtung: Der Drehsitz führt leider häufig zur »Überdrehung«: Der äußere GK des Reiters kommt nach vorne und das Pferd läuft über die äußere Schulter aus der Wendung heraus.
Einfacher (und stabiler) ist es, den Oberkörper in sich gerade zu lassen, die Reiter-Schulter mit in die Wendung zu nehmen und nur den Kopf zu drehen (Kopfdrehung ohne Schulterdrehung).

Fokus »Tempokontrolle«

»Bremsen« und »Gasgeben«, sprich verhaltende und treibende Hilfen zu akzeptieren, ist das erste, was das Pferd unter dem Sattel lernen sollte, wenn Reiten »sicher« und »komfortabel« sein soll. An dieser Stelle nur ganz kurz: Bremsen heißt nicht »am Zügel ziehen« und Treiben bedeutet nicht, das Pferd mit Zudrücken des Schenkels »anzuschieben« oder gar den Sporen zum Treiben zu verwenden. Treibende und verhaltende Hilfen werden immer nur als Impulse eingesetzt – je kürzer, umso besser.

Fokus »Vorwärts«

Das Fundament jeder Ausbildung basiert auf dem **kontrollierten Vorwärts**. Nur dann können Kraft und Einwirkung minimiert werden und die Zusammenarbeit bekommt etwas Tänzerisches, Leichtes.

Mit kontrollierbarer Energie vorwärts an den Hilfen

Um das Pferd mit feinen Hilfen reiten und schließlich versammeln zu können, brauchen wir dessen Bereitschaft, vorwärts zu gehen. **Nur mit genug Vorwärts-Energie kann eine »Arbeitshaltung« erzeugt werden**, in der das Pferd aufmerksam und reaktionsbereit ist. Ohne Energie haben wir keine Möglichkeit, das Pferd mit minimalen Impulsen zu beeinflussen. Vor allem können wir es nicht versammeln, denn ein energieloses, träges, auf der Vorhand schlurfendes Pferd gibt uns keine Möglichkeit, Energie nach oben umzulenken – weil eben keine da ist.

Im Vorwärts liegt auch eine wichtige **Beziehungsgrundlage**. Ist das Pferd bereit, sich (weg-)treiben zu lassen, akzeptiert es die Führung durch den Menschen.
Reagiert ein Pferd sicher auf die vortreibenden Hilfen, kann es sich nicht durch Unarten wie Buckeln, Steigen oder seitliches Ausbrechen entziehen. All diese Unarten werden harmlos, wenn man sie in »Vorwärts« umwandeln kann. (Die »Flucht nach vorn« könnte das Pferd zwar immer noch antreten, aber der Gehorsam auf bremsende Einwirkung sollte ja schon bei der Grunderziehung fest installiert werden.)

Fokus: »Freiwilligkeit der Mitarbeit«

Sensibilisierung auf feine Hilfen – antrainierte Reflexe

Um das Pferd auf feine Hilfen-Impulse zu konditionieren, kann man sich vorstellen, dass wir ihm neue Reflexe antrainieren. Das Pferd verknüpft eine erwünschte Handlung mit einer Anweisung (einer Hilfe) durch den Menschen. In der Endversion läuft das fast automatisch ab. Vortreibende, aber auch bremsende Hilfen sollen extrem zuverlässig und leicht vom Pferd beantwortet werden.
Natürlich funktioniert das nicht von Anfang an und wir müssen zu Beginn viele Impulse **überdeutlich** geben und mehrfach wiederholen. Wir übertreiben unsere Hilfen und verlangen von der Idee her mehr, als wir eigentlich wollen. Überdeutlich heißt jedoch nie »mit Kraft« (z.B. mit

Zudrücken des Schenkels für »mehr Vorwärts«). Das hat den gegenteiligen Effekt und bremst das Pferd, weil der Reiter damit sein Becken und in der Folge den Pferderücken blockiert.

Beispiel »Vorwärts«: Wir wollen die Assoziation schaffen, dass das Pferd auf eine leichte treibende Hilfe ohne Zögern im Schritt antritt. Reagiert das Pferd darauf zäh und träge, dann macht es Sinn, dem Pferd erst einmal eine schnellere Gangart, z.B. den Trab, abzuverlangen, um eine stärkere Reaktion zu erhalten. Die Assoziation beim Pferd ist dann: Auf die treibende Hilfe muss ich mit viel Aktivität reagieren. Das führt dazu, dass die Hilfen sehr schnell verfeinert werden können, weil das Pferd mit der Zeit schon auf einen leichten Impuls an mehr Geschwindigkeit und mehr Energie denkt, statt daran, nur ein wenig Schritt zu gehen. Die Abstimmung erfolgt dann über in der Frequenz gesteigerte Impulse und über eine Verstärkung, z.B. mit Gertensignalen, wenn diese bereits als treibende Hilfe verstanden wurden.

Beispiel »Bremsen«: Man möchte das Pferd in seiner Vorwärtsenergie bremsen, aber es klappt nicht sofort. Das Pferd legt sich womöglich auf den Zügel oder geht dagegen und bremst, wenn überhaupt, auf der Vorhand. Machen wir uns klar, dass das Pferd für eine gute Parade die Vorwärtsenergie durch das Beugen der Hinterbeine abfangen muss und nicht durch Stützen auf der Vorhand. Es soll vorne hochkommen und hinten durch Winkelung der Hanken Last aufnehmen. Das ist anstrengend und das Pferd als potenzieller »Energiesparer« vermeidet die Anstrengung, indem es die Aufforderung des Menschen ignoriert. Es läuft einfach weiter in seinem bequemen

Bevor Sie einen Übergang zum Schritt reiten können, muss das Pferd im Trab »weg sein von der Hand«.

Trott; das Gleichgewicht bleibt auf »Vorwärts« ausgerichtet.

Damit das Pferd bei einer Parade hinten Last aufnimmt ist eine Veränderung des Gleichgewichts und der Position von Hals und Kopf nötig. Und es ist notwendig, dem Pferd die Stütze »auf dem Zügel« wegzunehmen (siehe auch: **Übergänge ohne Handeinwirkung**).

Für unser Übertreibungskonzept könnte das bedeuten: Das Pferd, welches eine Parade vom Trab in den Schritt ignoriert, wird vom Trab über den Schritt und das Halten ins Rückwärts gebracht. Man übertreibt die Richtung, die man haben möchte – bis hin zur Umkehr der Bewegungsrichtung. Durch die Balance-Verschiebung im Rückwärtsrichten wird das Pferd zudem gut auf die Hinterhand gebracht, vorausgesetzt, das

Bringen Sie das Pferd vor einer Parade dazu, die Schulter anzuheben, damit es nicht auf die Hand kommt.

Rückwärts wird mit freier Schulter erreicht und nicht mit einem ziehenden Zügel (siehe dort).

Fokus »Position vor Aktion«

Gute Vorbereitung ist die halbe Lektion

Man bringt das Pferd durch Anweisen einer geeigneten Haltung in eine für die nachfolgende Übung geeignete Balance, bevor man die Übung beginnt. Das Pferd wird schlicht und einfach auf geforderte Aktionen gut durch Positionsänderungen und verbessertes Gleichgewicht vorbereitet.

Ein Beispiel für »Position vor Aktion«: Bevor das Pferd angehalten werden kann, sollte sein Gleichgewicht verbessert werden, indem man seinen Hals und seine Schulter etwas anhebt. Dadurch entlastet es seine Vorhand, was zu einer besseren Qualität des Anhaltens führt.

Fokus »Entspannung vor Kraft«

Das Pferd soll erst Kraft aufwenden, wenn es durch Gelöstheit zur einer gewünschten Bewegung oder Haltung in der Lage ist. Bei Übergängen bedeutet das z.B.: Bringen Sie die Gangart, in der sich das Pferd vor dem Übergang befindet, »in Ordnung«, so dass sich das Pferd losgelassen, mit freiem Hals und freier Schulter bewegt, ohne sich in der Hand des Reiters abzustützen und fordern Sie dann erst den Übergang durch Energieverschiebung »aus der Mitte heraus« (siehe auch **Übergänge ohne Zügeleinwirkung**).

Dieses wichtige Prinzip wird leider in der modernen Reiterei oft missachtet. Richtig angewendet schont es den Pferdekörper und unterstützt alle Bewegungsabläufe hinsichtlich vermehrter Leichtigkeit.

Versuchen Sie nicht, übermütige Pferde durch langes Abtraben oder Abgaloppieren zu entspannen. Diese **»Entspannung durch Ermüdung« hat keinen Nutzen**. Am nächsten Tag beginnt man wieder von vorne, weil das Pferd sich nicht durch die eigentliche funktionelle Arbeit entspannt. **Funktionelle Arbeit** sollte unbedingt zuerst ausführlich **im Schritt** erarbeitet werden, bis die Losgelassenheit soweit fortgeschritten ist, dass man sie mit in höhere Gangarten nehmen kann. Platzt das Pferd vor Energie und hat keine Geduld, um langsam im Schritt zu arbeiten, kann man ihm vor der Arbeit freilaufend oder an der Longe etwas ungezwungene Bewegung ermöglichen.

Setzt man jedoch auf das Konzept »Entspannung durch Ermüdung«, so erzieht man sich ein Pferd, was immer mehr Kondition im falschen Bewegungsablauf entwickelt (und damit das Tempo

immer schwerer vom Reiter kontrollierbar wird). Der Fortschritt bleibt aus und die Belastung durch ewiges Traben oder Galoppieren in einem verspannten Zustand hat negative Auswirkungen auf den Bewegungsapparat.
Außerdem kann ein ermüdetes Pferd sich weniger gut konzentrieren und lernt deswegen schlechter. Das können wir an uns selbst gut nachvollziehen: Wenn wir uns verausgabt haben, ist wenig Konzentration für das Lernen eines neuen Bewegungsablaufs vorhanden.

Fokus »Gleichgewicht«

Das junge Pferd unter dem Sattel (und auch so manches ältere, unzureichend ausgebildete Pferd) hat Angst um sein Gleichgewicht. Es muss sich mit dem Zusatzgewicht des Reiters erst einmal neu ausbalancieren. Und das dauert seine Zeit. Man kann ein Pferd mit Boden- und Handarbeit schon sehr weit gymnastiziert und ausgebildet haben, trotzdem kann man nicht erwarten, dass es ohne weiteres Training alle Lektionen, die es am Boden gelernt hat, unter dem Reiter sofort ausführen kann. Das mag im Schritt noch ganz gut funktionieren, im Trab und Galopp nicht. Das Gleichgewicht des Pferdes ist viel störungsanfälliger, als wir gemeinhin denken und viele vermeintlich »büffelige« Pferde, die auf der Hand liegen, versuchen nur, sich eine zusätzliche Stütze für ihr Gleichgewicht zu holen. Hilfszügel begünstigen dieses »Abstützen« und bringen das Pferd immer weiter auf die Vorhand (und damit aus dem Gleichgewicht). Es lernt nicht, sich mit aktiver Hinterhand selbst zu tragen und fällt immer weiter auf die Schulter, was seine Beweglichkeit stark einschränkt.

Entspannt im Gleichgewicht in die Wendung. Die Kopfdrehung des Reiters reicht.

Auch das Reiten mit verkürztem Hals hinter der Senkrechten beeinflusst das Gleichgewicht des Pferdes in negativer Form. Das häufig sichtbare falsche Vorwärts-Abwärts, bei dem der Hals hängt, statt getragen zu werden, und aus der Hinterhand keine Energie kommt, ist da keinen Deut besser.
Gerade, was das Gleichgewicht angeht, werden an den **Reiter** hohe Anforderungen gestellt. Er **ist nämlich für »alle Sorten« Gleichgewicht verantwortlich**: zuallererst für seine eigene psychische und körperliche Balance und zudem für das psychische und körperliche Gleichgewicht des Pferdes.

Fokus »Position behaupten«

Um sich und das Pferd nicht in Gleichgewichtsnöte zu bringen, muss der Reiter »stur« seine Sitzposition auf dem Pferd behaupten und mittig über dem Sattel bleiben – auch, wenn das Pferd ihn »umsetzen« will. Junge Pferde, die noch nicht gerade gerichtet sind, drängeln gern seitlich über die Schulter weg und setzen den Reiter schief hin, so dass er nicht mehr beide Gesäßknochen gleich stark spürt. Viele Reiter versuchen nun, das Pferd weitgehend mit den Zügeln zu korrigieren. Drängelt das Pferd z.B. auf einem Linkszirkel über die rechte Schulter nach außen, so versuchen sie, es mit Festhalten oder Ziehen am inneren linken Zügel auf der Linkswendung zu halten und verdrehen oder hängen womöglich noch den Oberkörper nach links. Mit diesen (unzweckmäßigen) Maßnahmen verstärkt sich jedoch die Ausrichtung im Becken des Reiters nach rechts und das Pferd drängelt noch mehr nach rechts und fällt immer weiter auf die rechte Schulter. Das Pferd mit dem äußeren (hier rechten) Schenkel irgendwohin drücken zu wollen, ist gleichfalls keine gute Idee und führt nur dazu, dass das Pferd gegen den Schenkel drückt.

Eine grundsätzliche Richtlinie für solche **Ausweichmanöver** des Pferdes über die Schulter ist, dass man das Pferd in die Richtung stellt, in die seine Schulter ausweichen will und versucht, die ausweichende (zu stark belastete) Schulter oben zu behalten. Im obigen Beispiel des Ausweichens über die rechte Schulter in der Linkswendung würde das bedeuten, das Pferd sehr gerade zu halten oder sogar leicht nach rechts (außen) zu stellen, damit es nicht über die rechte Schulter nach außen ausbricht und aus der Balance kommt. Die rechte Schulter muss praktisch durch den äußeren Zügel kontrolliert werden. Der Reiter richtet sich jedoch mit Blickrichtung und Becken (Vorschieben der linken Hüfte) nach links in die beabsichtigte Bewegungsrichtung aus. Er bleibt aber trotzdem **mittig im Sattel** und belastet seine Gesäßknochen gleichmäßig.

Balance und Losgelassenheit

Oberstes Ziel der Jungepferdeausbildung ist, Balance im System Reiter+ Pferd zu erreichen. Das Pferd muss lernen, das ungewohnte Reitergewicht so zu tragen, dass seine volle Bewegungsfreiheit mit dem Zusatzgewicht wieder hergestellt wird. Dabei kann ihm der Reiter durch einen ausbalancierten Sitz und durch vorsichtige Impulse zur Haltungskorrektur helfen.

Es gilt der Zusammenhang: Balance des Reiters = stabiler Sitz = weiche und präzise Einwirkung = Balance des Pferdes = Losgelassenheit des Pferdes.

Fokus »Selbstkorrektur des Reiters«

Um alle Parameter im System immer wieder in den Fokus der Aufmerksamkeit zu bekommen, sollte der Reiter seinen eigenen Körper praktisch von oben nach unten »abscannen« und die Reaktionen des Pferdes abfragen, um sich – nur bei Bedarf – wieder neu auszurichten und dem Pferd neue Impulse zu geben.

Es gibt **vier verschiedene Konzentrationsschwerpunkte** für den Reiter, die er ständig in schneller Folge »abfragen« muss. Es sind dies:

1. Was tue ich gerade?

In sich hineinfühlen: Die Ausrichtung, Gesäßknochen- und Beckenstellung des eigenen Körpers sowie dessen »Spannungszustand« beobachten und immer wieder bewusst falsche (überflüssige) Spannung rausnehmen. Die Hauptkriterien: Alle Seiten gleich lang, Gesäßknochen (GK) zeigen

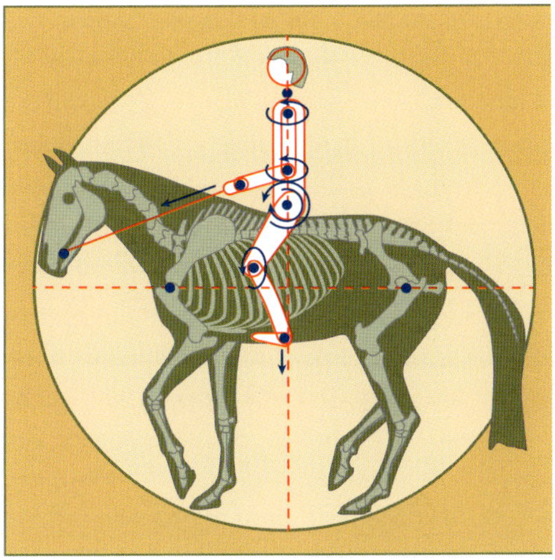
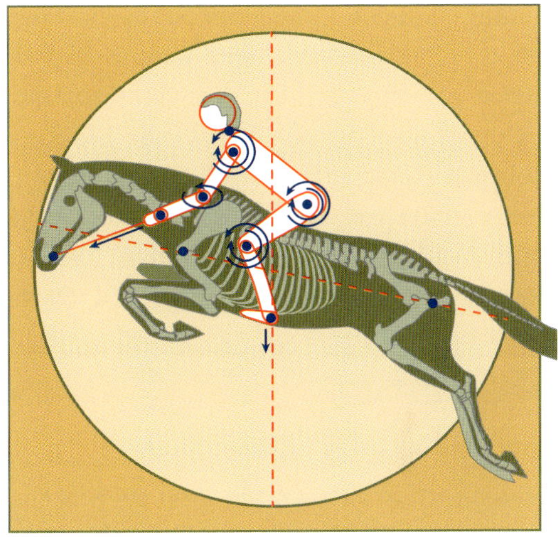

Fühlen Sie in sich hinein. Sind Ihre Gelenke und Ihr Becken locker und beweglich. Oder verspannen Sie sich, weil Sie irgendwo festhalten?

nach unten, Becken ist beweglich, Beine und Oberarme hängen locker, Kopf frei balanciert, Hand aufrecht getragen.

2. Wie soll das aussehen?
Das richtige Bild, die Idee der gemeinsamen Bewegung von Pferd und Mensch im Kopf haben. Durch Reiten mit Vorstellungskraft einen »Soll-Zustand« erzeugen und ihn ständig mit dem »Ist-Zustand« vergleichen.

3. Wie fühlt sich das an?
Die Aktionen und Reaktionen des Pferdes sowie dessen Spannungszustand bewerten. Entsprechen sie dem hinterlegten Gefühl und der Idee der Bewegung? Fühlt sich das gut, d.h. leicht an? Bei Bedarf etwas an den eigenen Aktionen ändern.

4. Wo soll es hingehen?
Die Orientierung im Raum (Bewegungsrichtung und Ausrichtung, bewusste Steuerung von Schulter und Hinterhand des Pferdes im Raum), aber auch konzeptionelle Überlegungen.

Eine solche »Selbstabfrage« erfordert extreme Aufmerksamkeit vom Menschen. Wer nicht in der Lage ist, alle externen Störfaktoren auszublenden und sich voll auf die Interaktion zwischen Pferd und Mensch zu konzentrieren, kann nicht rechtzeitig mit einer leichten Korrektur eingreifen, um beide ohne viel Aufwand zurück auf den »rechten Weg« zu bringen.

Kommen wir jetzt mit den vorangegangenen Abschnitten angerissenen Ideen zur Praxis

Erlangen der Kontrolle vom Sattel aus

Das Pferd in Bewegung setzen

Am Kopf des Pferdes befindet sich weiterhin das Halfter mit dem Führstrick oder auch ein Sidepull, mit dem Sie eine bessere seitliche Kontrolle haben. Das ist immer ein spannender Moment. In Ihrer jetzigen Position auf dem Pferderücken haben Sie – zumindest in dieser frühen Phase – nicht mehr so viele Kontrollmöglichkeiten wie am Boden. In dieser Phase scheiden sich zudem die Charaktere der Pferde. Die einen befolgen schon ein Stimmkommando zum Antreten sofort und sind kaum zu bremsen, die anderen bleiben bockbeinig stehen und verstehen gar nicht, was das alles soll (die zweite Kategorie ist meines Erachtens zu Beginn häufiger vertreten).

Mit einem treibenden Schenkelsignal können die Pferde noch nichts anfangen, denn die Reaktion auf das Schenkelsignal ist eine angelernte Hilfe. (Sie können zwar von Anfang an den treibenden Schenkel mit anderen Hilfen zusammen einsetzen, die das Pferd vorwärtsbringen (Stimme, Gerte, Gewicht leicht vorneigen), doch wird es zu diesem Zeitpunkt noch nicht auf den Schenkel reagieren, sondern auf die anderen vorwärts treibenden Signale.)

Was also tun, wenn das Pferd nicht laufen will? Die verbale Hilfe für Schritt kennt Ihr Pferd aus der Bodenarbeit – sie stellt das erste Instrument dar, was Sie zum Losreiten brauchen. Reagiert das Pferd nicht darauf, weil es noch durch Ihr Gewicht auf seinem Rücken irritiert ist, müssen Sie sich etwas anderes einfallen lassen. Sie können natürlich einen Helfer rufen, der das Pferd anführt, denn das Folgen am Boden hat Ihr Pferd ja gelernt. Sie können Ihr Pferd jedoch auch durch seitliches Abstellen des Halses (in Verbindung mit der Stimmhilfe) in Bewegung setzen.
Wie denn das, wenn wir vorher auf diese Weise das Pferd angehalten haben?
Die Logik der Methode liegt nicht sofort auf der Hand. Sie basiert (genau wie das Anhalten auf diese Weise) auf dem »Faulheitsprinzip«, was sich bei Pferden (und nicht nur bei Pferden ...) immer gut bewährt. Jedes Pferd möchte sich mit einem Minimum an Anstrengung und Unbequemlichkeit durchs Leben mogeln. Eine starke Dehnung im Hals empfindet es mit der Zeit als unbequem, weil seine Muskeln ermüden. Wenn Sie es nun mit weit seitwärts geführter Hand stark seitlich abstellen, dann wird es mit Kopf und Hals in diese Richtung nachgeben, weil es das in der Bodenarbeit gelernt hat. Irgendwann wird ihm das aber zu unbequem und um den Hals wieder gerade zu kriegen und so zu entspannen, wird es mit der Schulter und den Beinen dem seitwärts führenden Zug folgen. Damit will es sich in seiner Längsachse wieder gerade richten. Es hat sich jetzt zwar nicht vorwärts bewegt, aber seinen ersten Schritt seitwärts gemacht. Arbeiten Sie nun zusätzlich mit einem dem Pferd bekannten Stimmkommando – Schritt oder Walk oder was auch immer –, wird das Pferd schnell begreifen, was Sie eigentlich von ihm wollen und dass man auch geradeaus antreten kann.

Verlangsamen und Anhalten

Lassen Sie das Pferd nun innerhalb des Round Pen oder des geschlossenen Reitplatzes einfach ein wenig mit Ihnen obendrauf herumspazieren, ohne bei diesem ersten Mal viel von ihm zu wollen. Es soll sich nur an Ihr Gewicht in der Bewegung gewöhnen. (Ist es schon mit einem leichten Reiter longiert worden, so kann man schneller vorgehen.) Versuchen Sie es zwei-, dreimal anzuhalten und wieder in Bewegung zu setzen. Zum Anhalten verwenden Sie das verbale Kommando für Halt und zupfen kurz am Zügel oder am Führseil, wie schon im Abschnitt »Bein über den Sattel schwingen« beschrieben.

Versuchen Sie von Anfang an, bei den Anhalteübungen die Bewegungen des Pferderückens zu hemmen. D.h. Sie machen etwas die Knie zu und kippen Ihren Beckenkamm leicht nach hinten, ohne den Oberkörper zurückzuneigen. (Mehr dazu in: »Das erste Jahr unter dem Sattel«.) Die meisten Pferde, vor allem die, die sich schlecht in Bewegung setzen lassen, halten bereitwillig an. Bekommen sie dann für diese erwünschte Reaktion noch einen Leckerbissen, dann haben Sie schon bald eine Art **Anhaltereflex** etabliert, mit dem Sie das Pferd auch in Stress-Situationen stoppen können. (Das Anhalten wird mit »angenehm« verbunden.) Die Reaktionen auf den seitlich stellenden Zügel und später zusätzlich auf den inneren Schenkel des Reiters tun ein Übriges, um das Tempo des Pferdes zu kontrollieren.

Das sichere Anhalten bzw. Verlangsamen des Pferdes, auch wenn es Angst haben sollte, ist das A und O der Kontrolle. Wenn das klappt, können Sie mit Ihrem Pferd ins Gelände gehen – vorerst nur im Schritt, abseits von stark befahrenen Straßen und in Begleitung eines ruhigen Pferdes, aber Sie können raus und die langweilige Arbeit, das Pferd an das Tragen Ihres Gewichtes zu gewöhnen und es damit zu konditionieren, ins Gelände verlegen.

Freien Schritt über den Rücken reiten

Die meisten Pferde gehen anfangs nicht frei vorwärts, sondern klemmen und treten kurz, weil sie noch Angst vor Gleichgewichtsverlust durch das ungewohnte Gewicht haben. Erste Priorität hat es deswegen, einen freien Schritt mit schwingendem Rücken zu entwickeln. Am besten geht dies oft im Gelände, wenn das Pferd auch einen Grund zum Vorwärtsgehen sieht. Sobald das Pferd sich also unter dem Reiter brav anhalten lässt, gehen Sie ins Gelände und entwickeln den raumgreifenden Schritt. Trab und Galopp sind anfangs im Gelände tabu und werden erst geritten, wenn das Pferd in der Bahn in diesen Gangarten kontrollierbar ist.

Die junge Connemarastute ging anfangs nicht vorwärts und stützte sich zu viel auf die Schulter. Durch etwas höheres Einstellen des Halses wurde die Schulter freier und der Schritt besser.

Exkurs: Ver-Sicher-ung

Ein kleiner »versicherungstechnischer« Einschub Manche Haftpflicht-Versicherungen machen Ärger, wenn sie einen von einem gebisslos gezäumten Pferd im Gelände verursachten Schaden regulieren sollen. Klären Sie mit Ihrer Versicherung, ob diese irgendwo vorschreibt, dass das Pferd nicht gebisslos im Gelände geritten werden darf.

Pferdeleute wissen, dass ein Pferd mit keinem Gebiss der Welt gehalten werden kann, wenn es in Panik gerät. Versicherungsleute wissen das in der Regel nicht – und es interessiert sie auch nicht. Interessant für die Versicherung ist nur, dass Sie – vermeintliche – Sicherheitsvorkehrungen außer Acht gelassen haben und sie sich deswegen um eine Zahlung drücken kann. Spezielle Versicherungen für westerngerittene Pferde machen normalerweise keine Probleme, denn in der westernspezifischen Ausbildung ist es verbreitet, dass Pferde im ersten Ausbildungsjahr auf Bosal oder Sidepull geritten werden. Befürchten Sie Probleme, dann hängen Sie dem Pferd draußen zusätzlich zu Bosal oder Sidepull eine Trense ins Maul und reiten Sie mit Doppelzäumung – Sie müssen das Gebiss ja nicht benutzen. Das Pferd sollte jedoch in diesem Fall zumindest mit dem Trensengebiss vertraut sein.

Und setzen Sie einen Helm auf. Inzwischen gibt es funktionelle, luftige Modelle. Damit haben Sie sich zumindest finanziell abgesichert, wenn es doch einmal zu einem unangenehmen Zwischenfall kommen sollte.

Angebote des Pferdes

Trabt Ihr Pferd bei den ersten Runden unter dem Reiter von sich aus an, dann versuchen Sie es möglichst wenig zu stören und führen es nach ein paar Trabtritten durch ein Stimmkommando und leichtes Zupfen am Zügel zum Schritt zurück. Haben Sie Ihr Pferd erfolgreich ein paar Mal angehalten und wieder in Bewegung gesetzt, beenden Sie für diesen Tag die Arbeit.

Schlussrituale

Noch ein Wort zum Beenden einer Arbeitssequenz: Manövrieren Sie Ihr Pferd in die Mitte der Reitbahn oder des Round Pen, loben es dort, steigen ab, geben ihm evtl. noch einen Leckerbissen und führen es dann erst zum Ausgang. Etablieren Sie so eine Art Schlussritual – die Pferde gewöhnen sich schnell daran – und steigen Sie nicht einfach neben dem Ausgang ab, weil es bequemer ist. Pferde, die ein wenig arbeitsscheu sind, kleben sonst möglicherweise nach wenigen Tagen am Ausgang.

Schub begrenzen, Tragkraft entwickeln, richtig verhalten

Pferde, die zu viel Schub aus der Hinterhand entwickeln, müssen eher »untertourig« geritten werden, weil sie sonst kopflastig werden und ihrem eigenen Gleichgewicht hinterherrennen (d.h. zu schnell werden und oft dem Reiter in die Hand laufen). Die Hinterbeine müssen dazu gebracht werden, mehr Gewicht aufzunehmen; die Tragkraft muss entwickelt werden.

Die Vorteile der Schubbegrenzung:

1. Das Pferd kommt unter dem Reitergewicht besser ins Gleichgewicht. Der Reiter kann bequemer sitzen: Die Hinterhand nimmt Gewicht auf und der Rücken des Pferdes kommt nach oben und schwingt.

2. Überlastungsschäden an der Vorhand und am Rücken werden vermieden. Die Schulterfreiheit wird besser.

3. Das Pferd wird in Tempo und Richtung leichter kontrollierbar. Es wird durchlässiger. Paraden »kommen durch«; das Pferd läuft mit »Servolenkung«.

4. Nur die Entwicklung vermehrter Tragkraft ermöglicht im weiteren Verlauf der Ausbildung eine richtige Versammlung des Pferdes.

Mehr Energie von hinten – faule Pferde richtig vorwärts treiben

Treiben Sie faule Pferde nicht mit ständigem Schenkeleinsatz oder gar Sporen. Das verschlimmert auf Dauer das Problem.
Konzentrieren Sie sich auf das »Vorwärts« (Energie aus der Bauchmitte mental nach vorn schieben) und schauen Sie dem Pferd nicht auf den Widerrist; Traben Sie leicht und betonen die Aufwärtsbewegung; geben Sie den Rücken des Pferdes frei (Beckenkamm gerade stellen, Schenkelimpulse statt Schenkeldruck).
Unterstützen Sie mit der Gerte und mit der Stimme.
Reiten Sie viele Übergänge Trab-Schritt-Trab und Trab-Halten-Trab bzw. Trab-Halten-Rückwärtsrichten-Trab , Galopp-Trab (ruhig auch im Leichttraben).
Cavalettiarbeit und kleine Gymnastiksprünge wirken gleichfalls aufmunternd.

Zu schnell ...

In seltenen Fällen kann es passieren, dass sich das Pferd sofort nach Ihrem Aufsteigen in einer Weise in Bewegung setzt, die Ihnen überhaupt nicht gefällt. Es rennt vielleicht einfach erschrocken los oder macht einen »Verlegenheitsbuckler«, weil es dem ungewohnten Gewicht auf seinem Rücken entkommen will. Das wird bei guter Vorbereitung wirklich ein ganz seltener Fall sein, doch ganz auszuschließen ist es nicht. In diesem Fall versuchen Sie, erstens ruhig und zweitens oben zu bleiben und beruhigend auf das Pferd einzureden. Ihre dem Pferd aus der Bodenarbeit vertraute Stimme ist ein entscheidender Faktor zur Beruhigung des erschrockenen Pferdes. Lassen Sie das Pferd merken, dass da nichts Fremdes auf seinem Rücken hockt, sondern seine Vertrauensperson, zu der Sie während der Bodenarbeit geworden sind. Je hektischer und ängstlicher Sie selbst bei einem solchen Zwischenfall reagieren, umso hektischer wird auch Ihr Pferd, denn dann wird es ja in seiner Ahnung bestätigt, dass da etwas nicht in Ordnung ist.
Ist Ihnen ohne »Halteriemen« nicht ganz wohl bei der Vorstellung, Ihr Pferd könnte bocken, dann benutzen Sie einen Halsriemen in den Sie hineingreifen können.
Benutzen Sie Sidepull-Zügel oder Führseil als Störfaktoren mit kurzen, ruckartigen Impulsen, um wieder die Aufmerksamkeit Ihres Pferdes zu bekommen. Diese »Störer« kennt Ihr Pferd von der Bodenarbeit; damit sollten Sie es wieder dazu bringen, auf Ihre Signale zu hören.
Befinden Sie sich auf dem Reitplatz, versuchen Sie das Pferd zur Not in eine Ecke zu lenken, damit es nicht zu viel Tempo aufnimmt. Oder stellen Sie es schräg gegen die Umzäunung. Im Round Pen kann es kaum gefährlich schnell werden, weil es immer innerhalb von 15 bis 18 Metern wieder einen Zaun vor der Nase hat.

Wenn Sie irgendwelche Probleme befürchten, lassen Sie sich bei den ersten Runden einfach von einem Helfer am zusätzlichen Leitseil führen.

Wiederholung

Am nächsten Tag steigen Sie nun nicht einfach sorglos auf, wie bei einem älteren Pferd, sondern Sie beginnen wieder mit den einzelnen Aufsteige-Stationen: Gewicht in den Steigbügel von beiden Seiten – Aufsteigen und wieder Absteigen auf beiden Seiten (ruhig, zügig und ohne große

Verzögerungen) – Aufsitzen und das Pferd weiterhin stehen lassen, loben und evtl. mit einem Leckerbissen belohnen – das Pferd in Bewegung setzen – eine Weile im geschlossenen Round Pen oder geschlossener Reitbahn spazieren reiten – Anhalten – in Bewegung setzen – Anhalten usw.

Einfacher Richtungswechsel

Jetzt können Sie auch schon einmal den einen oder anderen Richtungswechsel bzw. Handwechsel probieren. Auch wieder mit seitlich herausgeführter Hand, aber ohne Stimmkommando. Stellen Sie jedoch dabei das Pferd nicht so stark ab wie beim Anhalten und schieben Sie Ihre innere Seite vor (Gesäßknochen, Schulter und Hand in Bewegungsrichtung nach vorn nehmen). Drehen Sie den Kopf in die Richtung, in die Sie reiten wollen (Blickrichtung) und schieben Sie die innere Hüfte etwas vor (Beckenausrichtung); damit geben Sie dem Pferd eine deutliche Orientierung. Beim auf feine Hilfen sensibilisierten Pferd sollte später die Kopfdrehung mit einem leichten Vorschieben des inneren Gesäßknochens als Hilfe zum Abwenden ausreichen. Der seitwärts führende innere Zügel wird zunehmend unwichtiger.

Das ist Pferd immer bestrebt, sich unter Ihnen neu auszubalancieren, damit es sein Gleichgewicht erhält. Schieben Sie nun z.B. Ihren linken Gesäßknochen etwas vor, dann bringen Sie das Pferd damit etwas aus dem Gleichgewicht, und es folgt Ihrer Ausrichtung nach links. Dass Sie dabei nicht in der Hüfte einknicken, eine Schulter hängen lassen oder den Kopf schief legen dürfen (weil Sie damit das Gewicht auf den falschen Gesäßknochen bringen), wissen Sie sicher. Ein weites Herüberneigen des Oberkörpers ist weder schön noch sinnvoll; es verunsichert stattdessen das Pferd, da es Probleme damit hat, dieser extremen Störung des Gleichgewichtes zu folgen und sich wieder unter dem Reiter auszurichten. Denken Sie auch daran, Ihre seitwärts führenden Hilfen sofort zurückzunehmen, wenn das Pferd reagiert hat (nicht in einem Impuls »hängenbleiben«).

Alternativen

Fühlen Sie sich sicherer mit einem Helfer, der das Pferd die ersten Male führt, ist das auch eine durchaus legitime Methode. Auch das Longieren des Pferdes mit einem Reiter ist möglich. Am besten mit einem leichten Jugendlichen. Vorteil ist, dass der Longenführer das Pferd in dieser Phase besser kontrollieren kann als der Reiter. Nachteil ist, dass Sie anfangs immer auf einen Helfer angewiesen sind und dass bei der Arbeit mit praktisch zwei Bezugspersonen das Pferd mehr auf den Longenführer als auf den Reiter hört. Zum Gewöhnen an das Reitergewicht und den Konditionsaufbau ist diese Arbeit unter Umständen gut geeignet. Für das Lehren der Hilfen unter dem Reiter (bzw. eines vernünftig aufeinander aufgebauten und abgestimmten Hilfensystems) dagegen nicht. Da ist es sinnvoller, wenn der tatsächliche Ausbilder von Anfang an auf dem Pferd sitzt und ihm die Hilfen »erklärt«. Das (nicht zu lange) Longieren mit leichtem Reitergewicht kann jedoch zusätzlich im Wechsel mit dem Reiten erfolgen. Das junge Pferd sollte nicht täglich geritten werden, insbesondere, wenn der Ausbilder selbst nicht leicht ist.

Erster Trab

Wiederholen Sie die Abläufe mit mehrmaligem Auf- und Absteigen und den ersten Kontroll-Übungen unter dem Reiter an mehreren Tagen

Pferde mit »flacheren« Gängen können frühzeitig ausgesessen werden. Oft fühlen sie sich damit wohler als mit dem Leichttraben.

hintereinander. Haben Sie das Gefühl, Ihr Pferd im Schritt unter Kontrolle zu haben, dann können Sie den ersten Trab versuchen. Das verbale Kommando für Trab sollte das Pferd aus der Longenarbeit kennen. Also setzen Sie es auch jetzt ein. Probehalber können Sie ja auch schon mal versuchen, ein beidseitiges »Schenkelsignal« mit dem Kommando »Trab« zu verbinden. Benutzen Sie dabei von der Grundidee her den Schenkel wie eine Gerte: Klopfen Sie leicht damit an. Die meisten Pferde werden darauf erst einmal nicht reagieren. Viele Pferde können Sie jedoch schon früh unter dem Reiter mit der treibenden Gertenhilfe konfrontieren – denn die kennen sie aus der Bodenarbeit. Setzen Sie sie mit dem verbalen Kommando und dem »Anklopfen« des Schenkels zusammen ein. Sobald das Pferd die ersten Trabtritte macht, loben Sie und stellen die treibenden Hilfen ein. Fällt das Pferd gleich wieder in den Schritt, dann wiederholen Sie Stimmhilfe, Schenkelsignal und evtl. Gertenhilfe für den Trab und stellen wieder die Hilfen ein, sobald es trabt. Verlängern Sie mit der Zeit die Strecken, die das Pferd trabt. Beginnen Sie mit großen Wendungen (Zirkel), wenn das Pferd auf der Geraden taktrein und gleichmäßig trabt.

Leichttraben oder Aussitzen?

Ob Sie leicht traben oder aussitzen kommt aufs Pferd an. Leichte Pferde, die dem Reitergewicht nicht viel Masse entgegenzusetzen haben und deswegen sehr schnell aus dem Gleichgewicht kommen, sind oft besser bedient, wenn der Reiter einfach ganz still im Sattel sitzt und möglichst wenig stört. Das funktioniert jedoch nur bei Pferden mit flachen Gängen, d.h. wenig Rückenbewegung. Großrahmige Pferde mit viel Bewegung sollten eher leicht getrabt werden, weil der Reiter sie meist nur mit Mühe sitzen kann; Aussitzen um jeden Preis endet im Allgemeinen nur mit Verspannung beider Parteien: Das Pferd hält den Rücken fest, der Reiter blockiert sein Becken und kommt ins Klemmen (siehe Fokus »Haltung« Seite 132 ff).

Tempokontrolle im Leichttraben

Durch verzögertes Aufstehen (mit trotzdem weit geöffnetem Hüftwinkel) und »an Langsam denken« in Verbindung mit kurzen verhaltenden Zügelhilfen, können eilige Pferde gebremst werden. Durch aktiveres Aufstehen (betontes Öffnen des Hüftwinkels, »Energie mental nach vorn schieben«) und »an Vorwärts denken« treibt man faule oder verhaltene Pferde effektiver als durch ständiges Treiben mit dem Schenkel.

Wichtig ist hauptsächlich, das Pferd im Rücken »frei« zu machen. Das Vorstellungsbild, den Rücken des Pferdes beim Aufstehen nach vorn oben mit »hochzuziehen« kann dem Reiter bei der richtigen »Leichttrabtechnik« helfen.

Die funktionelle Haltung des Pferdes erreichen

Um das Pferd auf Dauer schadensfrei reiten zu können, muss es »über den Rücken« gehen. Möglichst von Anfang an. Über den Rücken zu reiten bedeutet nicht, das Pferd gleich »in Haltung« zu reiten. Eine dressurmäßige Haltung kann das Pferd noch gar nicht einnehmen bzw. noch nicht durchhalten, weil ihm die dafür nötige Tragemuskulatur fehlt. Es genügt anfangs, das Pferd so einzustellen, dass es den Hals frei trägt und die Hinterhand nicht »zu Hause vergisst«.

Im Schritt fällt die ganze Sache den meisten Pferden noch leicht, bei den ersten Übungen im Trab kann es schon schwerer werden, wenn das Pferd ein ungünstiges Exterieur (z.B. starker Unterhals, kurzer Hals, schwacher Rücken, überbaute Hinterhand) hat.

In der Hand- und Longenarbeit sollte ein problematisches Pferd mit schwierigem Exterieur schon ein wenig »Oberlinie« entwickelt und gelernt haben, den Rücken nach oben zu bringen. Das Nachgeben auf seitlichen Zug am Zügel kennt es aus der Hand- oder Bodenarbeit. Und mit diesen beiden »Grundkenntnissen« des Pferdes sollte es Ihnen als Reiter möglich sein, das Pferd in Wendungen zu reiten, so dass es jeweils seine äußere Seite dehnen und damit loslassen muss. Viele Übergänge Schritt-Trab, möglichst nur mit Energieverschiebung des Reiters und ohne nennenswerte Zügeleinwirkung, lehren das Pferd, sich über die Hinterhand auszubalancieren.

Versuchen Sie nicht, das Pferd mit Hilfszügeln in eine Form zu pressen. Ein Martingal mit genügend lang geschnallten Ringen für Pferde, die mit Kopf bzw. Hals nach hinten schlagen (und das nur »greift«, wenn das Pferd wirklich den Kopf hochreißt) ist in Ordnung. Andere Hilfsmittel führen meist nur zu verstärkten Spannungen (vor allem im Genickbereich) und beheben damit nicht das Grundproblem. Das Pferd hält entweder den Rücken trotz vermeintlich richtiger Haltung fest, es schleppt die Hinterhand nach, oder es liegt zentnerschwer auf der Hand bzw. auf dem Hilfszügel. Irgendwie findet es immer einen Weg, an den falschen Stellen nachzugeben, wenn Sie sich auf die Wirkung von Hilfszügeln verlassen.

Funktionelle Haltung kann auch mit einem Halfter erreicht werden, wenn das Konzept stimmt.

Verlassen Sie sich lieber auf Ihr Gefühl. Ist das Pferd unbequem, wirkt hart und stockend in der Bewegung oder geht nicht genug vorwärts, dann hält es den Rücken fest. Reiten Sie es mit aktiver Hinterhand vorwärts und versuchen, die jeweils äußere Seite des Pferdes durch Reiten auf (anfangs großen) gebogenen Linien mit häufigen Stellungswechseln zu dehnen und auf diese Weise das Genick locker und nachgiebig zu bekommen. Reiten Sie Achten und Schlangenlinien, stellen Sie sich **Markierungen** auf oder bauen einen kleinen Parcours, den Sie im Schritt oder Trab durchreiten. Das hilft Reiter und Pferd bei der Orientierung und das Pferd passt besser auf, wenn es die Hilfen des Reiters anhand einer Aufgabe nachvollziehen kann.

Schon bald können Sie auch Cavaletti im Schritt und Trab einsetzen. Das bringt das Pferd dazu, die Beine zu heben und aktiv vorzutreten – und schon »ist der Rücken da«.

Gleichgewichtsprobleme vermeiden durch sinnvolle Wahl der Gangart

Der Schritt ist beim Anreiten die unproblematischste Gangart. Unproblematisch im Bezug auf das Gleichgewicht des Pferdes unter dem Reiter, auf die Rückenbewegung des Pferdes und damit auch auf das gemeinsame Gleichgewicht der Kombination Reiter-Pferd. Und auch hinsichtlich der Belastung der Sehnen und Gelenke des Pferdes mit dem Reitergewicht.

Der Schritt ist die ideale Gangart, um Gehorsamsübungen aus der Bodenarbeit zu wiederholen und unter dem Reiter zu etablieren sowie Schenkelhilfen zu lehren. Bei den allerersten Übungen geht es dabei nur um Anhalten und Abwenden, also um rudimentäre und grobe Kontrolle, doch schon bald können sich Rückwärtsrichten und Trail- bzw. Koordinationsübungen mit Vorwärts-Seitwärts-Rückwärts-Lektionen anschließen, die Ihnen helfen, das Pferd auf Schenkelhilfen und Zügelhilfen zu sensibilisieren. Passen Sie jedoch auf, das Pferd nicht zu überfordern, indem Sie zu schnell mit immer neuen Übungen beginnen, obwohl die Grundlage noch nicht in Ordnung ist.

Markierungen helfen bei der Orientierung im Raum.

Anmerkung: Ein versammelter Schritt am Zügel (in Haltung) ist in dieser frühen Phase nicht angesagt. Das ist eine Übung für fortgeschrittene Pferde, die sich schon versammeln lassen. Am Anfang geht es nur um Kontrolle von Genick und Rücken. Prinzipiell ist taktreiner »Schritt am Zügel« schwerer zu reiten als ein kontrollierter Trab am Zügel, denn im Schritt fehlt der Schwung, der es erleichtert, Haltung zu erzeugen. Viele Dressurpferde haben einen schlechten Schritt – nicht, weil sie diesen von Natur aus hätten, sondern weil zu wenig Wert auf die korrekte Schrittarbeit »über den Rücken« gelegt wurde.

Immer der Reihe nach – Grundlagen festigen

Ein Anhalten aus dem Schritt muss z.B. von Anfang an und immer möglich sein, denn das Pferd kennt und versteht das verbale Kommando für Halt und kann die geringe Bewegungsenergie aus der Vorwärtsbewegung im Schritt gut in einem »Stopp« abfangen. Das Gleiche gilt auch für alle einfachen Wendungen im Schritt, denn das Pferd weiß, dass es dem seitlich abgestellten Zügel folgen soll und die Zentrifugalkraft ist wegen des fehlenden Tempos noch kein Problem. Hält es nicht an oder folgt dem seitlich wirkenden Zügel nicht, dann kann das mehrere Gründe haben: Es regt sich auf, hat Angst oder aufgestaute Energie. Oder es testet aus, ob es sich den Kommandos des Reiters widersetzen kann, d.h. es lässt es auf einen Rangstreit mit Ihnen ankommen.

Wurde die Rangfolge in der Bodenarbeit sauber geklärt, dann dürfte sich das Pferd prinzipiell auch bei Angst den Anweisungen des Reiters nicht widersetzen. Aufgestaute Energie sollte es ohne Reiter entladen dürfen – z.B. auf der Koppel oder frei im Round Pen. Eine explosive Übermutsreaktion brauchen Sie schließlich nicht zu provozieren. Handelt es sich um einem »Test« des Pferdes hinsichtlich der Rangordnung, müssen Sie den auf jeden Fall bestehen. Wenn das Pferd also aus dem Schritt nicht anhalten will, dann tun Sie, was Sie können, um Ihre Forderung durchzusetzen. Stellen Sie das Pferd mit der Nase gegen die Reitbahnumzäunung. Zupfen Sie einseitig (**nach oben** gerichtet) am Zügel und werden Sie mit den einzelnen Zupfern zur Not härter. Werden Sie im Tonfall schärfer bei verbalen Kommandos. Und lassen Sie das Pferd zur Not einfach gegen die Bande laufen. Da wird es schon stoppen. Sobald es steht, lassen Sie es in Ruhe und eine ganze Weile ruhig stehen. Loben Sie es und entspannen sich auf seinem Rücken. Bleibt es eine Weile ruhig stehen, können Sie ihm schließlich auch ein Leckerli geben. Das Pferd soll das Anhalten mit etwas Angenehmem verbinden; es muss jedoch auch lernen, dass Sie äußerst unangenehm werden, wenn es Ihre Anweisungen ignoriert. Ein sicher etablierter Anhaltereflex ist so eine Art »Lebensversicherung«, wenn mal etwas Unvorhergesehenes passiert.

Die Grundsteine für alle Hilfenkombinationen (z.B. für die Seitengänge) und alle Koordinationsübungen mit dem Pferd werden im Schritt gelegt. Verlangen Sie nichts im Trab, was im Schritt nicht funktioniert. Im Schritt haben Sie Zeit, sich selbst zu koordinieren und zu probieren, mit welcher Intensität verschiedene Komponenten einer Hilfenkombination (das Zusammenwirken der Hilfen – siehe nächstes Kapitel) bei diesem speziellen Pferd gegeben werden müssen, damit der gewünschte Erfolg eintritt.

Trab als Ausbildungsgangart

Trab gilt prinzipiell als die »Ausbildungsgangart schlechthin« und bietet die besten Gymnastizierungs- und die meisten Korrekturmöglichkeiten. Viele Pferde haben mit den ersten Trabtritten unter dem Reiter auch kein nennenswertes Problem. Bei Pferden mit schwierigem Exterieur kann der Trab mit seiner Schwebephase nach jedem diagonalen Auffußen jedoch schon ein kleines Gleichgewichtsproblem mit sich bringen. Überbaute Pferde mit tief angesetztem Hals und/oder einer ungünstigen Winkelung der Hinterhand kommen stärker auf die Vorhand – und damit eher aus dem Gleichgewicht. Sie neigen zum Weglaufen unter dem Reiter, weil die

Dieses Pferd ist im Galopp kopflastig. Es fällt auf die Schulter, weil es noch nicht genug Kraft in der Hinterhand hat, um sich zu tragen.

Für einen ausbalancierten Galopp müssen Schulter und Hals des Pferdes oben (d.h. frei) sein.

Hinterhand zu viel Schub entwickelt – so viel, dass ihn die Vorhand nicht auffangen kann. Diesen Pferden dürfen Sie von Anfang an kein zu hohes Tempo im Trab erlauben (siehe auch »Das erste Jahr unter dem Sattel«).

Für alle Arten von Trabproblemen gilt: Sorgen Sie dafür, dass das Pferd den Rücken entspannt und entwickeln Sie die Tragkraft der Hinterhand. Ein entspannter und damit schließlich bequemer und völlig kontrollierter Trab im Gleichgewicht ist die Grundlage für die Galopparbeit. M.E. sollten Pferde im Trab das Schulterherein beherrschen (und dementsprechend gut auf feine Hilfen reagieren), damit man einen vernünftigen Galopp entwickeln kann.

Natürlich gibt es Ausnahmen. Manche Pferde befinden sich von Natur aus so gut im Gleichgewicht, dass sie sehr bald einen schönen ausbalancierten und vom Reiter kontrollierbaren Galopp anbieten. Dieses Angebot dürfen sie durchaus annehmen.

Guter Galopp erfordert gute Balance

Der Galopp ist die gleichgewichtstechnisch problematischste Gangart. Vor allem während Einbeinstütze und Schwebephase ist der Galopp mit Reiter ein komplizierter Balanceakt für das junge Pferd (ganz abgesehen von der starken Belastung des stützenden Vorderbeines in der Einbeinstütze). Balanceprobleme in dieser Gangart führen in den allermeisten Fällen dazu, dass das Pferd zu schnell wird und im wahrsten Sinne des Wortes die Flucht nach vorn antritt. Durch schnelleres Auffußen versucht es, im Gleichgewicht zu bleiben und wird dabei fatalerweiseweise immer schneller und kopflastiger. Versuchen Sie es durch Zügeleinwirkung zu verlangsamen, wird es eine Stütze in der Hand suchen, um damit sein Gleichgewicht wiederzufinden und Ihnen zentnerschwer auf der Hand liegen.

Faulere oder auch »schlaue« Pferde weigern sich möglicherweise, unter dem Reiter anzugaloppieren, wenn sie noch nicht bereit sind. Nicht umsonst sagt man, mit dem Galopp solle man warten, bis das Pferd ihn anbietet.

Durch Biegung und Seitengänge im Trab sowie viele Tempo- und Gangartenwechsel Schritt-Trab-Schritt oder später auch Trab-Halten-Rückwärts-Antraben-Halten ... können Sie die Tragkraft der Hinterhand entwickeln und damit die ersten Galoppversuche entspannter gestalten. Sie haben schließlich nichts davon, wenn Ihnen das Pferd bei jedem Angaloppieren davonsaust und Sie Ihre liebe Not haben, es irgendwie zu bremsen. Oder wenn Sie Ihr Pferd nur mit brachialer Gewalt in den Galopp »hineinwürgen« können und es Ihnen nach drei herausgequetschten Galoppsprüngen wieder ausfällt.

Für alle Galopp-Probleme gilt also »Back to the Roots«. Setzen Sie die Galopparbeit aus, wenn Sie Probleme damit haben und entwickeln Sie Tragkraft.

Haben Sie ein Pferd, was früh einen kontrollierbaren, runden Galopp anbietet, dann nehmen Sie das Angebot an; überfordern Sie jedoch nicht seine Beine, indem Sie es Runde um Runde galoppieren. Berücksichtigen Sie die alte Regel »Galoppieren lernt das Pferd durch Angaloppieren«. Das bedeutet: Nur durch kontrolliertes »Anspringen-Lassen« lernt das Pferd, sich zu tragen und nicht auf die Vorhand zu kommen. Durch langes (Ab-)galoppieren in einem Tempo machen Sie das Pferd nur müde – ohne Wert für die Verbesserung der Tragkraft.

Guter Galopp hat immer eine Aufwärtstendenz. Das erfordert Kraft vom Pferd.

9 Das erste Jahr unter dem Reiter

Allround-Grundausbildung unter dem Reiter

Ausrüstung und Reitstil

Die Wahl der Ausrüstung wird sich natürlich nach Ihren speziellen Vorlieben richten. Sie ist aber nur insofern von Bedeutung, dass Sie dem Pferd passen und Ihnen angenehm und vertraut sein muss. Im ersten Jahr unterscheiden sich die Ausbildungs-Ziele aller wirklich ernst zu nehmenden Reitmethoden bzw. Reitstile nicht gravierend. Sie dürfen sich – zum Wohle des Pferdes – auch nicht unterscheiden. Es geht in jeder guten Grundausbildung unter dem Reiter um Balance, Gymnastik, Kondition und daraus resultierend um Kontrolle – unabhängig von der Reitweise. Sicherheit und Gesundheit für Mensch und Pferd stehen im Vordergrund.

Grundlagenarbeit – eine Basis schaffen

Mit ein paar psychologischen Tricks und einer physiologisch sinnvollen Staffelung von gymnastischen und konditionsfördernden Übungen können Sie sich das (Reiter-)leben erleichtern. Ergänzen dürfen Sie, was immer in Ihr System passt, »straflos« auslassen dürfen Sie jedoch nichts Wesentliches. Das rächt sich später, wenn Sie auf nicht vorhandenen Grundlagen aufbauen wollen. Obwohl das Pferd hauptsächlich durch Wiederholungen (am Besten mit positiver Verstärkung bei jeder erwünschten Reaktion) lernt, gibt es beim Reiten nichts Schlimmeres, als stumpfes Abspulen eines sturen Ausbildungsplanes. Wie beim Wandern und Bergsteigen gilt auch bei der Pferdeausbildung: »Der Weg ist das Ziel« – und der Weg soll Spaß machen und interessant sein.

Koordinieren Sie sich und Ihr künftiges Dressurpferd mit Trailübungen und machen es gleichzeitig damit »scheusicher«. Benutzen Sie Cavalettiarbeit und Springgymnastik der Springpferdeausbildung zur Auffrischung für faule, oder als Entspannungstraining für verspannte Pferde. Bringen Sie Ihrem Westernpferd eine klassische Traversale bei.

Hilfenkombinationen

In den ersten Schritten unter dem Reiter hat das Pferd gelernt, sich mit dem Reitergewicht abzufinden und auf einfache, unkombinierte Signale des Reiters zu reagieren. Zu den einfachen Signalen zählen erstens die, die das Pferd von Natur aus verstehen kann, und zweitens die, die es in der Bodenarbeit schon gelernt hat. Es sind dies die Hilfen aus dem Sitz, der seitwärts wirkende Zügel und die Stimmsignale des Reiters.

»Steuerung über die Beckenstellung«

Von Natur aus »verständlich« sind für das Pferd die Hilfen aus dem Sitz des Reiters. Es reagiert mehr oder weniger selbstverständlich darauf, um sein eigenes Gleichgewicht zu wahren und folgt der Ausrichtung des Reiters in Bewegungsrichtung. Es reagiert auf Freigeben oder Blockieren seines Rückens über die Veränderung der Beckenstellung.

Stellung der Gesäßknochen, Ausrichtung des Beckens und Blickrichtung des Reiters »steuern« das Pferd. Der Oberkörper als nicht zu unterschätzender »Hebel« sollte dabei möglichst gerade bleiben, sich nicht verdrehen und weder zur Seite geneigt, noch nach vorn oder hinten geworfen werden.

Das junge, noch unausbalancierte Pferd braucht einen Reiter, der ihm Stabilität gibt. Das kann er nur, wenn er möglichst ohne große Auslenkungen »still im Sattel sitzt« – mit ausreichender isometrischer Haltespannung im Oberkörper und losgelassenen Gelenken.

Das Becken des Reiters fungiert als als zentraler **»Bewegungsumwandler«** der alle Bewegungsimpulse von Pferd und Reiter aufnehmen und »durchleiten« muss. Ist das Becken des Reiters blockiert, so ist auch der Rücken des Pferdes in seiner Funktion als Überträger der Bewegung von hinten nach vorn beeinträchtigt. Das Pferd kann nicht mehr über den Rücken gehen, wenn der Reiter sein Becken »festhält«. **Im Schritt und (ausgesessenen) Trab müssen die Gesäßknochen des Reiters immer nach unten zeigen, wenn das Pferd sich bewegt.** Dabei führt das Reiterbecken eine wechselseitige Dreh-Kipp-Bewegung aus; Das abfußende Hinterbein des Pferdes bewegt die gleichseitige Beckenseite des Reiters in einer Art »Vorwärtsspirale«. Die Ausrichtung der Gesäßknochen (GK) nach unten verändert sich jedoch dabei nicht. Man kann sich vorstellen, dass man direkt auf dem Hinterbein sitzt und dort wechselseitig rechts-links angehoben und abgesetzt wird.

Im Galopp verändert sich jedoch die Stellung der Gesäßknochen bei jedem Galoppsprung mehrfach: In der Schwebephase und der diagonalen Zweibeinstütze zeigen die Gesäßknochen senkrecht nach unten, in der Einbeinstütze vorn zeigen sie etwas nach vorn und der Reiteroberkörper ist minimal nach hinten geneigt; in der Einbeinstütze hinten zeigen die Gesäßknochen leicht nach hinten und der Oberkörper ist leicht nach vorn geneigt. Das Reiterbecken führt im Galopp eine Art »rollende Rückwärtsspirale« aus. Je stärker sich das Pferd im Galopp versammeln kann, umso geringer wird

Die Dreh-Kipp-Bewegung des Reiterbeckens im Schritt und ausgesessenen Trab.

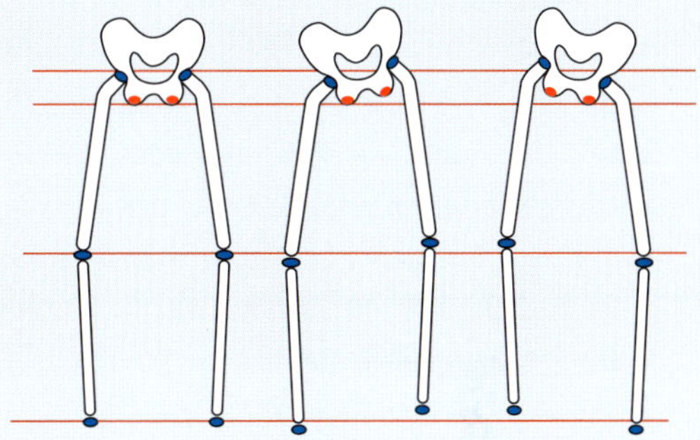

Beckenbewegung im Trab: eine rechts-links abwechselnde Vorwärts-Spirale.

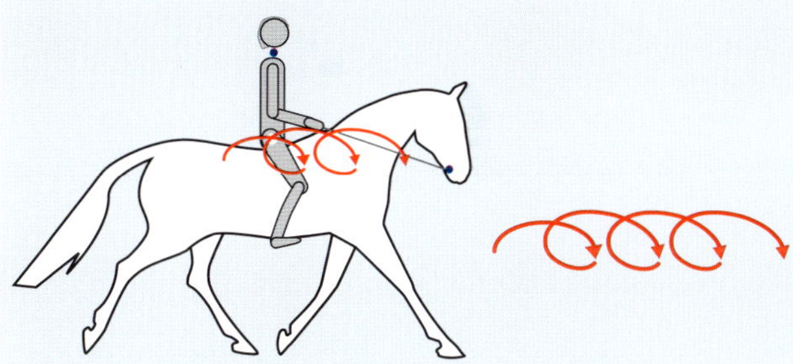

Beckenbewegung im Galopp: eine Rückwärts-Spirale mit führender innerer Hüfte.

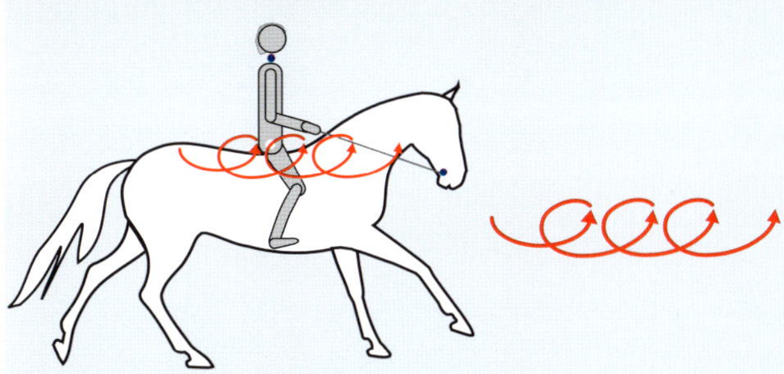

die Oberkörperneigung des Reiters nach vorn und hinten. Der stark versammelte Galopp erfordert fast nur noch die Beckenbewegung.
Stabilität wird durch ausreichende (isometrische) Körperspannung erzeugt (siehe auch Fokus Haltung, Seite 132 ff) sowie durch hinten geschlossene Achselhöhlen (früher sagte man fälschlich »Schulterblätter zusammen« und brachte damit den Reiter ins Hohlkreuz). Die aus dem Hüftgelenk eingedrehten Oberschenkel (Innenrotation im Bein) geben zusätzliche Stabilität.

Bitte nicht stören – In der Bewegung sitzen

In der Bewegung sitzen bedeutet, die Rückenbewegung des Pferdes im Becken aufzunehmen und durchzulassen, das Pferd also in seiner Bewegung nicht zu stören. Das ist nun bei einem jungen Pferd sehr viel schwerer als bei einem routinierten, ausgebildeten Pferd. Das junge Pferd hat stärker mit dem ungewohnten Reitergewicht zu kämpfen, geht deswegen oft noch nicht taktmäßig (reagiert oft auch auf treibende oder verhaltende Signale zu stark, d.h. es macht einen Satz nach vorn oder stockt in der Bewegung) und bringt damit den nicht hundertprozentig im Sitz gefestigten Reiter schnell aus dem Gleichgewicht. Er kippt aus dem Sitz und die Zügelverbindung wird unstet. Ist der Reiter aus dem Gleichgewicht, hat natürlich das Pferd noch mehr Probleme und bekommt schlimmstenfalls Angst; es verliert das Vertrauen in den Reiter, der das System nicht stabilisieren kann.

Der Reiter muss also in der Lage sein, sich selbst auch dann stabil zu halten, wenn das Pferd ungleichmäßig geht, und mit seiner eigenen Stabilität das Pferd »mitzunehmen«. Er darf jedoch niemals dabei seine Gelenke in Armen und Beinen blockieren. Alle Gelenke müssen federn können. Die Gelenke im Bein helfen dem Reiter-Becken bei seiner ausgleichenden Funktion, indem sie mit nach unten federn. Die Gelenke im Arm helfen bei der elastischen Zügelverbindung, wobei der Ellbogen das wichtigste ausgleichende Gelenk ist. Insbesondere beim Leichttraben muss der Winkel des Ellbogens ständig locker auf und zu gehen, damit die Hand trotz der Auf- und Abbewegung des Oberkörpers auf einer Höhe über dem Widerrist getragen werden kann.
Vergleichen Sie es mit dem Tragen eines vollen Wasserglases: Wenn Sie den Ellbogen versteifen, schwappt das Wasser aus dem Glas heraus.

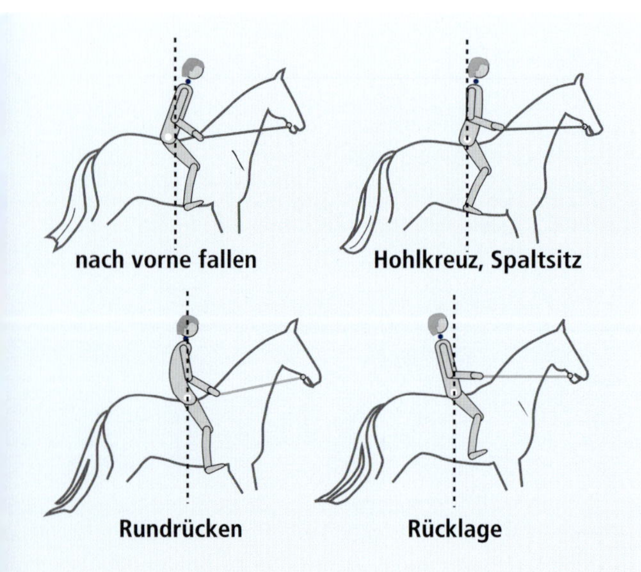

4 verbreitete Sitzfehler, die das Gleichgewicht im System Reiter+Pferd stark beeinträchtigen und dem Pferd seine »Trage-Arbeit« erschweren.

Jedes Festhalten der Gelenke in Arm und Bein wirkt sich negativ auf die Beweglichkeit des Reiter-Beckens aus – insbesondere ein langes Festhalten des Zügels

Rücken freigeben und Rücken blockieren

Die wichtigsten Impulse für eine Veränderung von Tempo und Richtung erfolgen durch Veränderung der Stellung und Ausrichtung der Gesäßknochen bzw. des Beckens und durch mentale Steuerung der Energie.

Dabei gelten einfache Grundsätze:

Wird der Beckenkamm nach hinten gekippt und die Gesäßknochen zeigen nach vorn, so stellt der Reiter damit sein Becken »fest« und blockiert in der Folge die Rückenbewegung des Pferdes: Er bremst es bzw. hält es an. Das Beckenkippen ist identisch mit dem »Kreuz anziehen«. Die Bauchmuskeln verkürzen sich dabei, die Rückseite wird verlängert.

Richtungskontrolle: Hinschauen, wohin man reiten will und das Becken ausrichten.

Stuhlsitz, Rundrücken, Knie hochziehen und Klemmen (Zudrücken) mit dem Schenkel entsprechen als Fehlhaltungen dieser Beckenstellung. Sie blockieren Reiter und Pferd und sind deswegen so schädlich. Wer versucht, treibend mit dem Sitz zu schieben, verfällt in die gleiche Beckenstellung und hemmt deswegen die Bewegung statt zu treiben.

Weit verbreitet ist immer noch der Irrglaube, dass man mit dem Sitz treiben könne. Der Reiter kann den Rücken des Pferdes entweder freigeben (mit nach unten zeigenden Gesäßknochen) oder blockieren (mit nach vorn zeigenden Gesäßknochen). Gibt er ihn frei, so kann er mit Stimm-, Schenkel- oder Gertensignalen vorwärts treiben – **einen aktiv »treibenden Sitz« gibt es nicht**.

Zeigen die Gesäßknochen dauerhaft nach hinten und der Beckenkamm wird nach vorn gekippt, so ist auch dabei die Beckenbeweglichkeit des Reiters und damit die Rückenbeweglichkeit des Pferdes beeinträchtigt. Der Reiter »kippt aus dem Sitz« und kann das Pferd schlecht hinsichtlich Tempo und Richtung kontrollieren. »Hohlkreuz« und »Auf-dem-Oberschenkel-Sitzen«, »Spaltsitz« sind die dazugehörigen Fehlhaltungen.

Rechts, Links, Vorwärts, Bremsen

Das Lenken des Pferdes ist im Prinzip recht einfach, wenn man folgende Anweisungen befolgt:

A Hinschauen, wohin man reitet (Kopf drehen, Orientierung im Raum)

B Innere Seite vorschieben – in Bewegungsrichtung sitzen (innere Hand, innere Schulter, innerer GK vorne), dabei die innere Hand oben lassen und etwas zur Seite bewegen, dem Pferd praktisch die Richtung zeigen.

C Die gedehnte, äußere Seite des Pferdes begrenzen (mit äußerem Zügel und gegebenenfalls äußerem Schenkel).

Anreiten, mehr Vorwärts, Gangartenwechsel nach oben

Oberkörper des Reiters minimal nach vorne, Blickrichtung geradeaus und einen Punkt suchen, auf den man zureiten will (in Verbindung mit einem leichten Schenkel- oder Gertensignal oder einer Stimmhilfe: gewünschte Gangart ansagen): Das Pferd wird schneller oder tritt an (bitte nicht unabsichtlich bremsen, indem Sie am Zügel ziehen! Siehe Fokus »**Übergänge ohne Zügel**«).

Verzögern oder Anhalten, Gangartenwechsel nach unten

Beckenkamm nach hinten kippen (Achtung: Nicht einfach den Oberkörper nach hinten neigen, denn dann erfolgt der blockierende Druck nicht auf den Pferderücken, sondern »verpufft« teilweise nach vorne), Knie »zumachen«, damit der Unterschenkel hinten bleibt und nicht nach vorn wegrutscht, Stimmhilfe (»Ho« oder gewünschte Gangart ansagen). Ein **kurzes** verhaltendes Zügelsignal bereitet den Übergang vor (im Übergang möglichst kein Zügel): Das Pferd wird langsamer oder hält an.

Reiten mit Vorstellungskraft

Sehr hilfreich ist es (nicht nur bei jungen Pferden), wenn der Reiter die »Idee der Bewegung« bildhaft im Kopf hat. Stellen Sie sich vor Ihrem »inneren Auge« genau vor, was Sie vom Pferd wollen, wie das aussehen und wie sich das anfühlen soll.

Vorwärts-seitwärts mit Vorstellungskraft. Ich habe eine klare Idee, wie ich das Pferd im Raum bewegen will und schaue in Bewegungsrichtung.

Jede Linie, die Sie reiten wollen, müssen Sie im Kopf vordenken und mit der Kopfdrehung, Blickrichtung und Ausrichtung des Beckens »aussteuern«. Jeder Übergang und jede Lektion muss bei Ihnen im Kopf als eine Art »Masterplan mit Bildern und hinterlegtem Gefühl« vorliegen (und muss natürlich für jedes Pferd, je nach dessen Bewegungsvorgaben, modifizierbar sein).

Mit den Mechanismen des mentalen Trainings können Sie in Sekundenbruchteilen solche Bilder aus Ihrer geistigen Bibliothek abrufen. Sie müssen sie jedoch zuerst einmal angelegt haben. Wer nicht weiß, wie sich ein Schulterherein z.B. richtig anfühlen soll, kann es auch nicht in der Bibliothek abspeichern und abrufbar machen.

Umschalten

Während des Reitens müssen Sie ständig umschalten zwischen Innensicht (wie fühlt sich das Pferd an, wo ist meine innere Hand, wie stehen meine GK usw.) und Außensicht (Orientierung im Raum, Bewegungsrichtung). Zudem müssen Sie ständig Ist- und Sollzustand (aus Ihrer geistigen Bibliothek) vergleichen. (Siehe **Selbstabfrage des Reiters.**)
Sie sollten während einer Übung immer genau wissen, wo sich Hinterhand und Vorhand des Pferdes befinden, welchen Körperteil des Pferdes Sie zu welchem Zeitpunkt wohin lenken wollen und was Ihr eigener Körper gerade macht. Sie müssen die Bewegungsqualität im System beurteilen. Fühlt sich die Gangart rund und weich an? Nimmt mich das Pferd mit in die Bewegung oder stößt es mich von sich?

Aufgabenteilung

Sie als Reiter sind der Steuermann des Systems und für folgende Aufgaben verantwortlich:

A Für das physische und psychische Gleichgewicht und die Stabilität von Pferd und Reiter (d.h.: verlangen Sie nichts vom Pferd, was es gleichgewichtstechnisch noch nicht leisten kann und achten Sie vor allem darauf, selbst unter allen Umständen ausbalanciert und stabil zu bleiben).

B Für die Losgelassenheit von Pferd und Reiter und die Bewegungsqualität im System Pferd+Reiter (als Folge von Punkt A).

C Für die Orientierung im Raum und die Kontrolle (Sie geben Bewegungsrichtung und Tempo vor).

Das Pferd hat nur eine einzige Aufgabe: Es muss die Bewegungsenergie für beide bereitstellen; d.h. es muss im Verlauf der Ausbildung dazu gebracht werden, diese Energie freiwillig zu liefern, sie aber vom Reiter kontrollieren zu lassen.

Verfeinerung der Hilfen

Die eben beschriebenen einfachen Hilfen dienen der »Grobsteuerung« des Pferdes, für die »Feinsteuerung« und auch bei Schwierigkeiten brauchen wir eine Erweiterung unseres »Sprachschatzes«.

Einwirkung mit dem Schenkel

Die erste zusätzliche Hilfe, die dem Pferd unter dem Reiter vermittelt werden muss, ist die Einwirkung mit dem Schenkel. Denn das Schenkelsignal versteht es nicht von Natur aus. Prinzipiell kann man dem Pferd in der Bodenarbeit beibringen, auf »Anpiken« oder Anklopfen mit den Fingerknöcheln auszuweichen. Statt Ihre Körperposition oder die Gerte für ein Seitwärtssignal zu verwenden, können Sie Ihre Finger benutzen und damit eine Seitwärtsbewegung initiieren. Damit hätten Sie eine seitwärts treibende Wirkung des Schenkels schon vorbereitet. Das Pferd soll dem »Anklopfen mit dem Bein« ausweichen: Beim beidseitig vorwärts treibenden Schenkel nach vorne, beim seitwärts treibenden Schenkel zur Seite.

Exkurs »Schenkeldruck« oder »Schenkelsignal«?

In den letzten Jahren habe ich eine Abneigung gegen den Begriff »Schenkeldruck« entwickelt.

Ich bevorzuge jetzt das Wort »Schenkelsignal« oder »Impuls«, da ich immer wieder sehen muss, dass Reiter das mit dem »Druck« wörtlich nehmen und den Schenkel wirklich fest zudrücken oder – noch schlimmer – dem Pferd Absätze oder Sporen in die Seite bohren und dies für eine treibende Hilfe halten. Das Gegenteil ist jedoch der Fall: der zu lange angedrückte oder gar bohrende Schenkel blockiert das Becken des Reiters, in der Folge den Pferderücken und hemmt die Vorwärtsbewegung, statt vorwärts zu treiben.
Ich empfehle stattdessen, den Schenkel ähnlich wie die Gerte einzusetzen, als kurzen »Schnicker« aus dem losen Knie- und Fußgelenk, ähnlich wie den Gerteneinsatz aus einem kurzen Drehen des lockeren Handgelenks.

Wie jedes andere Signal hört auch der Schenkelimpuls sofort auf, wenn das Pferd in gewünschter Weise reagiert. Der Schenkel bleibt so lange still (d.h. mit losen Gelenken nach unten federnd) liegen, bis er gebraucht wird, um eine Änderung des Status quo herbeizuführen.
Ein ständiges Treiben, um das Pferd zusammen- bzw. an den Hilfen zu halten, ist unnötige Verschwendung von Energie und Konzentration. Je mehr Sie ständig tun, umso weniger haben Sie Zeit, auf die »Antworten« Ihres Pferdes zu achten. Und umso mehr Energie müssen Sie aufwenden, wenn Sie dann etwas »Mehr« (z.B. mehr Hinterhandaktivität vor Paraden oder für die Versammlung) von Ihrem Pferd haben wollen.
Lassen Sie also Ihr Pferd zufrieden, wenn es in Tempo und Gangart Ihren Wünschen entspricht, bleiben Sie still sitzen und üben Sie, »mit voller Konzentration auf die Verbindungsstellen Pferderücken-Reitergesäß und Maul-Zügel-Hand **NICHTS** zu tun«. Setzen Sie mit allen Hilfen aus, so lange es geht; konzentrieren Sie sich auf die Interaktion Pferd-Mensch und nehmen Sie aufmerksam die »Signale« des Pferdes wahr, um schnell zu merken, wenn etwas aus dem Ruder läuft.
Auf diese Weise behalten Sie Ihr volles Hilfenrepertoire (und notfalls Ihre Kraft) für die Korrektur oder das Erlernen von neuen Lektionen und machen sich und dem Pferd den »Normalbetrieb« leicht und angenehm.
Vermutlich bedeutete der Begriff »Schenkeldruck« ursprünglich »Oberschenkeldruck« und nicht Druck mit dem Unterschenkel, wie es heute oft aufgefasst wird.
Die anatomisch richtige Einwirkung des Unterschenkels ist leicht zu ersetzen (z.B. durch Gertensignale und Stimmhilfen), weil sie mit fortschreitender Ausbildung vernachlässigt werden kann. Die Hauptsteuerung des Pferdes erfolgt eben über das Becken und die Positionierung der Gesäßknochen.

Verstärkt man auf der Seite, auf der das Pferd ausweichen will, die isometrische Spannung des Oberschenkels, die Einwärtsdrehung (Innenrotation), so kann man der Ausweichtendenz des Pferdes einen Widerstand entgegensetzen, der den Reiter nicht, wie das »Zudrücken« mit dem Unterschenkel, aus dem Sitz hebelt.

Seitwärts treibender Schenkel

Die seitlich ausweichende Reaktion des Pferdes auf den einseitig wirkenden (seitwärts treibenden) Schenkel ist am leichtesten zu erzielen: Versuchen Sie einfach, eine Vorhandwendung zu reiten.
Angenommen, die Hinterhand des Pferdes soll nach rechts ausweichen und einen Kreis um die

stehende Vorhand herum beschreiben. Nehmen Sie dazu den inneren Zügel an und stellen Sie das Pferd etwas nach links. Gleichzeitig klopfen Sie mit dem linken Schenkel leicht an. Reagiert das Pferd nicht, klopfen Sie erneut. Wiederholen Sie das ein paar Mal; lassen Sie dabei den Schenkel immer nur locker gegen den Pferdebauch fallen (ohne Verstärkung oder festes Zudrücken). Zudem stellen Sie nun den Hals des Pferdes immer weiter nach links, ohne dabei jedoch den Kontakt am rechten Zügel völlig aufzugeben. Sie brauchen ihn, um zu verhindern, dass sich das Pferd vorwärts bewegt. Irgendwann werden dem Pferd sowohl die Biegung im Hals als auch der störende Schenkel unangenehm und es weicht mit der Hinterhand nach rechts aus. Stellen Sie nach dem ersten erwünschten Seitwärtsschritt der Hinterhand sofort jedes Signal ein, lassen das Pferd ruhig stehen und loben es. Auch, wenn die Vorhand mit seitlich ausgewichen ist, ist das o.k. Das Stehenlassen der Vorhand besorgt später, in der feineren Abstimmung, der äußere Zügel. Jetzt geht es erstmal nur um die Ausweichreaktion der Hinterhand.

Eine saubere Ausrichtung in Bewegungsrichtung ersetzt oft den seitwärts treibenden Schenkel – auch in den Vorwärts-Seitwärts-Bewegungen. Schenkel oder ersatzweise Gerte sind dann nur noch für den Vorwärts-Impuls zuständig.

Wiederholen Sie die Prozedur zwei-/dreimal auf der einen Seite (immer mit langen Pausen nach einer erwünschten Reaktion) und probieren Sie es nach einer Schrittrunde zum Entspannen auf der anderen Seite. Sie können auch mit einem Gertensignal die Wirkung des Schenkels unterstützen, müssen dabei jedoch aufpassen, dass das Pferd dabei nicht nach vorne wegläuft.

Vermeiden Sie grundsätzlich einen sich langsam aufbauenden und verstärkenden Druck des Schenkels, den das Pferd mit Gegendruck beantworten würde. Arbeiten Sie stattdessen immer in der Intervalltechnik und bei Bedarf mit Unterstützung durch Gertensignale. Behalten Sie die Ruhe, auch wenn das Pferd bockbeinig dasteht und die Hufe in den Boden stemmt. »Nerven« Sie das Pferd einfach weiter.

Der jeweils äußere Schenkel bleibt bei diesen ersten Übungen ohne Druck passiv (und lose) am Pferd. Strecken Sie ihn nicht weg, denn Sie werden ihn später für Hilfenkombinationen noch manchmal als verwahrenden Schenkel brauchen. Zudem führt das Wegstrecken eines Schenkels immer dazu, dass der Reiter nicht mehr mittig

(ausbalanciert) auf dem Pferd sitzt und häufig ein Gesäßknochen den Kontakt mit dem Pferderücken bzw. Sattel verliert.
Hat das Pferd den seitwärts treibenden Schenkel prinzipiell verstanden, haben Sie den ersten Grundstein für alle Schenkelhilfen gelegt. Das Pferd hat eine neue Vokabel in der »Hilfen-Sprache« gelernt.

Vorwärts treibend

Der vorwärts treibende Schenkel ergibt sich aus dem seitwärts treibenden. Man kann sich das so vorstellen, dass bei beidseitigem Einsatz (und gerade gestelltem Pferd) der rechte Schenkel die Hinterhand nach links und der linke Schenkel die Hinterhand nach rechts treiben würde, wenn das Pferd gelernt hat, auf den seitwärts treibenden Schenkel zu reagieren. Da es in diesem Fall hinten nach keiner Seite ausweichen kann, setzt es einfach die Hinterbeine nach vorne – d.h. unter sich und tritt vorwärts an. Den vorwärts treibenden Schenkel brauchen Sie vor allem für die stärker gymnastizierenden und versammelnden Lektionen. Er ergänzt zuerst und ersetzt schließlich das leichte Vorneigen des Reiter-Oberkörpers, um das Pferd antreten zu lassen bzw. zu beschleunigen. Auch hier können Gertensignale und Stimme unterstützen, wenn das Pferd nicht reagiert.

Aktiver und passiver Schenkel

Setzen Sie einem Impuls mit beiden Schenkeln für Vorwärts ein und einen einseitigen für Seitwärts.
Anfangs müssen Sie bisweilen noch den passiven, verwahrenden Schenkel einsetzen, der ein Ausweichen der Hinterhand nach außen verhindern soll und etwas weiter hinten liegen kann. Je besser das Pferd über den Sitz und die Energieverschiebung des Reiters zu lenken ist, umso seltener brauchen Sie überhaupt Schenkelimpulse. Die Beine hängen dann nur noch passiv, federn Bewegung aus dem Becken nach unten weg und geben ab und zu ein kleines Signal für »mehr Energie«.
Pferde sind sehr viel sensibler auf die Berührung des Schenkels, als die meisten Menschen denken. Sie spüren jede Fliege auf der Haut. Wenn also ein Pferd nicht auf den Schenkel reagiert, so gibt es eigentlich nur drei Gründe dafür:
1 Es weiß (noch) nicht, was es bedeutet.
2 Der Reiter hat es durch ständige, unnötige Schenkelsignale abgestumpft.
3 Es ignoriert den Reiter und hält ihn nicht für weisungsbefugt. In diesem Fall ist in der Vor-

Ausbildung heißt Erweiterung der Kommunikationsmöglichkeiten zwischen Reiter und Pferd

Es geht darum,
1. die Kontrollmöglichkeiten des Reiters zu verbessern und Ausweichmanövern des Pferdes zu begegnen,
2. die Kommunikation zwischen Pferd und Reiter zu verbessern, indem der »Sprachschatz« beider erweitert wird (= zusätzliche Signale und Hilfenkombinationen),
3. die Koordination des Pferdes unter dem Reiter zu verbessern,
4. die Muskulatur des Pferdes mit dem Gewicht des Reiters zu trainieren und an den »richtigen« Stellen aufzubauen
5. die Kondition des Pferdes zu verbessern,
6. die Beweglichkeit des Pferdes und die Tragkraft der Hinterhand durch gymnastizierende Übungen zu verbessern,
7. die Hilfen hinsichtlich Intensität, Dauer und Kraftaufwand zu minimieren (= Zielvorstellung).

bereitung etwas schief gelaufen; evtl. müssen Sie Ihrem Youngster dann deutlich klarmachen, wer das Sagen hat. Die Gerte ist dafür meist das adäquate Instrument – zusammen mit dem festen Willen des Reiters und dem richtigen Bild der erwünschten Reaktion im Kopf.

Halten Sie also Ihr junges Pferd sensibel auf Ihren Schenkel, indem Sie dessen Einsatz minimieren

Auf diese Weise können Sie sehr bald mit Ihrem jungen Pferd aus dem Halten oder sogar aus dem Rückwärtsrichten auf »Antippen« antraben, was die Aktivität der Hinterhand deutlich verbessert.

In den gängigen Reitlehren wird im allgemeinen eine differenzierte Lage für inneren und äußeren Schenkel gefordert. Ich bin inzwischen davon abgekommen, diese Unterscheidung zu machen, weil sich die Bedeutung des Schenkelsignals aus dem Kontext der wichtigeren Hilfen Beckenausrichtung und Energieverschiebung ergibt.

Wichtig ist nur, dass das Pferd auf einen Impuls reagiert, indem es mehr Energie zur Verfügung stellt.

Überdeutliche Signale

Anfangs bleibt Ihnen nichts anderes übrig, als alle Schenkelhilfen (und die anderen Hilfen auch) überdeutlich zu geben, sie oft in der Intervalltechnik zu wiederholen und evtl. mit anderen, dem Pferd bekannten Hilfen (Gerte, Stimme) zu unterstützen. Ein junges Pferd ist nicht sofort mit unsichtbaren Hilfen zu reiten. Genauso wenig, wie ein Erstklässler seine gemalten Buchstaben in einer flüssigen, eleganten Schrift kombinieren kann, kann das junge Pferd auf angedeutete Hilfen und komplizierte Hilfensysteme reagieren.

Der stochernde Sporen dreht das Bein in die Außenrotation und blockiert die Beckenbeweglichkeit des Reiters. Er wirkt deswegen nie treibend.

Sporen?

Gerade, weil bei jungen Pferden die Hilfen noch stärker gegeben werden müssen, meint nun so mancher, das Schenkelsignal mit dem Sporn verstärken zu müssen. Aus verschiedenen Gründen reite ich junge Pferde (und ältere im Allgemeinen auch) nicht mit Sporen, sondern benutze lieber eine Gerte zur Signalverstärkung.

1. Da unerfahrene Pferde sich noch nicht völlig koordiniert bewegen, kann es gut sein, dass Sie als Reiter auch die Schenkel nicht immer ganz so ruhig liegen haben, wie es sein sollte und deswegen die Sporen auch hin und wieder ungewollt einsetzen.

2. Viele Pferde reagieren auf einen treibenden Sporenstich eher mit Blockieren und Verkrampfen (Katzenbuckel) als mit Vorwärtsgehen. Das liegt unter Anderem auch daran, dass der Reiter sich mit einem stochernden Sporn die Beweglichkeit des Beckens einschränkt und deswegen nicht mehr in der Bewegung sitzt.
3. Je mehr Sie den Sporn einsetzen, umso stumpfer reagiert das Pferd schließlich auf den Schenkelimpuls.
Nur, wenn Sie Sporen von vornherein absolut kontrolliert und gezielt einsetzen können, helfen sie auf Dauer bei der Feinabstimmung. (Bei manchen Westernsporen mit großen beweglichen Rädern und »Glöckchen« daran kann man das Pferd mit einem Klirren oder Klingeln auf den Einsatz des Sporns vorwarnen und ihm dadurch die Möglichkeit geben, schon vorher zu reagieren.)
4. Die Gerte ist vielseitiger und präziser an verschiedenen Stellen einsetzbar. Sie können gezielt bestimmte Körperteile anticken: Schulter, Kruppe, Hinterbein etc. Sie können sie locker an der Seite des Pferdes entlangschwingen; Luftzug und leichtes Zischen sowie die schwingende Armbewegung treiben manchmal effektiver als ein »normaler« Gerteneinsatz. Auch ein schneller abwechselnder Rechts-Links-Einsatz bringt oft eine gute Reaktion
(Auch für die Gerte gilt: Üben Sie, damit umzugehen – in der rechten und in der linken Hand und beim Wechseln).

Koordinationsübungen, um die Schenkelhilfen zu festigen

Viele Trailübungen sowie das Schenkelweichen und Vorhandwendungen festigen die Reaktion des Pferdes auf die Schenkelhilfen und ermöglichen bald eine Feinabstimmung verschiedener Hilfen. Auch inneren und äußeren Zügel lernt das Pferd bei den Koordinationsübungen schon ganz gut zu unterscheiden (dazu später mehr).

Und vor allem: Sie können bereits sehr früh mit dem jungen Pferd geübt werden, da sie alle in ruhigem Schritt geritten werden können und deswegen keine hohen Anforderungen an Kondition und Gleichgewicht des Pferdes (und an schnelle Reaktionen des Reiters) stellen. Zudem kennt das Pferd viele Abläufe aus der Bodenarbeit.

Wie viel Zügeleinwirkung?

Es gilt, wie fast immer: so wenig wie möglich, so viel wie nötig. Falsch ist es, sein junges Pferd sofort mit allen verfügbaren Mitteln und Hilfsmitteln »zusammenstellen« zu wollen. Aber es ist auch nicht richtig, das Pferd einfach »vor sich hinschusseln« zu lassen und vor lauter Angst, es am Kopf bzw. im Maul zu stören, den Zügel nicht anzufassen. Das Pferd muss Vertrauen zum Zügel und damit zur Reiterhand bekommen, damit wir regulierend einwirken können, ohne dass sich das Pferd gegen die Einwirkung wehrt. Um das zu erreichen, müssen wir den Zügel jedoch von Anfang an benutzen. Und wir müssen sicherstellen, dass das Pferd lernt, ihn zu respektieren, also eine Zügelhilfe auch anzunehmen. Andernfalls schaffen wir uns dauerhafte Probleme, die sich in jeder Ausbildungsstufe immer wieder aufs Neue bemerkbar machen.
Der Reiter muss eine sensible Verbindung zum Maul bzw. zur Nase des Pferdes (bei gebisslosen Zäumungen) herstellen können, so dass er schnell merkt, wenn das Pferd ein »Ausweichmanöver« plant: z.B. Hals hoch drücken, über die Schulter weglaufen etc.

Das funktioniert weder mit zu langen noch mit zu kurzen Zügeln. Im ersten Fall gibt es einfach keine Verbindung oder einen »Wackelkontakt«, bei dem das Pferd ständig im Maul gestört wird; im zweiten Fall ist diese zu starr und hart, so dass feinere Signale weder vom Pferd noch vom Reiter wahrgenommen werden.

Auch mit blockierten Gelenken im Reiterarm funktioniert die Verbindung zum Pferdemaul »am Gummiband« nicht. Kann der Reiter seine Hand nicht mit beweglichem Ellbogen unabhängig vor sich hertragen, so bekommt er keinen Kontakt zum Pferd und kann das Genick nicht beeinflussen.

Für die Zügelhilfen gilt wie für die Schenkelhilfen: Vermeiden Sie konstanten, stärkeren Zug auf dem Zügel. Damit geben Sie dem Pferd keine Möglichkeit, Gegendruck aufzubauen, d.h. sich »auf den Zügel zu legen« oder »gegen den Zügel zu gehen«. Außerdem kommt noch eine wichtige Forderung hinzu: Der Zügel soll nie rückwärts wirken, sondern immer nur seitwärts. Gerade beim jungen Pferd und beim Reiten mit gebisslosen Zäumungen vermeiden Sie damit einen Ziehkampf, den Sie sowieso nur verlieren können.

Ein temporäres kurzes Gegenhalten bei Pferden, die die Zügelverbindung aktiv unterbrechen wollen, ist allerdings manchmal vonnöten. Dieses Gegenhalten muss jedoch aus dem stabilen Sitz entstehen und darf nicht mit Kraft im Arm erfolgen. Sie setzen den Oberkörper »als Block« ein und halten praktisch mit Ihrer Körperspannung gegen. Der Oberkörper und das Becken bleiben

Im ersten Ausbildungsjahr muss vor allem die Basis gefestigt werden. Das Pferd muss lernen, in allen Gangarten in der Balance zu bleiben, ohne sich beim Reiter abzustützen.
Das Aufstellen von Markierungen, wie einer Pylonenreihe, die im Zickzack durchritten wird, hilft dem Pferd, den Sinn der Hilfen zu begreifen.

Fehler beim Schenkelweichen:
oben: Das kann passieren, wenn der Reiter einen seitwärts treibenden Schenkel fest andrückt: Das ganze System kommt aus der Balance.
unten: Hier sitzt die Reiterin korrekt; das Pferd versucht sich jedoch durch starkes Hereinstellen des Halses (trotz des inneren losen Zügels) dem Übertreten zu entziehen.

dabei völlig senkrecht. Ein nach hinten Lehnen des Oberkörpers würde das Pferd im Rücken blockieren.

Dass Sie den Zügel »anfassen« und benutzen müssen gilt auch, wenn Ihr End-Ziel das einhändig am losen Zügel gerittene Westernpferd ist. Gerade bei western ausgebildeten Pferden gibt es da eine Menge Missverständnisse, was die Handhabung des Zügels bei jungen Pferden angeht. Ganz grob gesagt gilt jedoch: Der lose Zügel ist das Ziel der Ausbildung, nicht ihr Beginn. Ohne wenigstens kurzfristige Zügelbenutzung ist das junge Pferd nicht zu gymnastizieren und dementsprechend nicht sauber »über den Rücken« zu reiten.

Alle aktiven Zügelhilfen, vor allem solche am stellenden, seitwärts wirkenden, inneren Zügel, die anfangs in jeder Hilfenkombination notwendig sind, sollen jedoch so bald wie möglich wieder minimiert werden – sowohl was ihre Sichtbarkeit als auch was ihre Stärke angeht. Sie werden beim Training jeder neuen Lektion stärker gebraucht, und verlieren bei der Vervollkommnung dieser Lektion immer mehr an Bedeutung. Sie werden durch Schenkel- und Gewichtshilfen weitgehend ersetzt und den Zügeln kommt nur noch verwahrende (passive) Funktion zu.

Schulterherein:
Mittig über dem Pferd bleiben und das Pferd in der Längsachse relativ gerade halten.

Schließlich werden auch noch die Schenkelhilfen mit der Zeit immer unwichtiger und der Reiter lenkt sein Pferd mit seiner Ausrichtung aus dem Sitz und mit Vorstellungskraft. Mit diesem Ziel vor Augen macht das Ausbilden Spaß.

Paraden

»Eine Parade geben« ist ein häufig missverstandener Begriff in der Reiterei. Die ganze Parade ist immer eine Parade zum Halten. Die halbe Parade kann alles sein z.B.: »Pass mal auf, da kommt gleich eine Veränderung«, »Nimm dich mal ein bisschen zusammen«, »Etwas Konzentration bitte«, »Bleib mal mental bei mir«.
Mit jeder halben Parade fragen wir beim Pferd Haltung und Aufmerksamkeit ab. Wir bitten um mehr Energie von hinten, damit wir vorne diese Energie leicht umlenken können. Zur Seite (Wendungen), nach oben (Versammlung) oder nach vorne (Verstärkungen).

Jeder gelungenen Parade geht eine Erhöhung der Energie aus der Hinterhand voraus. Das Pferd muss zum Bremsen Bewegungsenergie hinten abfangen oder für Versmmlung die Hanken stärker winkeln. Kurze Impulse am Zügel und eine passende Beckenstellung des Reiters lenken diese Energie und fangen sie auf, damit das Pferd sie nicht einfach in schnelle Vorwärtsbewegung umsetzt. Wichtig ist immer, den Zügel nur ganz kurz begrenzend einzusetzen, damit das Pferd sich nicht darauf abstützt (**siehe Übergänge ohne Zügel**). Benutzen Sie den Zügel wie den Schenkel – als Signal. Vermiden Sie ein längeres Annehmen (= Ziehen). Lassen Sie den Zügel nicht rückwärts wirken, sondern geben Sie aufwärts gerichtete Zügelimpulse Richtung Maulwinkel/Ohr des Pferdes (Aufwärtsparaden). Oder wirken Sie seitwärts ein mit weit auseinandergezogenen Händen. Das provoziert das Pferd nicht dazu, dagegen zu drücken und sich gegen die Einwirkung zu wehren.

Ein Anhalten aus dem Schritt ist prinzipiell eine Gehorsamsfrage; das sollte mit einem am Boden und an der Hand vorbereiteten Pferd kein Problem sein. Ist es doch eins, so testet das Pferd aus, ob Sie es wirklich erst meinen mit Ihren Forderungen.
Beim Anhalten aus dem Trab dagegen braucht das Pferd schon die »richtige Technik«, um die Bewegungsenergie abzufangen, ohne sich in der Hand des Reiters abzustützen.

Wenn Sie Ihr Pferd die ersten Male aus dem Trab anhalten, so sorgen Sie vor der Parade dafür, dass es in Selbsthaltung über den Rücken geht, keine Stütze in der Hand findet und genug Energie von hinten liefert. »Bringen Sie den Trab in Ordnung.«

Warnen Sie das Pferd mit dem verbalen Kommando für das Halten vor, nehmen die Zügel kurz an (nur als vorbereitendes Signal, nicht dauerhaft gegenhalten) und blockieren dann durch Abkippen des Beckens die Rückenbewegung des Pferdes. Machen Sie dabei etwas die Knie zu (Achtung: nicht das Knie hochziehen); Ihr Unterschenkel bleibt hinten, das Knie tief. Geben Sie keinen Druck nach vorne in den Bügel. Das führt dazu, dass sich der Reiter nach hinten aus dem Sitz heraushebelt und das Pferd beim Anhalten den Rücken nicht nach oben bringt, sondern wegdrückt. Werfen Sie nicht den Oberkörper nach hinten, sondern fallen Sie eher ein wenig in sich zusammen: Nehmen Sie den Bauchnabel etwas nach hinten, die Bauchmuskeln verkürzen sich, die Rippen nähern sich leicht den Beckenknochen.

Paraden zum Halten sind auf diese Weise sehr einfach ohne Zügeleinsatz im eigentlichen Übergang zu reiten.

Klappt es nicht gleich, arbeiten Sie nach dem Prinzip der »Stotterbremse« mit dem Zügel: Annehmen-Loslassen-Annehmen. Lassen Sie nie zu, dass sich das Pferd im Zügel abstützt.

Das minimalistische Prinzip

Auch Übergänge nach oben funktionieren ähnlich leicht, wenn in der niedrigeren Gangart wirklich »alles in Ordnung ist« (Rückentätigkeit, Takt, Selbsthaltung etc.). Sagen Sie einfach die Gangart an und geben Sie ein leichtes Schenkelsignal bzw. setzen Sie sich diagonal (schieben Sie die innere Hüfte, den inneren GK vor), wenn Sie angaloppieren wollen. Das minimalistische Prinzip für alle Übergänge funktioniert auch in der fortgeschrittenen Ausbildung noch, wenn das Pferd Zeit genug bekommt, die nötige Kraft in der Hinterhand zu entwickeln (siehe auch **Übergänge ohne Zügel**).

Es kann immer mal wieder vorkommen, dass das junge Pferd »andere Ideen« von der Zusammenarbeit hat und testet, ob es die Forderungen des Reiters wirklich erfüllen muss. Ignoriert ein Pferd also die Parade, so können Sie es mit dem Kopf seitwärts zur Bande stellen oder auch einmal einfach als »Nothalt« gegen die Bande laufen lassen, wenn es Ihre Signale ignoriert (nicht forciert dagegen reiten). Dort muss es schließlich anhalten. Das wird allerdings eher selten wirklich nötig sein.

Halbe Paraden

Halbe Paraden sind oft schwieriger als ganze, weil die Dosierung der Hilfen feiner werden muss. Sie können sich damit helfen, dass Sie die Gangart »ansagen« bzw. ein verbales Kommando für »langsamer, ruhiger« (oder auch schneller) etablieren, soweit es das Pferd nicht schon aus der Boden- und Longenarbeit kennt.

Zäumung

Bei der Wahl der Zäumung für das junge Pferd gibt es zwei grundsätzliche Möglichkeiten: ein Trensengebiss – einfach oder doppelt gebrochen oder eine gebisslose Zäumung ohne Hebelwirkung – Bosal, Sidepull, Glücksrad oder Ähnliches. Wobei das Bosal sicher die anspruchsvollste Variante darstellt, weil wenig seitliche Führung vorhanden ist.

Eine einfache Trense oder eine gebisslose Zäumung sind die Alternativen. Mehr Ausrüstung am Kopf des Pferdes braucht es im Allgemeinen nicht.

Gebisslos hat zwei Vorteile: Sie verlassen sich nicht so sehr auf die Einwirkung mit der Hand. Und Sie stören das Pferd während des Zahnwechsels nicht im Maul.

Es gibt jedoch auch gravierende Nachteile: Hat das Pferd »gelernt«, dass ihm nichts passiert, wenn es auf Ihre Signale mit dieser Zäumung nicht reagiert, haben Sie verloren und müssen eine andere Zäumung wählen. Zudem tritt bei manchen Pferden mit der Zeit ein gewisser Abstumpfungseffekt gegen auf die Nase wirkende Zäumungen auf.

Es gibt allerdings auch immer wieder Pferde, die mit einer Trense im Maul von Anfang an glücklicher sind (und Reiter, die sich damit wohler und sicherer fühlen). Das Trensengebiss ist deswegen von Anfang an die zweite empfehlenswerte Ausbildungszäumung. Am besten verwenden Sie ein doppelt gebrochenes Gebiss; bei richtiger Handhabung ist jedoch auch ein einfach gebrochenes kein Folterinstrument. Die gefürchtete Nussknackerwirkung mit Spitze Richtung Gaumen entsteht ja nur, wenn Sie beide Zügel gleich fest annehmen und womöglich noch rückwärts wirken. Der richtigerweise seitwärts wirkende, stellende Zügel allein verursacht keine Nussknackerwirkung und der korrekt wirkende, äußere »Kontrollzügel« auch nicht.

Präzise Trennung der Zügelsignale

Wichtig bei allen Ausbildungszäumungen ist, dass Sie den stellenden Zügel **direkt** einsetzen können und die Wirkung von innerem und äußerem Zügel voneinander abkoppeln können (deswegen der einfache oder doppelte »Bruch« in der Mitte des Gebisses). Alle Arten von Stangengebissen mit Hebel sind dafür ungeeignet, denn damit können Sie das Pferd nicht gut stellen und biegen. In der Ausbildung fortgeschrittene Pferde lassen sich weitgehend über den Sitz – unterstützt vom kontrollierenden und versammelnden äußeren Zügel – biegen und sind deswegen mit diesen Stangengebissen zu reiten. Korrigiert werden müssen sie jedoch bei Bedarf auf Trense oder gegebenenfalls auf »gebrochene Kandaren« mit Doppelzügel.

Innerer und äußerer Zügel

Innerer und äußerer Zügel haben verschiedene Aufgaben. Der innere Zügel ist immer der Zügel auf der hohlen Seite des Pferdes. Er wirkt aktiv und direkt seitwärts und stellt das Pferd im Genick in Richtung einer Wendung. Er wird mit fortschreitender Ausbildung immer unwesentlicher und kann »lose« werden, da eine Stellung und Biegung beim gut gerittenen Pferd weitgehend über die Beckenstellung erfolgen kann.
Der äußere Zügel ist der »Kontroll-Zügel« auf der gedehnten Seite des Pferdes. Er wirkt im Allgemeinen begrenzend, verwahrend und das Genick beugend. Er bleibt in dieser Kontrollfunktion auch beim fortgeschrittenen Pferd erhalten. Sein Spannungszustand kann jedoch variieren. Und beim gut in Selbsthaltung arbeitenden Pferd kann auch der äußere Zügel lose werden.

Geradeaus reiten

Ist das Pferd völlig gerade gestellt, gibt es natürlich weder inneren noch äußeren Zügel. Das saubere Geradeausreiten (und damit auch das wichtige Geraderichten) ist jedoch nur möglich, wenn es Ihnen zuvor gelingt, das Pferd zu biegen und an den äußeren Zügel zu reiten. Nur durch die Längsbiegung erreichen Sie, dass das Pferd im Genick nachgibt. Biegt sich das Pferd auf beiden Seiten gleich gut, gibt auf beiden Seiten im Genick nach und lässt sich am jeweils äußeren Zügel kontrollieren, dann können Sie auch geradeaus reiten, ohne dass es nach einer Seite wegdrängelt oder sich schräg verschiebt, d.h. nicht mit den Hinterhufen in die Spur der Vorderhufe tritt.

Wichtige Teilziele der Ausbildung unter dem Reiter

Teilziele sind die klassischen Stufen der Ausbildungsskala, die für jeden Reitstil gelten müssen, auch wenn sie in einem anderen Stil vielleicht anders genannt werden. Es sind:
Balance – Takt – Schwung – Losgelassenheit – Durchlässigkeit – Geraderichten – Versammlung (im ersten Jahr wird allerdings nur die Grundlage für die Versammlung erarbeitet).

Die Ausbildungsziele

Kurzer Abriss der wichtigsten Themen der Ausbildungsskala

Balance: Das Gleichgewicht des Pferdes unter dem Reiter muss neu entwickelt werden, so dass sich das Pferd mit dem zusätzlichen Gewicht des Reiters »arrangiert« und neu ausbalanciert (siehe auch **Fokus »Haltung« und »Gleichgewicht«**). Balance ist die Voraussetzung für Losgelassenheit und Takt. Und die gemeinsame Balance des gesamten Systems Reiter+Pferd ist anfällig gegen Störungen.
Um das zu verstehen ziehe ich gerne das Vorstellungsbild vom Energiekreis (siehe auch **Fokus »Energiekreis«**) heran.

Egal, ob in Verstärkungen oder in der Versammlung: Pferd und Reiter müssen sich unabhängig voneinander im Gleichgewicht halten. Das bedeutet auch den Verzicht auf Zügelspannung.

Die Balance im Energiekreis

Reiter+Pferd als geschlossenes System in Bewegung begreifen

Reiter und Pferd zusammen bilden einen geschlossenen Energiekreis, in dem jede Aktion an beliebiger Stelle das ganze System beeinflusst. Jedes Problem, das Reiter oder Pferd haben, wirkt sich dementsprechend auf den gesamten Kreis aus. Balanceprobleme des jungen Pferdes schlagen also immer auf den Reiter durch, der nun doppelte Arbeit hat, weil er sich selbst und das Pferd in der Balance halten muss. Da sich das Reiter-Pferd-System in beständiger Bewegung befindet, muss jede Korrektur die Fortsetzung der Bewegung ermöglichen. Starres, länger andauerndes Festhalten funktioniert also keinesfalls. Losgelassenheit und Durchlässigkeit von Pferd und Reiter sowie ausreichende Körperspannung von beiden sind hier die Schlüsselbegriffe. Durchlässig muss nicht nur das Pferd, sondern auch der Reiter sein; er muss nämlich die Bewegungen des Pferderückens in seinem Becken aufnehmen, umwandeln und durch seine eigenen Körper »durchlassen«, um »in der Bewegung« sitzen zu können.

Der Reiter ist im Energiekreis für Gleichgewicht, Stabilität und Steuerung zuständig, das Pferd für die Bereitstellung der Bewegungsenergie. Das Pferd darf – aus Sicherheitsgründen – keinesfalls die Steuerung übernehmen, der Reiter kann das Pferd nicht in Bewegung setzen, sondern ihm nur Impulse geben – laufen muss es schließlich freiwillig.

Insbesondere im noch unausbalancierten System mit dem jungen, unerfahrenen Pferd ist der Energiekreis störungsanfällig durch die unter-

In Wendungen bleibt der Oberkörper des Reiters senkrecht; nur die innere Seite wird nach vorn geschoben.

Die innere Hand zeigt dem Pferd den Weg in die Wendung; der Oberkörper der Reiterin bleibt senkrecht.

schiedlichsten konzeptionellen (logischen) und biomechanischen Fehler. Alle Fehler im System sind grundsätzlich nur dem Reiter anzulasten, denn das Pferd macht prinzipiell keine Fehler: Es reagiert immer nur auf die Vorgaben des Reiters.

Gängige Störungen im Energiekreis

Störfaktor Nr. 1 ist nicht etwa irgendetwas, was das Pferd tut oder nicht tut, sondern der unausbalancierte, instabile Sitz des Reiters, der keine gezielten Hilfen zulässt und schlimmstenfalls beide Beteiligten aus dem Gleichgewicht bringt. Wenn der Reiter sein Aufgabengebiet (Stabilität und Steuerung) nicht beherrscht, so kann er dem Pferd keinen Rahmen vorgeben und keine Sicherheit bieten; das verunsicherte, allein gelassene Pferd wird also tun, was es für richtig hält, und selbst die Steuerung übernehmen. Es wird versuchen, sein Gleichgewicht unter dem Reiter irgendwie – mit nicht zweckmäßigen Mitteln – zu halten. Dieses »irgendwie« macht wiederum dem Reiter Probleme.

Störfaktor Nr. 2 ist »übertriebene Kontrolle«. Der Reiter muss zwar in der Lage sein, die Kontrolle und Steuerung zu übernehmen, darf diese jedoch nicht übertreiben. Wer sein Pferd ständig »gängelt« und jede unkontrollierte Bewegung vermeiden will, darf sich nicht wundern, wenn sich das Pferd schließlich nicht mehr freiwillig bewegt – oder wenn es sich schließlich mit einer explosiven Reaktion der Kontrolle entzieht.

Störfaktor Nr. 3 ist »falscher Ehrgeiz des Reiters«. Statt dem jungen Pferd Zeit zu lassen, sich in jeder Gangart und in jeder neuen Lektion sauber auszubalancieren, wird es mit Zwang und Hilfszügeln »in Form« gebracht. Statt an sich selbst zu arbeiten, die eigene Stabilität und Konzentration sowie das eigene Gleichgewicht zu verbessern und an der Deutlichkeit seiner Hilfen zu arbeiten, wird der Fehler beim Pferd gesucht.

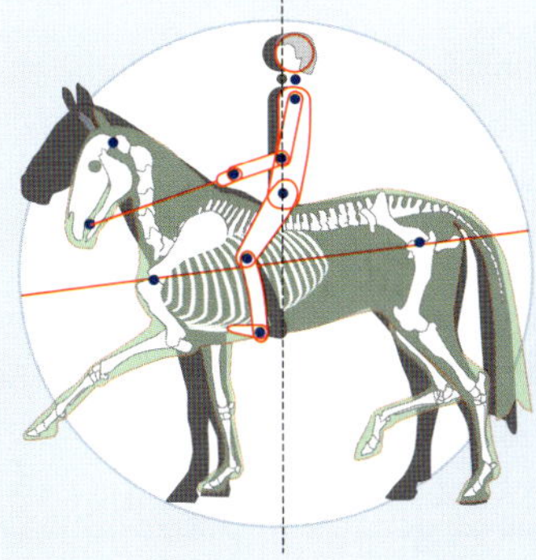

Störung im Energiekreis: Der Reiter blockiert die Energie, indem er sein Becken kippt und vorne festhält. Er schiebt das Pferd damit auf die Schulter.

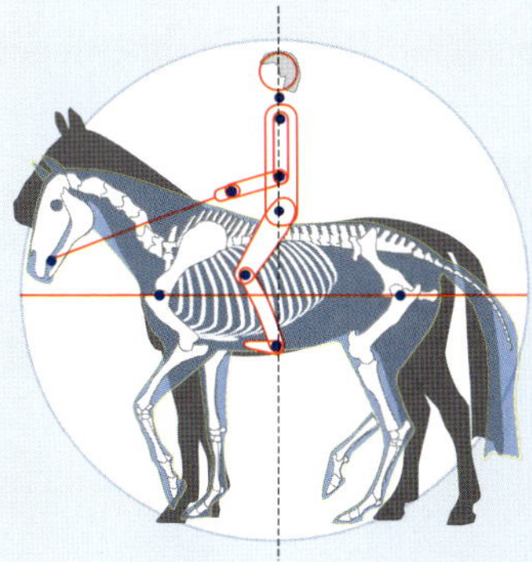

So sieht gute Balance aus: Der Reiter sitzt mit senkrecht gestelltem Becken und lässt dem Pferd den Hals frei.

Takt

Der reine Viertakt im Schritt (oder Tölt), Zweitakt im Trab (oder Pass) und Dreitakt im Galopp muss erhalten bleiben. Taktfehler deuten auf Probleme mit der Balance, der Losgelassenheit, dem Geraderichten oder auf Rückenprobleme hin, können aber auch mit Verletzungen zu tun haben. Viele Taktprobleme des Pferdes entstehen durch nicht im Gleichgewicht sitzende (schiefe) oder verspannte Reiter und vor allem durch zu viel Handeinwirkung (Zügellahmheit).

Schwung

Der Schwung, d.h. das kraftvolle, federnde Abfußen des Pferdes von hinten, wird sowohl für Verstärkungen als auch für die klassische Versammlung gebraucht. Er lässt sich nur entwickeln, wenn das Pferd ausbalanciert ist und losgelassen »über den Rücken« geht sowie genug Kraft für die Beugung in den Gelenken der Hinterhand (Hanken) entwickelt hat. In den Arbeitsreitweisen ist diese Art von Schwung allerdings eher unerwünscht, weil das schwungvoll gehende Pferd nicht so leicht zu sitzen ist. Durch frühzeitige Reduzierung des Tempos in den einzelnen Gangarten und eine tiefere Einstellung von Hals und Kopf des Pferdes sollen »flache Gänge« erreicht werden. Beides ist möglich – sowohl die Förderung des Schwunges als auch seine Reduzierung. Wo jedoch das Pferd mit der Förderung in gespannte Tritte getrieben wird oder mit der Reduzierung konsequent auf die Vorhand geritten wird, hört der Spaß auf. Und eine artgerechte Ausbildung desgleichen.

Losgelassenheit und Selbsthaltung

Losgelassenheit und Selbsthaltung des Pferdes ergeben sich aus Balance, Gymnastizierung und Kraftentwicklung. Nur ein losgelassenes Pferd, welches sich mit schwingendem Rücken, freiem Genick und ohne eine Stütze in der Reiterhand zu suchen, bewegen kann, ist bequem für den Reiter und kann durchlässig sein (siehe auch **Fokus »Haltung«**).

Energieentwicklung sowie Beweglichkeit in Maul und Genick sind wesentliche Voraussetzungen für Losgelassenheit beim Pferd. Ist das Maul bzw. der Kiefer verspannt, so klemmt auch das Genick und das Pferd wehrt sich gegen die Zügelimpulse. Diese »Blockade« im Maul führt zu einer Blockade im Rücken: Die Energieübertragung nach vorn ist gestört. Das Pferd geht nicht mehr über den Rücken.

Durchlässigkeit

Nur wenn das Pferd durchlässig ist, können Sie die Energie aus dem »Motor« des Pferdes, der Hinterhand, lenken und kontrollieren (»die Hilfen kommen durch« sagt man). Macht das Pferd an einer Stelle seines Körpers »dicht« und blockiert, dann »versickert« an dieser Stelle die Energie aus der Hinterhand. Und wo nichts mehr ist, da können Sie auch nichts lenken. Ihre kontrollierenden Hilfen können nur greifen, wenn »Energie von hinten« da ist und diese auch vorne ankommt. Lässt das Pferd die Hinterhand schleifen, verspannt den Rücken oder hält die Schulter fest, verpufft die Bewegungsenergie im System und fehlt zum Lenken. Dasselbe passiert, wenn der Reiter durch ein festgestelltes Becken den Energiefluss im System blockiert. Auch der Reiter muss prinzipiell durchlässig sein und die Bewegungsenergie des Pferdes mit einem beweglichem Becken und losgelassenen Gelenken durch seinen eigenen Körper durchlassen.

Zu lang andauernde Hilfen provozieren Widerstand.

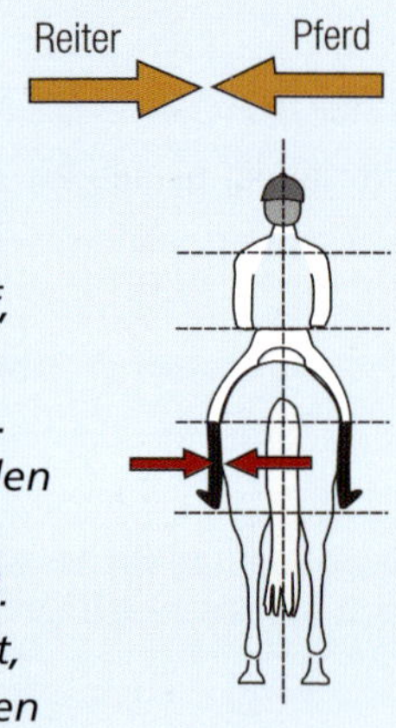

Das Pferd baut Gegendruck auf, wenn eine Hilfe zu lange dauert. Es geht gegen den Schenkel oder gegen die Hand. Oder es versucht, durch Festmachen der Schulter einen schief sitzenden Reiter bzw. eine falsch verstandene Gewichtsverlagerung auszugleichen.

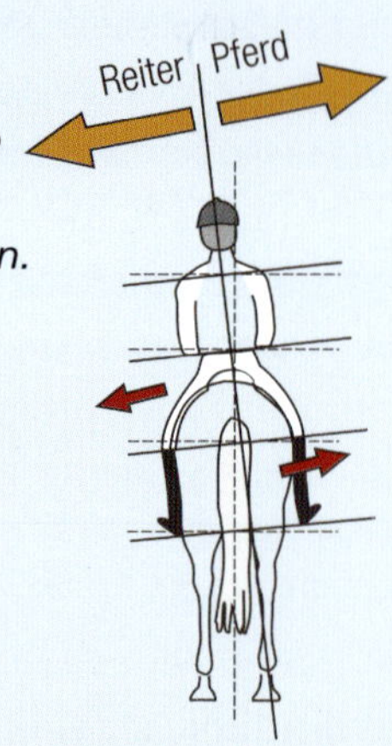

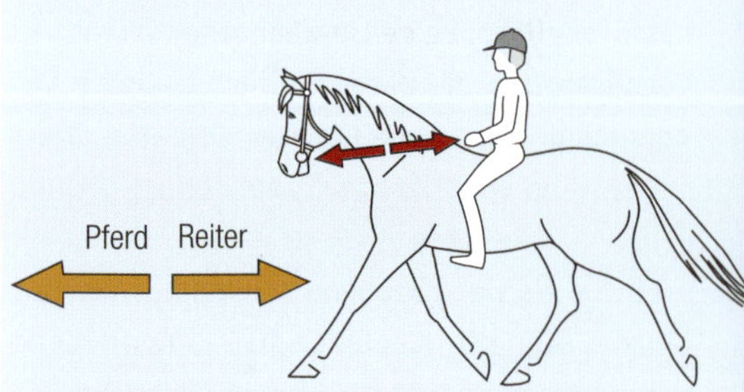

Geraderichten durch Biegung

Die natürliche Schiefe des Pferdes erfordert das Geraderichten im Zuge der Ausbildung unter dem Reiter.

Geraderichten können Sie Ihr Pferd paradoxerweise nur, wenn Sie es biegen können, also wenn es durchlässig, gymnastiziert und koordiniert ist und komplexere Hilfen verstehen und befolgen kann.

Das Pferd muss mit beiden Hinterbeinen gleich viel Last aufnehmen, d.h. mit beiden Hinterbeinen gleich gut unter den Schwerpunkt treten. Jedes Pferd (und jeder Reiter) ist jedoch von Natur aus asymmetrisch. Sie haben eine Seite, die sich besser dehnen kann (die »steife Seite« genannt, weil auf dieser Seite Stellung und Biegung schwieriger sind) und eine »hohle« Seite. Zudem zwei Hinterbeine, deren Fähigkeit, sich zu winkeln und Last aufzunehmen, auch oft unterschiedlich ausgeprägt ist.

Man spricht in diesem Zusammenhang auch von vier Hinterbeinen des Pferdes – jeweils ein inneres und ein äußeres auf jeder Hand (und ein aufgrund der Asymmetrie mehr schiebendes und ein mehr tragendes).

Ziel ist, dass das Pferd geradeaus »die Spur hält« und sich nicht mit dem steiferen Bein seitlich von der Geraden wegschiebt, wenn Sie völlig gerade auf ihm sitzen, beide Gesäßknochen gleichmäßig belasten und die Zügel gleichlang haben (auch der Reiter muss an seiner Schiefe arbeiten, damit er auch wirklich gerade sitzen kann!).

Das Reiten von gebogenen Linien mit Stellungswechseln (z.B. Achten und Schlangenlinien) sowie die **Seitengänge** sind die Trainingsinstrumente für das Geraderichten.

Biegung erreichen: Helfen Sie sich durch Markierungen, wie oben die L-Form oder unten eine Pylonenreihe.

Durch gezielte Belastung des jeweils inneren Hinterbeines in der Biegung und bei den Seitengängen (insbesondere im **Schulterherein**, das als »Allheilmittel« für viele Probleme gelten kann) wird das Pferd dazu animiert, mit diesem Last aufzunehmen.

Ein Beispiel: Das links hohle Pferd

Unser Beispiel-Pferd ist »links hohl«. Auf der linken Seite ist die Muskulatur verkürzt, die rechte Seite kann sich besser dehnen. Auf einem Zirkel linke Hand führt das meist dazu, dass das Pferd über die rechte Schulter herausdrängelt. Auf dem Rechtszirkel kippt es eher in Außenstellung mit der rechten Schulter in die Wendung hinein, weil es die linke Seite nicht dehnen will. In der Zeichnung Seite 76 im Kapitel »Klassische Arbeit an der Hand« zeige ich, welche kompensatorischen Übungen diese Problematik beheben können. Das gilt am Boden und im Sattel.

Korrekturstellungen arbeiten damit, innere und äußere Seite zu wechseln, d.h. das Pferd in Wendungen (z.B. auf dem Zirkel) jeweils dorthin zu stellen, wohin es ausweicht. Der Reiter richtet sich jedoch mit Beckenstellung und Blickrichtung auf die gewünschte Bewegungslinie aus. Kurz: Das Pferd drängelt über die rechte Schulter aus dem Linkszirkel heraus – der Reiter stellt es nach rechts (Außenstellung), schiebt die linke Hüfte vor und schaut nach links auf die Zirkellinie.

Das Pferd kippt auf dem Rechtszirkel in Außenstellung über die rechte Schulter nach innen herein – der Reiter stellt es (stärker) nach rechts, schiebt seine linke Hüfte vor und schaut nach außen über die linke Schulter des Pferdes auf die Zirkellinie.

Vom Prinzip her ist das auf dem Linkszirkel ein Konterschulterherein und auf dem Rechtszirkel ein Schulterherein (siehe Seitengänge S. 209 ff).

Die Asymmetrie des Reiters

Zu der Asymmetrie des Pferdes (Schiefe) kommt nun auch noch die natürliche Schiefe des Reiters hinzu. Wie das Pferd ist der Reiter asymmetrisch

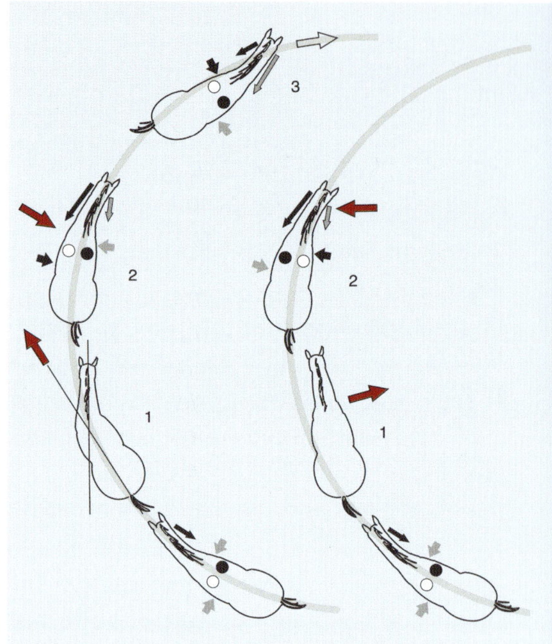

links: Korrektur des Über-die-Schulter-Weg-Laufens nach links (aus der Wendung heraus)
rechts: Korrektur des Nach-innen-Kippens über die rechte Schulter (nach innen in die Wendung hinein)

und hat eine besser und eine schlechter koordinierte Seite. In manchen Fällen gleichen sich die beiden Asymmetrien aus: Der Reiter ist rechts besser koordiniert, das Pferd links besser zu biegen. Wo sich zwei »schlechte« Seiten aufsummieren, gibt es natürlich größere Probleme.

Bei allen Übungen zum Geraderichten geht es immer nur darum, beide Hinterbeine des Pferdes gleich stark zu machen und zum gleich weiten Vortreten auf beiden Händen zu animieren.

Ist nun der Reiter auf einer Seite sehr schlecht koordiniert oder hat insgesamt ein schlechtes Bewegungs- und Körpergefühl, so kann er die Arbeit des Geraderichtens nicht übernehmen.

Leider wird der Asymmetrie des Reiters bei der Ausbildung von Pferden nur sehr wenig Beachtung geschenkt. Die meisten Reiter haben keine

Abwenden richtig und falsch: oben: Richtig: Die Schulter des Pferdes kommt mit in die Wendung, der Hals ist nur wenig gestellt. Mitte: Die Reiterin verdreht sich aus der Hüfte und stellt den Hals zu stark. Das Pferd fällt auf die äußere Schulter. unten: Die innere Hand zieht nach hinten und hält fest, die äußere Hand ist verkrampft und kontrolliert die Abstellung des Halses nicht.

Ahnung von ihrer eigenen Asymmetrie, sitzen schief auf dem Pferd (belasten ihre Gesäßknochen nicht gleichmäßig, ziehen am inneren Zügel, verdrehen sich damit und sagen dem Pferd so: lauf nach außen weg), ohne es zu merken und wundern sich, dass das Pferd nicht gerade wird und immer nach einer Seite herausdrängelt oder hereinkippt.

Die Korrektur der Schiefe des Reiters ist wichtiger als das Geraderichten des Pferdes und muss diesem vorausgehen, denn ein schiefer Reiter kann das Pferd nicht gerade richten.

Meine Erfahrungen zeigen, dass die Schiefe des Pferdes mit der unterschiedlich ausgeprägten Schub- und Tragkraft in den beiden Hinterbeinen bei der Ausbildung weniger gravierende Auswirkungen hat als die des Reiters.

Ein stabil im Gleichgewicht sitzender Reiter, der in der Lage ist zu merken, wenn er durch »Ausweichmanöver« des Pferdes aus dem Gleichgewicht gerät, bekommt die Schiefe des Pferdes immer »über den Sitz« in den Griff, indem er dem Pferd einen stabilen Rahmen gibt und »stur« seine Position (Gesäßknochenpositionierung und

Die einhändige Zügelführung ist das Ausbildungsziel für Arbeits- oder – wie hier – Stierkampfpferde; Voraussetzung dafür ist, dass das Pferd gelernt hat, sich unter dem Reitergewicht auch in schwierigen Situationen auszubalancieren.

Beckenstellung) auf dem Pferderücken behauptet; ein Reiter, der ständig mit Hand, Arm oder Unterschenkel am Pferd »herumschraubt oder -drückt«, bekommt sie (und sich selbst) nicht in den Griff.

Es ist nun natürlich nicht so, dass man ein steifes Pferd (mit ausgeprägter hohler Seite) biegen und gerade richten kann, ohne mit Hand/Zügel oder Unterschenkel einzuwirken. Gerade bei problematischen Pferden muss der Reiter alle Beeinflussungs- und Kontrollmöglichkeiten ausschöpfen. Doch er muss so oft wie möglich **Druck wegnehmen** und dem Pferd die Chance geben, sich selbst auszubalancieren. Durch Loslassen am Zügel, Entspannen des Beins und damit des Beckens bestätigt er das Pferd in dessen Reaktion.

Es ist oft nicht so wichtig, was man tut, um das Pferd zu einer erwünschten Reaktion zu veranlassen. Viel wichtiger ist, dass man rechtzeitig damit aufhört!

»In der Bewegung sitzen«

Das Aufhören der aktiven Einwirkung und das Einnehmen einer stabilen, wahrnehmenden und abwartenden Position (die das Pferd in seinen Bewegungen nicht behindert), ohne Druck auf das Pferd auszuüben, gehört zu den wesentlichen Fähigkeiten eines Reiters, der langfristig ein leichtrittiges Pferd ausbilden will.

Bei vielen jungen und korrekturbedürftigen (schiefen) Pferden ist dieser »Wahrnehmungssitz« nicht lange durchzuhalten, bevor der Reiter wieder korrigierend eingreifen muss. Langfristig sollte es jedoch das Ziel sein, möglichst lange »nichts zu tun« und nur sich selbst im stabilen Gleichgewicht zu halten, ohne Druck auf das Pferd auszuüben.

Versammlung

ergibt sich nun aus allen anderen Parametern. Versammlung muss immer »von hinten nach vorne« mit aktiver Hinterhand erfolgen. Die nach vorne gerichtete Bewegungsenergie aus dem Hinterhand-Motor wird durch begrenzende Zügelhilfen nach oben gelenkt – und nur damit wird richtige Aufrichtung mit freier Schulter und guter Rückentätigkeit erreicht. Die richtige Versammlung muss am losen Zügel aufrechterhalten werden können. Dafür braucht das Pferd sehr viel Kraft in der Hinterhand, denn es arbeitet im »Beugegang« (vergleichbar mit unseren Kniebeugen).

Das »Langsam-Machen« des Pferdes mit tiefer Halshaltung, wie es z.B. im Pleasure-Training des Westernpferdes erfolgt, hat nichts – aber auch gar nichts – mit Versammlung zu tun, auch wenn manche es fälschlich so nennen.

Im ersten Ausbildungsjahr versammeln wir unser junges Pferd noch nicht wirklich unter dem Reiter. Wir sorgen dafür, dass es auf leichte Impulse Energie liefert und etablieren alle Kontrollmechanismen. Bei der Arbeit an den Übergängen und den Seitengängen kann es jedoch durchaus sein, dass das Pferd mal ein paar versammelte Tritte anbietet. Das sollte man ruhig annehmen. Aus dem (vorsichtigen) Verkürzen und Verlängern der Tritte in Selbsthaltung des Pferdes mit freier Schulter und frei getragenem Hals lässt sich Versammlung gut vorbereiten. Auch an der Hand (ohne das Reitergewicht) kann man mit den jungen Pferd durchaus schon an der Versammlung arbeiten. In Rückwärts-Vorwärts-Übergängen bieten manche Pferde schon mal ein paar Piaffe-Tritte an.

Was sonst noch bedenkenswert ist …

»Hebelwirkung«

Besonders bei kleinen, leichten Pferden, muss ein Reiter mit langen Beinen und/oder einem langen Oberkörper aufpassen, dass er im Gleichgewicht bleibt. Eine seitliche Neigung des Oberkörpers wirkt sich durch den längeren Hebel viel gravierender aus und bringt das Pferd schnell aus dem Gleichgewicht. Zudem muss er akzeptieren, dass nicht der ganze Unterschenkel Kontakt mit dem Pferdebauch haben kann. Er muss lernen, den Oberschenkel aus dem Hüftgelenk in die Innenrotation zu drehen (das gibt Stabilität) und den Unterschenkel aus dem Knie einfach »fallen« zu lassen. Er reitet nur bis zum Knie. Der Unterschenkel ist ein »Anhängsel«, was nur zum kurzen Treiben gebraucht wird. Klemmt er den Unterschenkel an, so wird immer das Knie offen sein. Die Sitzbasis verkleinert sich (Gesäßknochen stehen weiter zusammen), der Sitz wird instabil.

Die Ausbildungsskala gilt auch für den Reiter

Alle Begriffe der Ausbildungsskala des Pferdes kann man auch auf den Reiter anwenden.
Er braucht gutes Gleichgewicht und Gefühl für den Takt.
Er muss losgelassen und durchlässig sein und vor allem muss er gerade sein (seine eigenen Asymmetrien im Griff haben).
Er muss sich konzentrieren (sich sammeln, sich selbst zusammenhalten) können.

Immer wieder neu …

Die Haltung kann man nicht festhalten, sie muss ständig neu erarbeitet werden.

Der Reiter muss sensibel auf alle Reaktionen des Pferdes achten. Dazu muss er verstehen, dass er sich die Haltung des Pferdes ständig neu erarbeiten muss. Haltung ist nie statisch, sondern immer Bewegung – sowohl die des Pferdes als auch die des Reiters. Deswegen kann man eine Haltung nie »festhalten«. Der Reiter muss ständig mit dem

Energiekontrolle: Wenn Sie einen Impuls für »Mehr Vorwärts« geben, sorgen Sie dafür, dass Sie das Pferd nicht unabsichtlich wieder bremsen, indem Sie am Zügel festhalten. Auch wenn das erst einmal nicht gut aussieht: Lassen Sie dem Pferd den Hals frei.

Pferd kommunizieren – hauptsächlich an den »Schaltstellen« Sitz-Pferderücken und Hand-Maul. Er fragt ständig die Spannungszustände an diesen Schaltstellen ab. Ist der Zügel zu straff? Geht das Pferd gegen die Hand? Macht es den Rücken fest? Wo sind die Hinterbeine? Gleichzeitig fragt er jedoch auch die Spannung im eigenen Körper ab. Oft ist es nämlich so, dass der Reiter an den falschen Stellen Spannung aufgebaut hat und das Pferd diese nur aufnimmt und spiegelt.

Energiekontrolle

Die Hinterhandaktivität wird über Konzentration auf die Vorwärtsbewegung abgefragt; jedes Wegnehmen der Energie, jede leichte Verzögerung im Tempo wird sofort mit einem kurzen Signal des Schenkels, der Stimme oder der Gerte bedacht (das funktioniert natürlich nur, wenn der Schenkel im Normalbetrieb still liegt). Prinzipiell gilt, dass das Pferd immer ein wenig mehr Energie anbieten soll, als wir für die Vorwärtsbewegung brauchen. Nur dann können wir »Haltung« herstellen.

Energiekontrolle: Sorgen Sie immer dafür, dass das Pferd sich nicht auf der Hand abstützen kann, indem Sie immer wieder loslassen. Damit zwingen Sie das Pferd dazu, die Schulter oben zu lassen und sich selbst auszubalancieren.

Alle **Paraden werden mit einer Erhöhung der Energie** geritten, nicht mit einer Verringerung. Dieses Erhöhen der Energie in den Übergängen bei gleichzeitigen bremsenden Impulsen am Zügel bringt das Pferd dazu, die Bewegungsenergie mit den Hinterbeinen abzufangen und die Schulter anzuheben. Das ist prinzipiell der Beginn der Versammlung.

Insbesondere bei Pferden mit (noch) instabiler Haltung ist das ständige Abfragen (in Verbindung mit wechselnder Zügellänge) ein absolutes Muss, um zu verhindern, dass das Pferd sich wieder aus der Haltung herausmogelt oder sich »den Kopf vom Reiter tragen lässt«.

Neuer Versuch ...

Brechen Sie eine Übung immer dann ab und setzen nach einer kurzen Pause neu an, wenn Sie merken, dass Sie selbst sich verspannen, zu lange festhalten oder irgendetwas verbissen »irgendwie durchdrücken« wollen. Oft ist das Pferd dann schon »aus dem Ruder gelaufen« und befindet sich nicht mehr in einem reaktionsbereiten Zustand. Der Reiter hat kaum eine Chance, das

Störung im Energiekreis: Das Pferd weicht dem Zügel nach hinten aus und zeigt keinen klaren Zweitakt im Trab. Der Rücken ist festgehalten.

gemeinsame Gleichgewicht wieder mit »vernünftigen Mitteln« herzustellen. Bevor sich also beide Partner an einer Übung »festgefressen« haben, lieber eine kurze Pause am langen Zügel einlegen, durchschnaufen und neu beginnen.

Zudem muss bei jungen Pferden auch immer bedacht werden, dass sie unter Umständen »Haltungsschmerzen« bei längeren Arbeitsabschnitten bekommen, weil ihre Oberlinie noch nicht stark genug ist.

Man sagt »das Pferd trägt mit dem Nacken«. Der Nacken, d.h. der Oberhals, dient – in Verbindung mit dem freien Vortreten der Hinterhand – als Hebel, um den Rücken des Pferdes oben zu halten, d.h. den korrekten Spannungsbogen zu erzeugen. Und die Muskulatur im Nacken ermüdet beim jungen Pferd sehr schnell. Auch hier hilft die Pause am langen Zügel.

Die Rückentätigkeit des Pferdes

Wenn der Rücken als Verbindung zwischen hinten und vorn fungiert, dann funktioniert die Kontrolle des Pferdes über den Sitz wie mit Servolenkung. Wenn der Rücken »weg« (verspannt) ist, dann kann der Reiter nur noch bedingt oder gar nicht mehr über den Sitz einwirken und muss die Kontrolle über die Peripherie (= Unterschenkel und Arm/Hand) übernehmen.

Für eine gute Rückentätigkeit braucht man eine aktive Hinterhand. Das Vortreten der Hinterbeine sorgen dafür, dass sich die Bauchmuskeln des Pferdes zusammenziehen. Dadurch verkürzt sich die »Bauchlinie« und verlängert sich die Rückenlinie des Pferdes. Der lange Rückenmuskel wird mit Vortreten des jeweiligen Hinterbeines gedehnt.

Ohne Aktivität und Federkraft in den Hinterbeinen kommt der Rücken nicht nach oben und nicht zum Schwingen – der Reiter kommt nicht zum Sitzen und das Pferd nicht in Selbsthaltung.

An den Hilfen

Damit das Pferd »an den Hilfen« ist müssen drei Hauptforderungen erfüllt sein.

1. Beide Partner müssen sich aufeinander konzentrieren und aufmerksam auf die Signale und »Antworten« des anderen achten.

2. Das Pferd darf weder gegen die Reiterhilfen ankämpfen, noch sie einfach ignorieren. Beides passiert, wenn der Reiter auch dann nicht mit

Störung im Energiekreis: Das Pferd unterbricht den Kontakt, drückt den Rücken weg und entzieht sich der Kontrolle.

den Hilfen aufhört, wenn das Pferd schon »Kooperation« signalisiert hat; wenn er den Energiekreis unter dauerhafter Hochspannung hält. Ständiges Treiben ist deswegen der Untergang des »feinen Reitens«. Es stumpft das Pferd ab, statt es aufmerksam (an den Hilfen) zu halten.

3. Der Reiter muss eine – vom Pferd erfüllbare – Forderung mit aller Konsequenz durchsetzen. Dafür muss er die richtige Vorstellung von der Ausführung im Kopf haben. Halbherzige Aktionen des Reiters im Sinne von »Ich kann's ja mal versuchen« bedeuten »ständiges Herumdiskutieren mit dem Pferd«.

(Siehe auch **Fokus »Aufmerksamkeit«**)

Der Kontakt zum Pferd an den Schaltstellen

Die effektive Kontaktaufnahme zum Pferd erfolgt über die beiden Schaltstellen Gesäßknochen-Becken-Pferderücken (kurz: Sitz) und Hand-Zügel-Maul (kurz: Zügelführung). Nur bei richtigem Kontakt an diesen beiden Stellen hat der Reiter die Möglichkeit der gezielten Einwirkung auf das Pferd (= Hilfengebung).

Es gilt:

Der ausbalancierte, stabile Gleichgewichtssitz ist die Basis für die Kontrolle und Steuerung des Pferdes! und

Ohne gefühlvollen Zügelkontakt keine gezielte und deutliche Hilfengebung!

Die »Schaltstellen«

Die wichtigste Schaltstelle in einer Reiter-Pferd-Kombination ist der Rücken des Pferdes in Verbindung mit dem – verlängerten – Rücken des Reiters (speziell den Gesäßknochen und dem Becken). Die wesentlichen Fragen sind immer: »Ist der Rücken des Pferdes oben und schwingt? Kann der Reiter sitzen?« und »Tritt die Hinterhand aktiv vor?« Alles andere ist nachrangig.

An der Schaltstelle Maul-Zügel-Reiterhand kann der Reiter erst dann sinnvoll einwirken, wenn das Pferd genug Energie aus der Hinterhand produziert und »über den Rücken« nach vorne durchlässt. Die »richtige« Haltung von Hals und Kopf, das »Am-Zügel-Gehen«, ergibt sich erst aus einem schwingenden Pferderücken und einem aktiven Vortreten der Hinterhand. Sie ist die Auswirkung der funktionellen Arbeit von Rücken und Hinterhand.

Störung im Energiekreis: Das Pferd drückt den Unterhals heraus und den Rücken weg.

Das gleiche Pferd im ausbalancierten Galopp mit korrekter Haltung.

Kontrolle an den »richtigen« Stellen

Wer zuerst an der Kopfhaltung arbeitet, zäumt das Pferd vom Schweif her auf. Ein Pferd, welches über dem Zügel geht oder sich dagegen wehrt, mit Hilfszügeln in eine »formal akzeptable« Haltung zu pressen, verschlimmert bestehende Probleme durch zusätzliche Verspannungen (siehe auch: **Sich in die Lage des Pferdes versetzen**).

Wackelkontakt vermeiden

Oft sieht man entweder einen wackeligen Kontakt zwischen Hand und Pferdemaul oder einen zu festen, zu starren. Der lose Zügel der Arbeitsreitweisen, der nur mit kurzen Impulsen auskommt, ist nicht zu verwechseln mit dem »Wackelkontakt«. Das Pferd, das korrekt am losen Zügel geritten werden kann, hat in seiner Grundausbildung gelernt, den Zügel anzunehmen und sich aus dem Sitz steuern zu lassen. D.h. es reagiert sofort im Sinne des Reiters auf ein minimales Zügelsignal. Der Wackelkontakt hingegen ist einfach nur unpräzise, weil das Pferd dabei Impulse im Maul bekommt, die meistens nichts zu bedeuten haben. Der Wackelkontakt wird ein Pferd immer auf die Zügelhilfen abstumpfen, genauso wie ein ständig klopfender Schenkel es auf die Schenkelhilfen abstumpft, weil sie in den meisten Fällen nichts zu bedeuten haben.

Festhalten funktioniert nicht

Ein zu fester Kontakt (harte Hand) wird das Pferd immer zuerst im Maul, in der Folge im Genick versteifen und schließlich auch den Rücken fest machen. Reiter, die eine einmal erreichte richtige Haltung des Pferdes »festhalten« wollen, statt sie ständig neu zu erarbeiten, haben oft einen zu festen Kontakt. Sie nehmen ihrem Pferd dadurch die Bewegungsfreiheit: So gerittene Pferde beißen die Zähne zusammen, werden unbeweglich in der Schulter, halten den Rücken fest und reagieren zäh auf die Hilfen.

Guter Kontakt am Zügel beinhaltet, dass weder Mensch noch Pferd den Zügel dauerhaft brauchen. Der ideale Kontakt am »Seidenfaden« nutzt allein das Zügelgewicht für die Verbindung und kürzeste Impulse für Paraden. Die Verbindung ist eher mentaler als wirklich physischer Natur.
Die gänge Reiterei, bei der das Pferd ständig aktiv gegen die stehende Hand herangetrieben wird, kann folglich nie zu einer wirklich feinen Abstimmung der Hilfen führen.

Dem Pferd zuhören

Um Kontakt mit dem Pferd zu bekommen, muss der Reiter sich zuerst auf die Bewegungsvorgaben des Pferdes konzentrieren (dem Pferd zuhören), Spannungsveränderungen sensibel wahrnehmen und rechtzeitig eingreifen, wenn das Pferd etwas tut, was er nicht möchte. Die eigene Selbstabfrage (siehe dort) muss funktionieren, um sicherzustellen, dass man nicht selbst der Auslöser von Spannungen im System ist.
Das Pferd muss den Kontakt zulassen, d.h. sich unter der Beckenstellung des Reiters ausrichten (Richtungskontrolle) und den Zügel als »begrenzendes Instrument« annehmen (Genickkontrolle), damit ein geschlossener Energiekreis hergestellt und eine **korrekte Arbeitshaltung** erreicht werden kann.

Wechselnde Zügellänge, Zügel richtig nachgreifen

Zum richtigen Kontakt gehört auch die richtige Zügellänge. Junge Pferde können nicht mit einer Zügellänge geritten werden. Das Pferd muss nach einem kurzfristigen »Zusammenstellen« immer wieder in die Dehnungshaltung entlassen werden. Dehnungshaltung bedeutet dabei nicht, dass es einfach lang wird und auseinanderfällt, sondern nur ein etwas weiterer Rahmen, in dem es arbeitet. Die Schulter bleibt dabei oben, der Hals getragen, die Hinterhand aktiv. Notfalls muss schnell (aber unaufgeregt) ein oder beide Zügel verkürzt werden, wenn das Pferd den Kontakt unterbricht.
Sinnvollerweise greift man gezielt nach: d.h. der Reiter nimmt beide Zügel in eine Hand und greift zuerst einen Zügel nach, wechselt dann die Zügelhand und greift den anderen Zügel nach. Bei jedem Richtungswechsel muss nur der (neue) innere Zügel nachgefasst werden, damit die innere Hand vorne und oben bleiben kann. Die äußere Hand lässt den (neuen) äußeren Zügel nur etwas durchgleiten, bis er wieder lang genug ist.

Bei Pferden mit noch unsteter Haltung hat der Reiter manchmal nicht genug Zeit, um nachzugreifen. Er kann sich dann kurzfristig damit behelfen, beide Hände weit auseinanderzuziehen (weite Stellung), um schnell wieder Kontakt zum Pferdemaul zu bekommen (siehe auch: **Üben, mit dem Material umzugehen**).

Versteift das Pferd das Genick oder versucht, sich auf den Zügel zu legen, können Sie mit dem inneren Zügel gummibandartig nach oben Richtung Maulwinkel/Ohren des Pferdes wirken. Damit bekommt man schnell das Genick wieder weich.

Auch hier wieder in der Intervalltechnik arbeiten und lieber mehrmals nach oben »zupfen« statt zu lange festzuhalten. Und sofort Druck wegnehmen, wenn das Pferd im Genick weich wird.

Reiten mit mentaler Kontrolle: Positiv vorstellen

Gutes Reiten braucht »geistige Vorarbeit«. Dazu gehört das »Sehen- und Fühlen-Lernen«. Idealbilder, Idealvorstellungen müssen im Kopf entstehen, mit Gefühl hinterlegt und notfalls mit zunehmender Erfahrung auch verändert werden.

Nur dann ist der Reiter in der Lage, die Qualität seiner Ausbildungsarbeit zu beurteilen. Und nur mit dem richtigen Vorstellungsbild von Haltung, Bewegungsrichtung und Bewegungsqualität des Systems Reiter+Pferd im Kopf kann er diese Idee auch dem Pferd vermitteln.

Stellen Sie sich immer genau vor, was Sie wollen; vermeiden Sie, daran zu denken, was alles schiefgehen kann und was Sie nicht wollen. Wer Angst davor hat, dass ihm das Pferd durchgehen könnte, wird dem Pferd die Angst signalisieren – und es durch Festhalten dazu bringen, gegen seine starre Hand anzurennen.

Wer daran denkt, dass ihm das Pferd an der offenen Seite aus dem Zirkel ausbrechen könnte, wird dem Pferd genau diese Idee vermitteln. Wer jedoch »stur« an »langsam« denkt und den Zügel auch (kurz) loslassen kann, wenn das Pferd zuviel »Vorwärts« anbietet, der gibt dem Pferd kaum eine Möglichkeit, sich zu entziehen. Wer unbeirrt seine vorgestellte Bewegungsrichtung im Kopf hat, bringt das Pferd dazu, seinen Vorstellungen zu folgen. Das Gleiche gilt für die Haltung des Pferdes: Sie muss als positives Bild im Kopf des Reiters entstehen. Zudem gilt: **Wer sein Pferd in Haltung reiten will, darf seine eigene Haltung nicht verlieren** – auch nicht die Vorstellung davon, wie diese auszusehen hat.

Mit dem richtigen Vorstellungsbild von der Haltung im System kann man auch junge Pferde schon gut aussitzen.

Der Körper organisiert sich nach der Vorstellung

All diese Gedankenbilder funktionieren jedoch nur dann zufrieden stellend – mit positiver Wirkung aufs Pferd –, wenn der Reiter immer genau weiß, was sein eigener Körper gerade tut. Ist das Vorstellungsbild wirklich »lebendig«, so organisiert sich der korrekt trainierte und konditionierte Reiterkörper in passender Weise, um dem Pferd sein Bild im Kopf zu »übermitteln«. »Korrekt trainiert und konditioniert« bedeutet, dass das Körpergefühl des Reiters den aktuellen Gegebenheiten entspricht, dass der Reiter gelernt hat, seine Körpersprache unmissverständlich einzusetzen.

Beginn der Versammlung: Abfangen der Bewegungsenergie in der Parade durch stärkeres Winkeln der Hinterhand.

Eine Frage der Zeit

Zeitpläne?

Immer wieder werde ich nach Zeitplänen gefragt: Wie lange soll ich longieren, wann kann ich mit dem Galopp beginnen, wann mit den Seitengängen?

Ich drücke mich gern davor, einen festen Zeitrahmen vorzugeben, weil die individuellen Gegebenheiten bei Pferd und Reiter so unterschiedlich sind. Jedes Pferd hat ganz eigene Stärken und Schwächen, jeder Reiter ebenso.

Prinzipiell empfehle ich immer, das Pferd (und sich selbst) genau zu beobachten, nicht nur hinsichtlich der Bewegungsqualität bei bestimmten Übungen, sondern auch hinsichtlich Stimmung und »Bauchgefühl«. Wer z.B. Bedenken hat, mit seinem jungen Pferd im Winter auszureiten, weil er einen Kontrollverlust befürchtet, der darf durchaus zu Fuß mit dem Pferd spazieren gehen. Wer die Belastung der Pferdebeine durch die Zentrifugalkräfte beim Longieren fürchtet, der lässt das noch nicht gut trainierte Pferd nur im gemäßigten Tempo und nur ein paar Minuten an der Longe traben. Ist das Pferd jedoch ungezogen und bockt los oder versucht, dem Longenführer die Longe aus der Hand zu ziehen, dann hat die Kontrolle Vorrang und das Pferd muss arbeiten, bis es sich wieder benimmt.

Macht Ihr Pferd längerfristig (länger als ein, zwei Wochen) einen lustlosen oder übernervösen Eindruck bei bestimmten Übungen, so versuchen Sie ein anderes »Programm« oder checken Sie es gesundheitlich durch.

Never Change a Running System?

Wenn Sie ein Pferd ausbilden wollen, müssen Sie von Zeit zu Zeit natürlich die Anforderungen erhöhen, sonst kommen Sie nicht weiter. Ein Pferd, welches sich angenehm in allen Grundgangarten reiten lässt, einen ausgeglichenen Eindruck macht und die richtige Muskulatur aufgebaut hat, kann mehr gefordert werden (z.B. hinsichtlich stärkerer Versammlung), damit es sich nicht langweilt. Tauchen irgendwo dauerhafte Probleme auf, so ist es immer sinnvoll, einen oder auch zwei Schritte zurückzugehen – bis dahin, wo noch alles gut klappt.

Das Erreichen der einzelnen Ausbildungsstufen gibt im Prinzip auch das Tempo der Ausbildung vor. Jedes Pferd hat einen anderen Ausbildungsrhythmus und erreicht das eine oder andere Teilziel früher oder später. Eine Richtschnur im Ausbildungstempo können die folgenden Punkte geben:

1. Immer der Reihe nach

Überlegen Sie bei jeder neuen Übung, ob Sie auch an alle Grundlagen gedacht haben, die das Pferd dafür kennen und können muss.
Versuchen Sie nie, auf wackligen Grundlagen aufzubauen. Hat das Pferd eine bestimmte Lektion zwar begriffen, reagiert aber noch unsicher und nicht jeden Tag gleich gut auf Ihre Hilfen für diese Lektion, dann ist diese als Grundlage für aufbauende Lektionen ungeeignet.

Fühlt sich das Pferd dauerhaft gut an bei einer bestimmten Lektion, und kann diese Lektion leicht abgerufen werden, so kann man davon ausgehen, dass die Übung »sitzt« und als Grundlage dienen kann.

2. Bequemlichkeit

Ist Ihr Pferd noch unbequem zu sitzen, dann ist es noch nicht losgelassen und Sie müssen hauptsächlich an seiner Längsbiegung arbeiten und seine Hinterhand aktivieren, bevor Sie versuchen, in höhere Gangarten zu wechseln.

3. Gleichmäßiges Tempo

Rennt Ihr Pferd Ihnen »unter dem Hintern weg« oder kriegen Sie es nicht vorwärts, so gilt das Gleiche wie bei Punkt zwei: Das Pferd ist nicht losgelassen. Im ersten Fall produziert die Hinterhand außerdem zu viel Schub – die Tragkraft fehlt. Arbeiten Sie in der Gangart, in der das Problem auftritt, viel in der Biegung (siehe auch: Schulterherein) und mit vielen Paraden (z.B. Trab-Schritt-Trab-Schritt). Kriegen Sie das nicht hin, dann »schalten Sie einen Gang herunter« und arbeiten in der nächst niedrigeren Gangart. Gehen Sie besonders mit einem Pferd, was nicht vorwärts will, viel ins Gelände. Draußen sehen die meisten faulen Pferde eher einen Sinn darin, zu laufen. Reiten Sie draußen jedoch immer nur in der Gangart, die Sie sicher kontrollieren können.
Erst, wenn Sie das Tempo in einer Gangart kontrollieren und gleichmäßig halten können, können sie zur nächst höheren übergehen. Deswegen kann es bei manchen Pferden sein, dass der Galopp recht spät an die Reihe kommt.
Faule Pferde können Sie allerdings auch mal abgaloppieren, wenn sie sich im Trab zu sehr verhalten. Manchmal hilft das, sie aufzuwecken.

4. Hören Sie auf Ihr Pferd

Achten Sie auf Angebote des Pferdes. Die Pferde zeigen Ihnen, an was sie Spaß haben, was sie noch nicht können und wann sie bereit für einen weiteren Schritt sind. Galoppiert Ihr Pferd unaufgefordert an, obwohl Sie in Ihrem Ausbildungsplan noch keine Galopparbeit vorgesehen haben, dann lassen Sie es ruhig ein paar Sprünge weitergaloppieren, wenn es nicht losstürmt und im richtigen Galopp anspringt. (Benutzen Sie am besten nachträglich noch die Stimmhilfe für Galopp.) Erst danach führen Sie es langsam zum Trab zurück. Bockt es jedoch beim Angaloppieren und versucht, loszurennen, stoppen Sie es möglichst sofort wieder. Auf diese Weise wollen Sie schließlich auch später nicht angaloppieren.

Seitwärts zur Verbesserung der Feinabstimmung auf die Hilfen

Seitwärtskoordination im Schritt mit Vorhandwendung

Diese Übung lehrt das Pferd, dem Schenkel zu weichen und den äußeren Zügel als Kontrollzügel zu akzeptieren. Sie ist als Vorübung für das Schulterherein geeignet. Die gymnastizierende

Das Pferd macht keine Fehler

Es gilt prinzipiell: Das Pferd macht keine Fehler – Schuld hat immer der Reiter. Der Reiter ist immer auch Ausbilder und Trainer des Pferdes. Er ist verantwortlich für die Steuerung des gesamten Systems Reiter+Pferd. Und diese Aufgabe kann er nur wahrnehmen, wenn er genau weiß, was sein eigener Körper tut.

Isometrische Spannung

Isometrische Spannung bezeichnet die Spannung in der Haltemuskulatur sowohl des Pferdes als auch des Reiters. Die isometrische Spannung ist grundsätzlich unsichtbar und »sorgt für Haltung und Stabilität«.
Nach außen sichtbare Spannung im System Pferd+Reiter ist immer falsche Verspannung. Sie entsteht ursächlich durch blockierte, festgehaltene Gelenke bei beiden Partnern – z.B. durch ein blockiertes Becken des Reiters und ein festes Maul und Genick des Pferdes.

Wirkung dieses »Schenkelweichens« ist gering. Es dient allein der Koordinationsverbesserung und der Verbesserung der Reaktion auf die Hilfen und damit der Vorbereitung für die Entkoppelung von Bewegungs- und Blickrichtung des Pferdes, die später gebraucht werden.

Angenommen Sie befinden sich auf der linken Hand im Schritt. Stellen Sie nun Ihr Pferd mit dem

Stabil bleiben, ohne starr zu werden oder festzuhalten

Der Reiter muss für die Stabilität im System Reiter+Pferd sorgen. Stabilität in einem bewegten System bedeutet natürlich »stabiles Gleichgewicht in der Bewegung«. Er ist dabei nicht nur für sein eigenes Gleichgewicht, sondern auch für das des Pferdes zuständig. Dafür muss er zuerst seine eigene Haltung »in Odnung bringen«.

Dabei müssen folgende Hauptkriterien erfüllt sein:
Stabile Muskulatur in Oberkörper und Oberschenkeln durch isometrische Spannung; losgelassene Gelenke in »Mittelstellung« in Armen und Beinen (= handlungsfähige Peripherie); bewegliches Becken, das als »Bewegungsumwandler« für alle von Pferd und Reiter ankommende Bewegungsimpulse fungiert.

Wenn jedoch der Reiter nicht in der Lage ist, seinen eigenen Körper wirklich stabil zu halten und zu kontrollieren, wenn er nicht so recht weiß, was er eigentlich auf dem Pferd tut (und warum er es tut), so kann dies nicht gelingen. Balance und Stabilität des Reiters und seine Handlungsfähigkeit auf dem Pferd, seine Fähigkeit, das Pferd nicht in seiner Bewegung zu stören und ihm präzise Anweisungen (Hilfen) zu geben, haben deswegen erste Priorität.
Es muss also immer zuerst der Reiter ins stabile Gleichgewicht gebracht werden. Das Pferd (auch das ganz junge) wird »folgen«, wenn der Reiter nicht mehr stört und klare, für das Pferd auch ausführbare Anweisungen gibt.

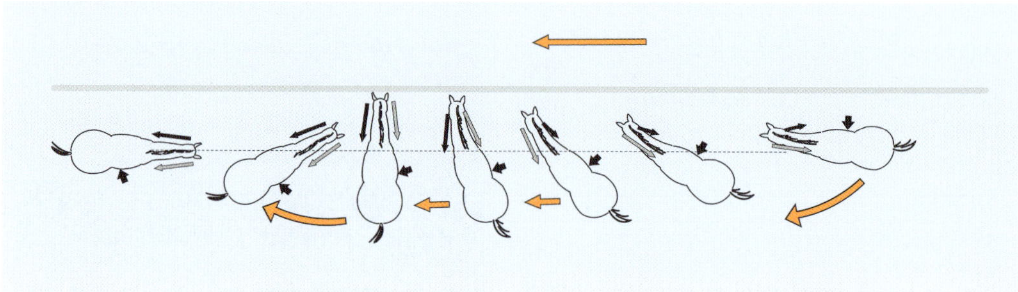

Koordinationsübung: Kombination »Seitwärts« plus »Vorhandwendung«.

seitwärts wirkenden, rechten Zügel in Richtung Bande. Setzen Sie dann den rechten Schenkel seitwärts treibend ein und treiben Sie damit die Hinterhand nach links weg. Reiten Sie nun mit dem schräg zur Bande gestellten Pferd weiter. Sie lassen das Pferd »dem rechten Schenkel weichen«. Der innere Zügel (der rechte an der Außenseite der Bande, denn das Pferd ist rechts gestellt) erhält die Stellung des Pferdes nach rechts. Der äußere (linke) Zügel kontrolliert nun sowohl die Abstellung des Pferdes von der Bande als auch das Tempo der Vorwärtsbewegung. Je mehr Sie ihn annehmen, desto mehr verlangsamt das Pferd und desto stärker wird seine Abstellung mit der Hinterhand von der Bande, wenn Sie mit dem rechten Schenkel gleichstark weitertreiben. Irgendwann ist der Punkt erreicht, an dem das Pferd sich nur noch mit der Hinterhand bewegt und schließlich eine Vorhandwendung ausführt. Sie haben in diesem Moment mit dem äußeren Zügel die Vorwärtsbewegung komplett gestoppt, so dass sich nur noch die Hinterhand als Reaktion auf den seitwärts treibenden Schenkel bewegt. Am Ende stehen Sie mit Ihrem Pferd entgegengesetzt zur ursprünglichen Bewegungsrichtung auf der rechten Hand. Nach einer Entspannungsrunde am langen Zügel im Schritt können Sie das Ganze nun seitenverkehrt in Angriff nehmen.

Der äußere Zügel wird bei der Aktion natürlich nicht einfach nur immer stärker angenommen, sondern arbeitet in der Intervalltechnik. Reagiert das Pferd durch Verlangsamen der Vorwärtsbewegung, dann geben Sie etwas nach (und zeigen dem Pferd mit dem Nachgeben, dass seine Reaktion richtig war). Verstärken Sie die Einwirkung des äußeren Zügels wieder, wenn Sie mehr Abstellung und weniger Vorwärtsbewegung wollen. Wollen Sie mehr Vorwärtsbewegung und weniger Abstellung, dann stellen Sie das Pferd mit dem direkten, seitwärts wirkenden Zügel nicht so stark nach außen und treiben mit dem seitwärts treibenden Schenkel weniger.

Achten Sie darauf, die Orientierung im Raum nicht zu verlieren: also nicht dem Pferd auf den Hals, sondern immer wieder in Bewegungsrichtung schauen, um Abstellung und Bewegungslinie von Vorder- und Hinterbeinen zu überprüfen. Und achten Sie darauf, nicht aus dem Sitz zu kippen. Auch bei allen Vorwärts-Seitwärtsbewegungen müssen Sie beide GK fast gleich stark fühlen und dürfen keinen »verlieren«.

Mit der Übung für die Seitwärtskoordination bereiten Sie das Schulterherein vor.

Versuchen Sie immer, mit möglichst wenigen Impulsen auszukommen und lassen dem Pferd Reaktionszeit. Und vermeiden Sie, das Pferd im Hals zu stark zu stellen, damit es nicht über die äußere Schulter ausweicht.

Diese Übung hilft Ihnen, die nötige Intensität der Zügel- und Schenkelhilfen festzustellen und an der Reaktion des Pferdes zu beobachten, wie beide sich gegenseitig ergänzen.
Und sie hilft Ihrem Pferd, sich auf eine erste kompliziertere Hilfenkombination einzustellen. Die Hilfenkombination heißt: seitwärts treibender Schenkel, stellender innerer Zügel und begrenzender/kontrollierender äußerer Zügel. Die verschiedenen Abstufungen der Intensität in den einzelnen Teilen der Hilfenkombination resultieren entweder in einer Vorhandwendung oder in einem Schenkelweichen mit unterschiedlich starker Abstellung von der Bande. Nach dieser Übung sind Sie und Ihr Pferd reif für aufbauende Koordinationsübungen.

Antrainierte Reflexe

Anhalten durch Zügel nachgeben – Anreiten durch Zügel aufnehmen

Bringen Sie Ihrem Pferd in den **Koordinations-Übungen** bei, immer dann stehen zu bleiben, wenn Sie sich im Sattel entspannen (ausatmen), die Hand sinken und die Zügel lang lassen und sich nur dann in Bewegung zu setzen, wenn Sie die Zügel annehmen, die Hand evtl. leicht anheben und zusätzlich ein Signal mit dem Schenkel geben. Durch anfängliche Verwendung von verbalen Hilfen können Sie dieses Hilfensystem schnell etablieren.

Genickkontrolle

Fordern Sie immer wieder im Halten, dass das Pferd im Genick nachgibt und dabei ruhig stehen bleibt. Es soll den Kopf senken und hinschauen, bevor es einen Schritt über oder durch ein Hindernis macht. Das hilft insbesondere bei Labyrinthen. Sie erreichen das, indem Sie Kontakt zum Maul aufnehmen (dabei still, aber mit Energie/Körperspannung sitzen bleiben, denn das Pferd soll sich ja nicht bewegen) und die Zügel gummibandartig seitwärts »auseinanderziehen«, bis das Pferd im Genick nachgibt und schließlich den Kopf etwas senkt. In diesem Moment lässt sofort der Zug am Zügel nach. Loben Sie das Pferd. Wollen Sie, dass

Für kniffelige Trailaufgaben können Sie dem Pferd einen Anhaltereflex antrainieren, der über das Loslassen des Zügels funktioniert. Das hilft Ihnen auch bei allen Paraden in der Dressurarbeit dabei, das Pferd »von der Hand wegzubekommen« (siehe auch Übergänge ohne Zügeleinwirkung Seite 142 ff).

es den Kopf noch weiter senkt, dann beginnen Sie nach einer angemessenen Ruhepause wieder mit dem leichten seitwärts gerichteten Zupfen. Loben Sie es wieder und lassen es in Ruhe. Das wiederholen Sie solange, bis das Genick entspannt ist. **Achtung:** Der Zügel darf nicht rückwärts oder nach unten wirken. Eine »Aufwärtsparade« mit Zügel Richtung Maulwinkel/Ohr ist jedoch o.k.

Mit diesen beiden »antrainierten Reflexen« schlagen Sie zwei Fliegen mit einer Klappe.
1. Das Pferd entspannt sich durch Fallenlassen des Halses, wenn Sie es auf ein Hindernis zubewegen und das Zügelsignal zum Senken des Kopfes geben. Es verfällt nicht in eine Alarmhaltung.
2. Das Pferd lässt sich anhalten, indem Sie nichts tun und setzt sich nur in Bewegung, wenn Sie mehrere Signale gleichzeitig geben.

Prinzipiell ist auch eine Parade ein antrainierter Reflex. Hier eine Parade aus dem Trab zum Halten. Lassen Sie das Pferd den Hals anheben, auch wenn es dabei etwas über den Zügel kommt. Wichtig ist, dass es die Energie hinten abfängt und nicht die Schulter belastet.

Gutes Rückwärts wird nicht mit dem Zügel initiiert.

Ruhe ins Pferd bringen durch Nichtstun

Mit den beiden beschriebenen Methoden bekommen Sie ein hektisches Herumzappeln des Pferdes in vielen Situationen in den Griff. Stellen Sie nur alle eigenen Aktivitäten ein. Das Pferd wird in der Folge auch alle Aktivitäten einstellen und sich beruhigen. Helfen Sie anfangs mit dem verbalen Kommando für »Halt« nach.
Versuchen Sie stattdessen, ein aufgeregtes Pferd mit dem angenommenen Zügel zum Stehenbleiben zu zwingen oder auf irgendeine Art mit den Schenkeln »gegenzusteuern«, wird es normalerweise nur noch mehr herumzappeln.

Komplexe Hilfen

Rückwärtsrichten

Schon im ersten Monat unter dem Sattel können Sie auch mit dem Rückwärtsrichten unter dem Reiter beginnen. Sie brauchen es für viele Koordinationsübungen und es hilft Ihnen dabei, die Hinterhand des Pferdes »unter sich« zu bringen. Wenn das Pferd aus der Bodenarbeit das Kommando »Zurück« kennt und genug Vertrauen zu Ihnen hat, sollte es kein großes Problem darstellen, ihm die ersten Rückwärts-Tritte zu entlocken. Ganz wichtig: **Die Rückwärtsbewegung wird nicht mit dem Zügel eingeleitet.**

Sie sitzen also auf Ihrem stehenden Pferd und wollen es zum ersten Mal rückwärts richten. **Fordern Sie zuerst »Haltung« vom Pferd**. Veranlassen

Die Idee beim Rückwärts: Das Pferd setzt sich hinten und wird frei in der Schulter. Das kann bei verschiedenen Pferden unterschiedlich aussehen.

Sie es, im Genick nachzugeben (siehe **Genickkontrolle**). Drücken Sie dabei aus Ihrer Bauchmitte Energie nach außen (wie beim Nase-Schnäuzen) und stellen sich vor, wie das Pferd Genick und Hals entspannt. Es soll nachgeben, jedoch nicht nach hinten »wegtauchen«. Tut es das, so nehmen Sie erstmal Spannung aus dem Zügel oder heben beide Hände nach vorn-oben an, bis die Nasenlinie des Pferdes wieder in die Senkrechte kommt (Aufwärtsparade).

Sitzen Sie beim Herstellen der Haltung völlig still: Das Pferd soll sich ja nicht bewegen, sondern nur das Genick »hergeben«. Arbeiten Sie nur mit der Erhöhung der Energie in der eigenen Körperspannung und der Vorstellung davon, was das Pferd tun soll.

Sie haben jetzt eine weiche Verbindung zum Maul bei Selbsthaltung des Pferdes. Jetzt können Sie an »Rückwärts« denken. »Wackeln« Sie einfach ein wenig mit beiden Fußspitzen aus dem Fußgelenk – ein vibrierendes Schenkelsignal. Dieses soll heißen: »Beweg' deine Hufe«, gibt jedoch keine Richtung vor. Reden Sie dabei mit Ihrem Pferd und geben das verbale Kommando für »Rückwärts«.

Will sich das Pferd nach vorne in Bewegung setzen, hält der Zügel gegen. Ein verbales »Nein« tut ein Übriges, um das Pferd davon zu überzeugen, dass die Richtung »vorwärts« nicht gemeint ist. Signalisiert das Pferd jetzt durch Anheben der

Schulter und Verlagern seines Gewichtes nach hinten, dass es einen Tritt rückwärts machen will, so wird sofort der Zügel lose. Das eigentliche Rückwärtsrichten erfolgt am losen Zügel, so dass das Pferd keine Möglichkeit hat, die Schulter zu versteifen. Belohnen Sie das Pferd für den ersten Tritt und fordern Sie dann Tritt für Tritt weitere.
Verliert das Pferd die Haltung, halten Sie an und stellen ohne das Schenkelsignal erst wieder haltung her, um dann mit dem virbrierenden Schenkelimpuls wieder Rückwärts zu richten.

Die Idee beim Rückwärtsrichten ist Folgende

Das Pferd wird leicht in der Schulter und Vorhand und setzt sich hinten. Es kommt damit das gleiche Grundmuster der Bewegung wie bei der Versammlung zum Einsatz. Es kann also nicht sein, dass ein Rückwärtstreten des Pferdes einfach mit einem rückwärts wirkenden Zügel eingeleitet wird. Viele Pferd wehren sich auch gegen ein solches Rückwärtsziehen – und Recht haben sie damit.
Die Einwirkung des Reiters kann man folgendermaßen vereinfachen:
Haltung herstellen »mit Zügel« und »ohne Bein«.
Rückwärts »mit Bein« und »ohne Zügel«.

Wichtig beim Schenkelimpuls ist, dass das Pferd klar unterscheiden kann zwischen dem Vorwärts-Impuls (= einmaliges Anklopfen) und dem Rückwärts-Impuls (= vibrirendes beidseitiges Wackeln aus den Fußgelenken). Wer noch eine weitere Unterscheidung etablieren will, der legt beide Schenkel zum Rückwärtsrichten etwas weiter nach hinten.
Nun wird jeder Tritt rückwärts einzeln auf diese Weise gefordert.
Wichtig ist das belohnende Nachgeben für jeden richtigen Tritt ohne Widerstand.
Beginnen Sie sehr langsam – Tritt für Tritt – mit der Übung. Mit der Zeit wird das Rückwärtsrichten von allein flüssig, wenn das Pferd dabei den Rücken oben lässt.

Freie Schulter und gewinkelte Hanken. Im Rückwärts kommt das gleiche Bewegungsmuster wie in der Versammlung zum Tragen.

Widerstehen Sie der Versuchung, das Pferd mit den Zügeln rückwärts ziehen zu wollen. Wenn es mit allen Vieren im Sand festgewurzelt scheint, so benutzen Sie die Gerte, um ein Bein zu bewegen. Sie können mit der Gerte sowohl die Schulter anticken als auch ein Hinterbein. Es geht erst einmal nur darum, dem »festgefrorenen« Pferd eine kleine Bewegung zu entlocken.
Holen Sie sich immer wieder das nachgiebige Genick im Halten, wenn das Pferd während des Rückwärtstretens fest wird oder den Hals hochdrückt.
Wie immer in der Ausbildungsarbeit wollen wir auch im Rückwärts die freie Selbsthaltung des

Richtiger Kontakt zum Pferd erfordert nicht unbedingt den anstehenden Zügel.

Pferdes. Aus einem guten Rückwärts soll das Pferd ohne Zögern wieder in die Vorwärtsbewegung antreten können. Flüssige, weiche Übergänge Rückwärts-Vorwärts sind eine gute Vorbereitung für die versammelnde Arbeit.

Probleme beim Rückwärtsrichten beheben

Viele Pferde stellen gern die Hinterhand nach hinten heraus und hängen dann beim Rückwärtstreten im Rücken nach unten durch. Das führt die gesamte Lektion ad absurdum: Rückwärtsrichten ist nur dann sinnvoll, wenn der Rücken des Pferdes nach oben kommt und die Hinterhand mehr Last aufnimmt, d.h. stärker gewinkelt wird.

Bei Pferden, die ohne Rücken rückwärts »kriechen« (und dabei meist Schleifspuren mit Vorder- und/oder Hinterhufen am Boden hinterlassen), kann der gezielte Gerteneinsatz an den Hinterbeinen Abhilfe schaffen.
Idealweise hilft dabei anfangs jemand von unten. Der Reiter gibt dem Pferd die Signale für »rückwärts« und der Helfer verhindert durch Touchieren am hinteren Röhrbein, dass das Pferd die Hinterbeine einfach nach hinten herausstellt und sich vor der Lastaufnahme drückt. Er hält das Pferd mit dem Gerteneinsatz »geschlossen«.

Sie können auch die westernspezifische Variante des Rückwärtsrichtens etablieren mit einem höheren Anheben der Hand und einem leichten Zurücknehmen des Oberkörpers für alles, was

Das L als »klassisches« Winkelhindernis. Es funktioniert für vorwärts, seitwärts und rückwärts.

»Rückwärts« bedeutet. Mit der Zeit brauchen Sie dann nur noch die Hand ohne Druck zu heben und den Oberkörper zurücknehmen – und das Pferd geht rückwärts. Sie können dabei Stimmhilfen und Schenkelimpuls recht schnell minimieren.

(Brauchen Sie jedoch später die hohe Hand für ein anderes Signal, z.B. als Hilfe für den spanischen Schritt, so sollten Sie das Rückwärtsrichten anders einleiten.)

Die hohe Hand als Rückwärtssignal hat einen entscheidenden Vorteil für Koordinations-/Trailübungen: Bringen Sie Ihrem Pferd bei, auf das Senken der Hand sofort die Rückwärtsbewegung einzustellen und stehen zu bleiben. Damit verhindern Sie, dass das Pferd rückwärts durch Hindernisse rennt (siehe auch **Anhalten durch Zügel nachgeben**).

Erstaunlicherweise lässt sich gerade bei Pferden, die nur zäh und ungern rückwärts gehen, in rückwärts zu reitenden Trailhindernissen schnell eine Besserung des Rückwärtsrichtens erreichen. Einfache Hindernisse mit einer integrierten Rückwärtsbewegung sollten Sie deswegen in Angriff nehmen, sobald das Pferd sich halbwegs geradeaus rückwärts lenken lässt.

Klappt das geradeaus, können Sie das Pferd rückwärts um die Ecke lenken. Und wenn Sie es schon gut biegen können, können Sie auch gebogen rückwärts richten – eine Übung, die die Lastaufnahme des inneren Hinterbeins und damit die Versammlung fördert.

Stangengassen

Die einfachste Übung in dieser Form ist das Durchreiten einer Gasse aus Stangen oder hoch stehenden Cavaletti zuerst vorwärts und dann rückwärts. Schwerer ist, das Pferd rückwärts in eine solche Gasse einzufädeln, dazu brauchen Sie nämlich schon die erweiterte Steuerungsmöglichkeiten (siehe Winkelhindernisse).

Kleine Sprünge oder – wie hier – In-Outs verbessern Koordination und Hinterhandarbeit.

Winkelhindernisse, Richtungskorrektur, gelenktes Rückwärtsrichten

Komplizierter wird die Koordination bei Winkelhindernissen, bei denen die Hinterhand rückwärts gesteuert werden muss. Auch hier zeigen Sie dem Pferd das Hindernis am besten erstmal vorwärts, damit Sie es nicht einfädeln müssen.

Das gelenkte Rückwärtsrichten in Trailhindernissen ist allerdings nicht so schwer, wie es aussieht, wenn die Grundlagen sitzen. Üben Sie zuerst »Rückwärts um die Ecke«.

Ein einfacher Grundsatz für die Steuerung zu Beginn: Halten Sie das Pferd in der Längsachse gerade und führen die Schulter in die entgegengesetzte Richtung zur Hinterhand.

Die Hinterhand des Pferdes soll z.B. nach rechts ausweichen. Beginnen Sie mit ein paar langsamen Tritten »Rückwärts geradeaus« und stellen für die Wendung das Pferd deutlich nach links mit dem weit seitlich herausgeführten linken Zügel. Geben Sie bei Bedarf zusätzlich einen kurzen seitwärts treibenden Impuls mit dem linken Schenkel. Die Hinterhand des Pferdes wird nach rechts ausweichen. Der seitwärts gerichtete Schenkelimpuls wird häufig gar nicht notwendig sein.

Mit dieser »Idee der Lenkung im Rückwärts« können Sie das Pferd auch korrigieren, wenn es seitlich ausweicht, obwohl Sie »Rückwärts geradeaus« gefordert haben.

Es weicht dann seitlich aus, wenn ein Hinterbein steifer ist – und zwar in Richtung des steiferen Hinterbeines; dieses will weniger tragen und das Pferd setzt es deswegen nicht unter sich, sondern leicht seitlich heraus, so dass es weniger Last aufnehmen muss.

Stellen Sie das in der Längsachse gerade Pferd nun einfach vorne in die Richtung, in die es hinten ausweicht.

In Winkelhindernissen können Sie Rückwärtsbewegungen auch mit Seitwärtsbewegungen sowie Vor- und Hinterhandwendungen verbinden. Achten Sie jedoch immer darauf, dass das Pferd alle Hilfenkombinationen, die Sie in solchen Winkeln brauchen könnten, schon einzeln gelernt hat. Wenn es noch keine Hinterhandwendung (siehe dort) kann, dann konfrontieren Sie es nicht mit einer solchen im Hindernis.

Labyrinthe, Stangenarbeit, kleine Sprünge

Übungen über **Stangen**, die das Pferd aus der Bodenarbeit kennt, lockern die Arbeit auf und helfen, das Pferd aufmerksam zu halten und Verspannungen zu vermeiden bzw. zu bessern. Auch wenn alle Übungen in der Bodenarbeit schon ge-

Wichtige Ziele der Ausbildung

- *Ein gemeinsames Gleichgewicht im System Reiter+Pferd erreichen,*
- *die richtige Körperspannung und Losgelassenheit bei Pferd und Reiter erreichen,*
- *Takt entwickeln,*
- *Asymmetrien bei Pferd und Reiter beseitigen (Geraderichten),*
- *Steuerung des Systems, Kontrolle der Energie durch den Reiter:*
- *Vorwärtsdrang erhalten bzw. entwickeln, Schub gegebenenfalls begrenzen,*
- *Ausweichmanöver des Pferdes (Wegdrängeln, Kippen) verhindern,*
- *Durchlässigkeit bei Pferd und Reiter erreichen,*
- *die richtigen Vorstellungsbilder im Kopf haben,*
- *die Orientierung im Raum behalten.*

macht wurden, beginnen Sie im Schritt mit einer oder zwei Stangen. Steigern Sie die Gangart und die Stangenanzahl (insgesamt nicht mehr als 4–5) immer erst dann, wenn das Pferd die ersten Übungen gut bewältigen kann – ohne Taktfehler und ohne zu stocken oder anzustoßen. (Abstände der Stangen: siehe **Longenarbeit**.)

Ein kleiner **Sprung** am Ende einer Stangenreihe im Trab kann aufgebaut werden, wenn das Pferd sauber und ruhig über die Stangen. Solche Sprünge (nicht höher als 50–60 cm) am Ende einer Trabreihe können bei Pferden helfen, die schlecht angaloppieren wollen (lassen Sie das Pferd danach einige Sprünge weitergaloppieren). Zudem trainieren sie die Hinterhand des Pferdes auf einfache Weise.

Labyrinthe werden nur im Schritt geritten. Autoreifen, Stangengitter, abwechselnd hoch und tief gelegte Stangenreihen sowie schräg liegende Stangenfächer um einen Mittelpunkt herum fördern die Aufmerksamkeit des Pferdes. Es lernt, seine Füße zu heben und kontrolliert und langsam wieder aufzusetzen. Winkelige Stangengassen helfen dem Pferd, Ihre Hilfengebung für Wendungen besser zu verstehen, denn es begreift, warum es abwenden soll, wenn es einen »Weg« sieht. Winkel aus »Schaumstoffstangen« sind schnell aufgebaut und es ist nicht schlimm, wenn das Pferd mal auf eine drauftritt. Es kann sich nicht vertreten.

Biegung und Gymnastizierung

Schenkelweichen und Schulterherein als Grundlage der Gymnastizierung

Viele Ausbildungsmethoden verbannen die Seitengänge in den fortgeschrittenen Teil der Ausbildung. Meiner Ansicht nach gehört mindestens das Schulterherein zu den Grundlagen-Lektionen, auf die viele Kontrollmechanismen aufbauen. Wann beginnen Sie also mit dem Schulterherein beim jungen Pferd? Kurz gesagt: Im Schritt so früh wie möglich – denn nur damit können Sie sein Tempo kontrollieren, es effektiv gymnastizieren und auf diese Weise schließlich gerade richten.

Für alle Vorwärts-seitwärts-Bewegungen gilt: Der Reiter muss die Grundidee der Bewegung und den Nutzen der beabsichtigten Übung (fürs Pferd) im Kopf haben.

Zudem muss er sich immer wieder ins Gedächtnis rufen, dass sein Sitz eine Schlüsselrolle spielt. Achtet er nur aufs Pferd, so läuft er Gefahr, selbst aus dem Gleichgewicht zu kippen. Gerade bei den Seitengängen und Hinterhandwendungen kann man immer wieder sehen, dass der Reiter

Seitwärts mit Ausrichtung und einhändiger Zügelführung. Diese verhindert, dass man am inneren Zügel ins Ziehen kommt.

völlig schief, mit ziehender innerer Hand, eingeknickter Hüfte oder falscher Ausrichtung auf dem Pferd sitzt – und dem Pferd die Übung damit erschwert oder gar unmöglich macht.

Schulterherein

Voraussetzungen:

1. Sie haben die ersten Koordinationsübungen hinter sich und alle Hilfen etabliert und gefestigt, die Sie für die verschiedenen Hilfenkombinationen brauchen (einfaches Schenkelweichen als Vorübung).
2. Das Pferd läuft in Schritt und Trab unter Ihr Gewicht, d.h. es folgt Ihrer Ausrichtung und Gesäßknochenstellung und dem stellenden Zügel seitwärts in eine Wendung (Zirkel und größere Volten sind möglich).
3. Es weicht auf einseitiges Schenkelsignal seitlich aus und reagiert auf beidseitiges Schenkelsignal mit Vorwärtsgehen.

Schulterherein ist nicht zu verwechseln mit dem Schenkelweichen. Das Schenkelweichen (ohne Biegung) dient hauptsächlich der Sensibilisierung auf den Reiterschenkel. Es hat vor allem koordinatorischen und weniger gymnastischen Wert. Das Schulterherein (mit Längsbiegung) dagegen bringt Ihr Pferd vermehrt an den äußeren Zügel, entwickelt die Tragkraft des inneren Hinterbeines und dehnt die äußere Seite des Pferdes. Hat das Pferd das Schulterherein begriffen und führt es flüssig und ohne Widerstand aus, haben Sie ein exzellentes Kontroll- und Gymnastizierungsinstrument. Schulterherein ist die Grundlage für jede Art von Versammlung, für alle Stellungs-, Biegungs- und Richtungs-Korrekturen des Pferdes und es erleichtert das Geraderichten und das kontrollierte Angaloppieren des Pferdes.

Das Schulterherein als Einstieg

Das Schulterherein nimmt eine Sonderstellung zwischen dem ungebogenen Schenkelweichen und den gebogenen Seitengängen in Bewegungsrichtung ein. Das Pferd ist nämlich dabei gegen die Bewegungsrichtung gestellt und gebogen; der Reiter richtet sich jedoch sinnvollerweise in Bewegungsrichtung aus und schiebt deswegen den äußeren Gesäßknochen vor und den inneren zurück. Dabei schaut er in Bewegungsrichtung an der äußeren Schulter des Pferdes vorbei, um die Orientierung im Raum zu behalten. Die Umsetzung dieser Sitzanweisung fällt vielen anfangs schwer, hauptsächlich, weil sie in der konventionellen Lehre so nicht vermittelt wird.

Richtig ausgeführt ist das Schulterherein die ideale Einstiegs-Übung in die gebogenen Seitengänge. Es erfordert nicht so viel Dehnung der äußeren Seite vom Pferd wie das Travers oder die Traversale, bringt es jedoch dazu, diese äußere Seite loszulassen. Es lehrt das Pferd, nicht immer »der Nase nach« zu laufen. Und es lehrt den Reiter die Orientierung im Raum, den korrekten Gebrauch des äußeren Zügels und das Loslassen am inneren Zügel.
Schulterherein, das weniger abgestellte »Schultervor« und auch das Schenkelweichen können je nachdem, womit das Pferd Probleme hat, variabel eingesetzt werden. Macht sich das Pferd auf einer Seite zu hohl und läuft über die äußere Schulter weg, dann hält man es eher schenkelweichenartig gerade. Will es sich auf der steifen Seite nicht biegen, fordert man eher das Schulterherein oder Schultervor (siehe auch Korrekturen in den Wendungen Seite 209 ff).

In Bewegungsrichtung sitzen

Es gibt eine leichtere und eine schwerere (im Sinne von »energieaufwändiger«) Version des Sitzes. **Schwerer:** die konventionell gelehrte Methode: Der innere Gesäßknochen ist wie zum Abwenden vorgeschoben. Das Pferd will der Ausrichtung folgen, also nach innen abwenden und der Reiter

muss dies mit vermehrtem Einsatz von innerem Schenkel und äußerem Zügel wieder verhindern. Damit gibt er Hilfen, die sich teilweise gegenseitig aufheben und verschwendet Energie.

Leichter: Sitzen in Bewegungsrichtung: Der Reiter stellt die Vorhand des Pferdes nach innen herein, schiebt dann den äußeren Gesäßknochen etwas nach vorn und richtet damit sein Becken in Bewegungsrichtung aus. Er schaut über die äußere Schulter des Pferdes geradeaus. Der innere Schenkel unterstützt bei Bedarf mit kurzen Impulsen. Will sich das Pferd nach außen umstellen, so wirkt der innere Zügel seitwärts stellend auf das Genick.

Wichtig ist, dass stellende Impulse am Zügel wirklich seitwärts und nicht rückwärts wirken. Die innere, stellende Hand bleibt oben und vorne und gibt dem Genick nur eine minimale Stellung nach innen, ohne den Hals des Pferdes zu »verbiegen«. Je mehr Sie den Hals nach innen hereinziehen, umso mehr wird das Pferd über die äußere Schulter weglaufen und sich vor der Biegung im Körper drücken.

Teilen Sie das Schulterherein in Ihrer Vorstellung in zwei Phasen

Phase 1: Abwenden (die Schulter nach innen hereinführen)

Der Reiter tut so, als wolle er abwenden: innerer Gesäßknochen und innere Hüfte vor, Blickrichtung in Bewegungsrichtung (Kopfdrehung nach innen), Stellung des Pferdes nach innen (der seitwärts wirkende innere Zügel muss leicht verkürzt werden), der äußere Zügel gibt so viel nach, dass das Pferd den Hals nach leicht innen stellen kann, hält jedoch kontrollierende Verbindung (»Gummiband«).

Diese Phase dauert so lange, bis das Pferd die Schulter in einem Winkel von 30–45 Grad vom vormaligen Hufschlag nach innen hereingenommen hat.

In der Praxis geht das sehr schnell und der Reiter muss aufpassen, dass er die Phase des Umschaltens in Phase 2 nicht verpasst.

Phase 2: Umschalten zum »Geradeausreiten mit gebogenem Pferd«

Das Pferd ist jetzt in der für das Schulterherein richtigen Abstellung vom Hufschlag; es soll jedoch nun nicht weiter nach innen kommen, sondern »gebogen geradeaus gehen«, also mit den Hinterbeinen auf dem Hufschlag bleiben und mit den Vorderbeinen nach innen versetzt gehen.

Dieses Umschalten ist der kritischste Moment des ganzen Schulterherein, denn es muss schnell, kontrolliert und trotzdem ruhig geschehen.

Beim Umschalten ändert der Reiter seine Ausrichtung (Kopfdrehung) und die Positionierung der Gesäßknochen: äußerer nach vorn, innerer nach hinten; er schaut nun nach außen auf die Linie, auf der sich die Hinterbeine des Pferdes bewegen sollen, erhält jedoch die Innenstellung und die Position der Schulter des Pferdes auf der zweiten Spur mit kurzen seitwärts wirkenden Impulsen des stellenden inneren Zügels. Der äußere Zügel ist dafür zuständig, Stellung, Biegung und Abstellung vom Hufschlag zu kontrollieren.

Der innere Schenkel treibt in der Umschaltphase mit kurzen Impulsen seitwärts. Er wirkt auf das innere Hinterbein und biegt das Pferd. Der äußere Schenkel verhindert das Ausfallen der Hinterhand nach außen und erhält die Biegung. Er liegt dazu etwas weiter hinten.

Hat das Pferd begriffen, dass es gebogen geradeaus gehen soll, so kann es der Reiter später fast

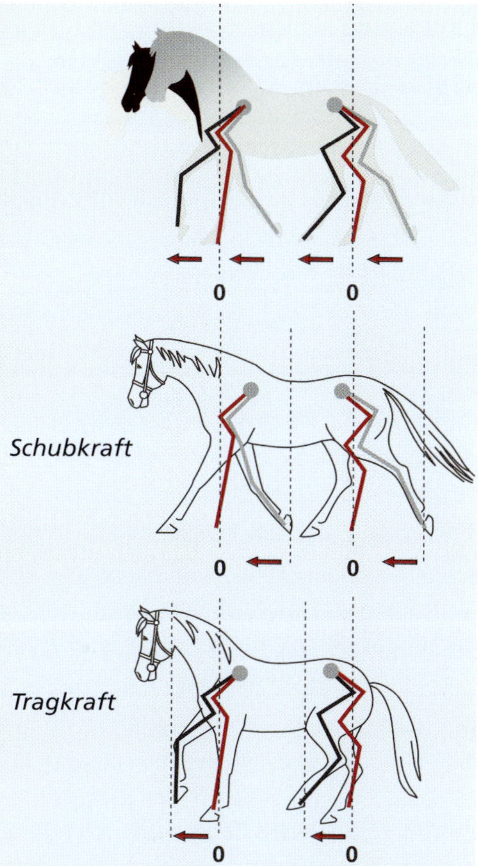

Im Zuge der Ausbildung sollen Teile der Schubkraft in Tragkraft umgewandelt werden. Die Seitengänge helfen dabei.

ausschließlich über den äußeren Zügel und eine Kopfdrehung in Bewegungsrichtung und richtige Positionierung der Gesäßknochen im Schulterherein halten. Und er kann das Schulterherein sogar allein durch Verschieben der Gesäßknochen und die Vorstellung davon, wie sich das Pferd im Raum bewegen soll, einleiten. Das funktioniert dann mit einiger Übung auch ohne Schenkelimpuls und am losen inneren Zügel.

Der äußere Zügel kontrolliert

Nun wird Ihr junges Pferd nicht so ohne weiteres auf Ihre Hilfen zum Schulterherein reagieren. Selbst, wenn Sie alles richtig machen, wird das Pferd versuchen, sich durch Ausweichmanöver das Leben zu erleichtern.

1. Es »flüchtet« über die Schulter in die Gerade (läuft über die Schulter weg).
2. Es ignoriert Ihre Ausrichtung und den inneren Schenkel und wendet ab.

In beiden Fällen ist der äußere Zügel das Hauptkorrektur-Instrument.

Im ersten Fall müssen Sie natürlich zusätzlich durch den seitwärts wirkenden stellenden Zügel die Stellung und Biegung nach innen erhalten. Der äußere Zügel verhindert jedoch, dass das Pferd einfach nur im Hals »abknickt« und Ihnen über die Schulter (geradeaus) wegläuft.

Im zweiten Fall verhindert der äußere Zügel, zusammen mit dem inneren Schenkel und der Ausrichtung des Reiterbeckens nach außen, dass das Pferd abwendet bzw. mit der Schulter in die Wendung hineinkippt. Ihre Ausrichtung in Bewegungsrichtung sowie eine nach oben angehobene innere Hand (um die Schulter des Pferdes oben zu behalten) unterstützen das.

Klappt das Ganze im Schritt sicher und flüssig, so können Sie es im Trab probieren.

Im Trab genügt anfangs ein »Schultervor«, d.h. ein Schulterherein mit weniger Abstellung des Pferdes nach innen. Sehr elastische Pferde können Sie dann schnell mit dem Schulterherein konfrontieren, bei steifen Pferden dauert es etwas länger, bis die Abstellung stimmt, so dass die ideal gymnastizierende Bewegung auf drei Hufspuren erreicht ist.

Auch ein Schulterherein mit stärkerer Abstellung – auf vier Hufschlägen – ist nicht falsch; es gym-

Mittig über dem Pferd bleiben und in Bewegungsrichtung schauen.

nastiziert jedoch das innere Hinterbein nicht so gut, weil dieses am Schwerpunkt vorbei tritt und nicht so viel Gewicht aufnehmen muss, also nicht so viel tragen muss, als wenn es unter den Schwerpunkt treten würde.

In der Praxis verschwimmen die Grenzen zwischen Schenkelweichen und Schulterherein oft. Macht sich ein Pferd auf einer Seite zu sehr hohl, dann wird es eher schenkelweichenartig mit viel Abstellung vorwärts-seitwärts geritten; macht es sich zu steif, fordert man etwas mehr Biegung und weniger Abstellung.

Mit dem Schulterherein haben Sie den ersten Schritt getan, um **die Bewegungsrichtung von der Kopfstellung des Pferdes abzukoppeln**. (Im Schulterherein schaut das Pferd nach innen und geht gebogen geradeaus – es schaut also nicht in Bewegungsrichtung.) Diese Abkoppelung ist aus zwei Gründen notwendig:

1. um die Pferde auf gebogenen Linien korrigieren zu können, wenn Sie nach innen oder nach außen kippen,
2. um die Pferde daran zu gewöhnen, hauptsächlich auf Schenkel und Sitzausrichtung zu reagieren, so dass Sie die Einwirkung am inneren stellenden Zügel schließlich für die Feinabstimmung minimieren können.

1. Korrektur auf dem Zirkel

Sie reiten das junge Pferd im Trab auf dem Zirkel (vom Galopp reden wir noch nicht – und im Schritt entsteht das Problem nicht, weil sich die Zentrifugalkräfte auf dem Zirkel im Schritt so gut wie nicht bemerkbar machen). Kippt es Ihnen dabei über die Schulter nach innen in den Zirkel herein (d.h. die Hinterhand fällt nach außen aus), so benutzen Sie die Hilfenkombinationen aus dem Schulterherein, um es außen auf der Zirkellinie zu halten. Setzen Sie den inneren Schenkel ein und treiben Sie das Pferd damit praktisch gegen den verwahrend angenommenen äußeren Zügel. Das Pferd ist dabei deutlich nach innen gestellt. Schieben Sie den äußeren Gesäßknochen etwas vor (außen sitzen). Begehen Sie nicht den Fehler, das Pferd nach außen zu stellen (weil Sie es ja nach außen auf die Zirkellinie bugsieren wollen). Es würde entweder nach außen von der Zirkellinie weglaufen oder noch mehr auf die innere Schulter kippen und sich nach innen spiralen. Bei dieser Art des Hereinkippens entwickelt das äußere Hinterbein zu viel Schub und/oder das innere Hinterbein zu wenig Tragkraft. Nur mit der überdeutlichen Stellung des Pferdes nach innen und der diagonalen Kontrolle (innerer Schenkel plus äußerer Zügel) aus dem Schulterherein erreichen Sie, dass das innere Hinterbein trägt und inneres Vorderbein plus innere Schulter entlastet werden (siehe auch Zeichnungen S. 76 und 186).

Drängt das Pferd nach außen aus dem Zirkel heraus, so entwickelt das innere Hinterbein mehr Schub als das äußere, obwohl es eigentlich tragen sollte. Das innere Hinterbein schiebt das Pferd praktisch schräg nach außen weg. Stellen Sie nun den Hals des Pferdes einfach noch mehr nach innen, um es auf der Zirkellinie zu halten, dann läuft es Ihnen über die äußere Schulter weg.

Der Trick dabei ist, eine Art Konterschulterherein (zur Not reicht auch eine einfache Außenstellung des Pferdes) auf dem Zirkel zu reiten und damit das (vormals) innere Hinterbein unter den Schwerpunkt zu bekommen und zum Tragen aufzufordern. Stellen Sie also das Pferd gegen die beabsichtigte Bewegungsrichtung mit dem Kopf nach außen. Wechseln Sie damit innere und äußere Seite aus Pferdesicht.

Ausschlaggebend ist die Becken-Ausrichtung des Reiters nach außen – und zwar aus Sicht des Pferdes außen, jedoch, was die Figur des Zirkels betrifft, innen. Mit dem Vorschieben der äußeren Hüfte und der Diagonalen äußerer Zügel (an der Innenseite des Zirkels) und innerer Schenkel (an der Außenseite des Zirkels) halten Sie das Pferd nun auf der Zirkellinie.

Stellung in die Richtung, in die das Pferd ausweicht

In beiden Korrekturfällen stellen Sie Ihr Pferd überdeutlich in die Richtung, in die es wegdrängelt und bedienen sich der »Steuerungstechnik« aus dem Schulterherein.

Über diese Technik können Sie nun sowohl die Längsachse des Pferdes als auch seine Bewegungsrichtung kontrollieren und haben beide unabhängig voneinander gemacht. Sie können das Pferd gestellt oder gebogen geradeaus reiten (das Schulterherein) und den Zirkel in Innen- und Außenstellung reiten. Damit können Sie jeweils gezielt das schwächere Hinterbein trainieren und zum Tragen bringen und die jeweils hohle Seite dehnen. Auf diese Weise – durch die wechselseitige Biegung – richten Sie das junge Pferd gerade.

Ein Wechsel zwischen Innen- und Außenstellung auf dem Zirkel wechselt das jeweils stärker tragende Hinterbein und gymnastiziert das Pferd, ohne es auf einer Hand zu überlasten. Häufiges Wechseln aus dem Zirkel mit sauberer Umstellung am Mittelpunkt hat eine ähnliche Wirkung, weil jeweils das neue innere Hinterbein des Pferdes nach jedem Wechsel Gewicht aufnehmen muss. Man kann z.B. auch auf dem Zirkel von Außenstellung zu Außenstellung wechseln.

2. Sensibilisierung auf die Sitzhilfen – Minimieren des inneren Zügels

Um das Pferd sensibel auf Ausrichtung aus dem Sitz zu machen, bietet sich das Schulterherein in Verbindung mit Volten oder Kehrtvolten an. Reiten Sie auf der langen Seite Schulterherein und wenden Sie aus dem Schulterherein in eine Volte ab. Dazu müssen Sie nur Ihre Gesäßknochen leicht verschieben – den inneren nach vorn, den äußeren nach hinten (beim sensibel reagierenden Pferd reicht später eine Kopfdrehung von Ihnen, um es aus dem Schulterherein in die Kehrtwendung zu führen). Sie können nach Beendigung der Volte weiter im Schulterherein reiten, indem Sie Ihre GK erneut verschieben und den Kopf wieder leicht nach außen, in Bewegungsrichtung drehen (Blickrichtung ändern). Sie können jedoch auch danach geradeaus reiten oder eine Kehrtvolte statt der ganzen Volte ausführen. Die Kehrtvolte bietet Ihnen die Möglichkeit, das Pferd auf Hinterhandwendungen und Traversalen vorzubereiten.

Auch im ersten Ausbildungsjahr kann das Pferd schon die Traversale lernen – und sei es nur im Schritt. Es geht in Travers und Traversale um eine weitere Sensibilisierung auf die Gewichts- und Schenkelhilfen. Aus gymnastizierender Sicht geht es um die noch stärkere Dehnung der äußeren Seite des Pferdes (das Pferd muss beim Übertreten mit dem äußeren Hinterbein die Dehnung der äußeren Seite verstärken) und um die vermehrte Kontrolle des äußeren Hinterbeines.

Hinterhandwendungen, Travers, Traversalen

Travers, Traversale und Hinterhandwendungen haben die gleiche »Grundidee« der Bewegung.
Sie unterscheiden sich hauptsächlich durch die Bewegungsrichtung voneinander.

Die Hinterhandwendung kann man als eine Traversbewegung im Kreis begreifen.
Sie ist kein statisches »Auf-der-Stelle-Klemmen« und muss deswegen aus der Vorwärtsbewegung heraus entwickelt werden. Um die Hinterhandwendung zu üben, ist es von Vorteil, wenn das Pferd das Travers schon beherrscht. Der Reiter kann dann in einer Traversbewegung eine Volte verkleinern. Er lässt dabei den Kreis, den die Hinterhand beschreibt, immer kleiner werden, bis die Vorhand einen großen Kreis um die auf einem Minikreis tretende Hinterhand beschreibt.

Das Treten des inneren Hinterbeines fast auf der Stelle ist das Endprodukt der Arbeit und nicht ihr Anfang. Wichtige Kriterien der richtig ausgeführten Hinterhandwendung sind die Schulterfreiheit, die Lastaufnahme des inneren Hinterbeines sowie der Bewegungsfluss und das stockungsfreie Übertreten der Vorderbeine. Von großer Bedeutung ist, dass das äußere Vorderbein vor dem inneren kreuzt. Das zeigt, dass die Bewegung richtig entwickelt wurde und tatsächlich noch eine Vorwärtsbewegung ist.

Der Reiter, der die Hinterhandwendung nicht als Vorwärtsbewegung begreift und sein Pferd mit dem (oft noch rückwärts wirkenden) inneren Zügel in die Hinterhandwendung hineinzieht, erreicht ein »nach hinten kriechendes Pferd« mit verklemmter Schulter, welches sich schlimmstenfalls mit dem

Ruhe ins Pferd bringen

Was tun, wenn ein Pferd sich aufregt – klemmt, zappelt, zackelt oder davonläuft und sein Heil in der Flucht nach vorn sucht?
Der Reiter muss versuchen, Spannung aus dem Gesamtsystem herauszunehmen. Das kann er nur, wenn er sich selbst entspannt.
Das bedeutet:
Sitz zentrieren bei aufrechtem Oberkörper mit senkrecht nach unten zeigenden Gesäßknochen,
kontrolliert Spannung aus dem Zügel herausnehmen, das Pferd nicht gegen die Hand »brummen« lassen,
Schulter fallen und Hand sinken lassen bzw. innen nachgeben.
Auf keinen Fall ständig gegenhalten und gegensitzen!
Und keinesfalls den Schenkel anklemmen oder mit dem Absatz bohren!
Beim Leichttraben verzögert aufstehen.
Einsatz der Stimme zum Beruhigen des Pferdes.

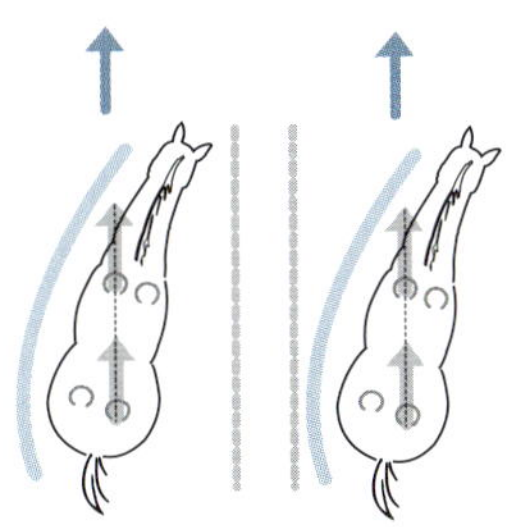

Konterschulterherein / Schulterherein (3 Hufspuren)

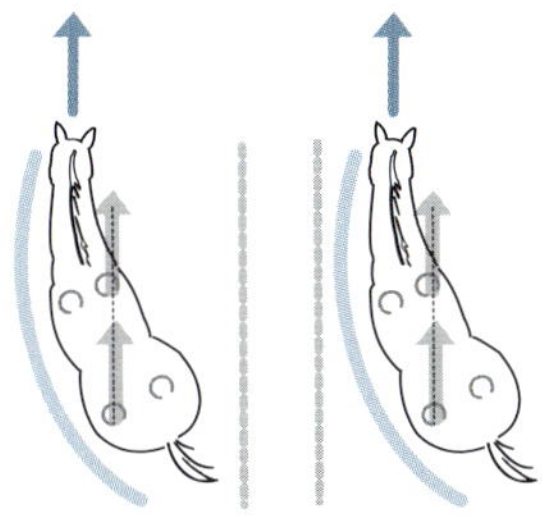

Renvers / Travers (3 Hufspuren)

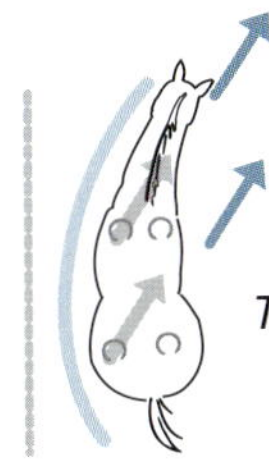

Traversale

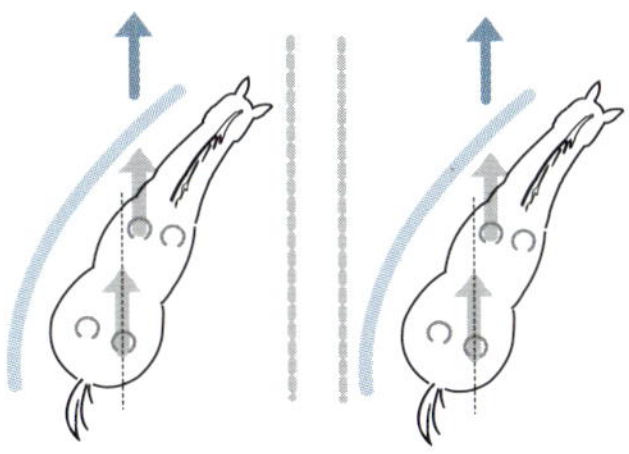

Konterschulterherein / Schulterherein (4 Hufspuren)

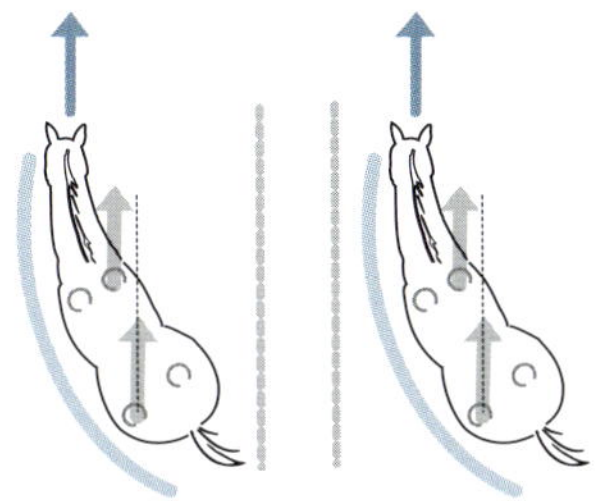

Renvers / Travers (4 Hufspuren)

Travers und Renvers sowie Konterschulterherein und Schulterherein sind jeweils die gleichen Lektionen und werden nur in Bezug zur Bande unterschiedlich genannt. Die graue Linie bezeichnet die Bande.

äußeren Vorderbein gegen das innere schlägt oder hinter dem inneren Vorderbein kreuzt.

In der korrekten Hinterhandwendung bewegt sich das Pferd vorwärts-aufwärts mit freier Schulter. Die Galopp-Pirouette ist ihr versammelter Höhepunkt. Das Gleiche gilt für Travers, Renvers und Traversalen: Schulter und Rücken des Pferdes müssen frei sein und die Hinterhand aktiv.

Der einzige Unterschied zwischen den Seitengängen mit Stellung und Biegung in Bewegungsrichtung und den Hinterhandwendungen ist tatsächlich die Ausrichtung der Bewegung, die Fortbewegung des Pferdes im Raum, die der Reiter über seine Kopfdrehung (seine Ausrichtung) steuert.

Der Sitz in allen Hinterhandwendungen und Traversbewegungen

Der Sitz und die Ausrichtung des Reiters in Travers, Traversale und Hinterhandwendung ist tatsächlich der gleiche.

Der Oberkörper bleibt immer senkrecht und in sich gerade und stabil; alle Seiten sind gleich lang (vorne-hinten-rechts-links), ohne Verdrehungen in der Taille. Die Schultern bleiben auf einer Höhe.

Der Kopf wird in Bewegungsrichtung gedreht, ohne dabei die Halswirbelsäule abzuknicken oder ihn schief zu legen (Blickrichtung, Orientierung im Raum). In der Hinterhandwendung ist die Kopfdrehung stärker als in der Traversale.

Der innere Gesäßknochen wird vorgeschoben, der äußere zurück (= diagonaler Sitz in Bewegungsrichtung). Dabei sollte die Belastung auf beiden Sitzknochen etwa gleich stark bleiben. Biegen Sie das Pferd nicht zu stark, insbesondere den Hals nicht. Das erleichtert es dem Pferd, die innere Schulter oben zu halten.

Hat das Pferd noch Probleme mit der starken Dehnung der äußeren Seite, können Sie anfangs

Ein Hinterhandwendung ist ein Travers im Kreis.

Hinterhandwendungen auch gerade gestellt oder sogar ein wenig nach außen gestellt reiten.
Schenkelhilfen sind zweitrangig und können bei Bedarf immer durch Gertenimpulse ersetzt werden (vor allem, wenn der Reiter dazu neigt, mit dem Schenkel zu lange zu drücken). Zügelhilfen sind drittrangig und für die Feineinstellung zuständig: leichte Stellung im Genick und Kontrolle der äußeren Schulter.
Der wichtigere äußere Zügel kontrolliert die Vorwärtstendenz, die Schulter und das Genick des Pferdes, der innere erhält nur eine leichte Stellung und gibt nach, sobald das Pferd sich in die richtige Richtung bewegt. Er wird ein wenig seitwärts geführt, um dem Pferd die Richtung zu zeigen. **Auf jeden Fall bleibt die innere Hand vorne und oben (getragen)!**

Hier noch einmal die Kurzform die Hilfen für alle Traversbewegungen:
Inneren Sitzknochen / innere Hüfte in Bewegungsrichtung vorschieben, Blickrichtung in Bewegungsrichtung, Oberkörper gerade und mittig im Sattel lassen, Kontrolle der Vorwärtsbewegung und Biegung sowie des Grades der Abstellung am äußeren Zügel, leichte Stellung am inneren Zügel, innere Hand vorne lassen – fertig! So einfach ist das – wenn man gelernt hat, seine eigene Position auf dem Pferd ständig »abzufragen« und zu korrigieren, bevor man am Pferd herumkorrigiert.

Alternativen

Wollen Sie die Hinterhandwendung später für Trailübungen modifizieren, dann reiten Sie sie langsam, halten Sie nach jedem Schritt an. Sensibilisieren Sie das Pferd stärker auf den äußeren Zügel, so dass Sie ihn an den Hals des Pferdes anlegen und als »Druckzügel« benutzen können. Das Pferd soll schließlich Ihre Ausrichtung im Becken folgen und dem außen angelegten (jedoch nicht mehr angenommenen) Druckzügel weichen.

Hinterhandwendungen können in der fortschreitenden Ausbildung im Trab (z.B. Spin oder Kurzkehrtwendungen) und Galopp (Galopp-Pirouette) ausgeführt werden.

Mit Schulterherein, Travers und Hinterhandwendung haben Sie alle Kontrollmechanismen für die Gymnastizierung und die Koordination.

Es geht in der weiteren Ausbildung nur noch darum, diese Mechanismen in verschiedenen Übungen und Gangarten einzusetzen.

Der ausbalancierte Galopp

Nachdem wir nun das junge Pferd in Schritt und Trab koordiniert und gymnastiziert haben, kommen wir zu den letzten Punkten der Grundausbildung, den Galopphilfen und dem kontrollierten Angaloppieren und Galoppieren. Galopp ist ein ideales Instrument, um die Bauchmuskulatur des Pferdes zu kräftigen, die hauptsächlich dafür verantwortlich ist, die Hinterbeine nach vorne zu ziehen.

Neben der Koordination und Gymnastizierung kommt der Kondition des Pferdes für die Galopparbeit eine größere Bedeutung zu, als dies vorher im Trab der Fall war. Hat das Pferd noch nicht viel Kondition, so werden seine Muskeln – speziell im Galopp – schnell müde. Steigern Sie also die Galoppier-Zeit und die Anforderungen nur sehr langsam. Manchen Pferden sollten Sie im ersten Ausbildungsjahr (und auch während des Galopptrainings) nicht zu viel Kondition anreiten. Besonders kleine »Kraftprotze« wissen sonst bald nicht mehr, wohin mit sich und ihrer Kraft und lassen sich nur schwer regulieren.

Wann Sie die Galopparbeit tatsächlich in Angriff nehmen, ist Ihrem Feeling überlassen. Mit einem gut ausbalancierten und beweglichen Pferd früher, mit einem schlechter ausbalancierten Pferd später.

Kontrolliertes Anspringen lassen

Für ein kontrolliertes Angaloppieren unter dem Reiter ist es auf jeden Fall wichtig, dass das Pferd an der Longe bzw. im Round Pen auf Stimmkommando im richtigen Galopp anspringt, so dass Sie das Pferd nicht in den Galopp hineinjagen müssen. Wollen Sie nun das erste Mal angaloppieren, so benutzen Sie das Stimmkommando für Galopp. Stellen Sie das Pferd im Genick **leicht**

Die junge Friesenstute zeigt einen schön bergauf gesprungenen Galopp.

nach innen und **lassen die innere Hand dabei vorne und oben**. Begrenzen Sie die Stellung mit dem äußeren Zügel, treiben Sie mit dem inneren Schenkel impulsartig am Gurt. Schieben Sie Ihre innere Hüfte vor, so dass Sie in einer leichten Diagonalen sitzen, damit kommt der äußere Schenkel automatisch weiter nach hinten. Im Prinzip sitzen Sie dabei ähnlich wie für ein Travers. Nur ist die Hinterhand des Pferdes dabei nicht auf dem zweiten Hufschlag. Und Sie benutzen zusätzlich das verbale Kommando, um eine Verwechslung für das Pferd auszuschließen. **Stellen Sie sich zudem den Galoppsprung bildhaft vor**; lassen Sie das Pferd vor Ihrem inneren Auge anspringen. Denken Sie daran, das Pferd mit freier Schulter **»vor sich«** zu bringen, so dass der erste Galoppsprung aufwärts ausgerichtet ist.

Flotter Galopp mit freier Schulter.

Das Pferd beginnt den (richtigen) Innengalopp mit dem äußeren Hinterbein. Auf dieses wirkt der Impuls mit dem äußeren etwas zurückgenommenen Schenkel. Der innere Schenkel gibt nur einen Vorwärtsimpuls.

Merken Sie, dass das Pferd anspringen will, geben Sie mit der frei getragenen inneren Hand nach, um den beginnenden Sprung nicht zu behindern. Ziehen Sie die Hand auf keinen Fall Richtung Ihres Bauches zurück, wie man es leider oft sehen kann. Koppeln Sie Ihre innere Hand gedanklich mit der inneren Hüfte; das hilft gegen die Tendenz, am Zügel zurückzuziehen. Geht Ihre Hüfte (Ihre innere Seite) vor, so geht dabei gleichzeitig Ihre innere Hand vor. Der äußere Zügel ist nun für die Tempo- und Genickkontrolle verantwortlich, er kann etwas stärker angenommen werden, wenn das Pferd zu schnell werden will. Der innere Zügel ist – wie immer – nur für die **leichte** Stellung des Pferdes zuständig.

Ob Sie aus dem Schritt oder aus dem langsamen Trab angaloppieren »sagt« Ihnen das Pferd. Für die korrekte Hilfengebung und auch für ein kontrolliertes Anspringen ist sicher das Angaloppieren aus dem Schritt besser. Manche Pferde tun sich jedoch schwer damit. Diese können Sie auch aus dem Trab anspringen lassen. Was Sie jedoch auf jeden Fall vermeiden sollten ist, das Pferd aus dem schnellen, übereilten »Renntrab« in den Galopp hineinfallen zu lassen. Dabei haben Sie dann nämlich nichts mehr unter Kontrolle – weder Ihren Sitz noch das Tempo und vermutlich nach den ersten zwei hastigen Galoppsprüngen auch die Richtung des Pferdes nicht mehr.

Versuchen Sie auch keinesfalls, das Pferd mit bohrendem Schenkel oder Nach-vorne-Werfen des Oberkörpers in den Galopp »hineinzuwürgen«.

Springt das Pferd nicht auf Kommando an, sondern fällt in den Trab oder beginnt, im Trab immer schneller zu werden, dann bringen Sie es erst wieder in den Schritt bzw. in den ruhigen, taktreinen Trab zurück, bevor Sie es erneut versuchen. Damit vermeiden Sie, dass das Pferd lernt, im Galopp loszustürmen. Faule Pferde können Sie beim Anspringen mit einem Gertensignal außen unterstützen (um das beginnende äußere Hinterbein in Gang zu setzen).

Springt das Pferd im Kreuzgalopp oder im Außengalopp an, dann parieren Sie es vorsichtig (mit viel Stimmeinsatz und wenig Zügelhilfen) wieder durch und versuchen es noch einmal. Bei guter Vorbereitung (d.h. gleichmäßiger Gymnastizierung beider Hinterbeine) im Trab sollte das Pferd prinzipiell keine körperlichen Schwierigkeiten mit dem richtigen Galopp auf beiden Seiten haben. Es kann jedoch sein, dass es sich etwas aufregt und »über kreuz« anspringt, weil es vor Aufregung die Füße nicht richtig koordiniert. Das merken Sie daran, dass es nach dem missglückten Versuch keinen ruhigen kontrollierten Schritt bzw. Trab gehen will. In diesem Fall müssen Sie es erst im Schritt oder Trab beruhigen, bis es »den Hals fallen lässt« und nicht mehr hektisch zackelt.

Es gibt Pferde, denen das richtige Anspringen leichter fällt, wenn Sie etwas nach außen gestellt werden (bei ansonsten gleicher Hilfengebung wie oben beschrieben). Westernpferde werden anfangs oft so angaloppiert. Wenn Sie also Probleme mit dem richtigen Galopp haben, können Sie es auch mal mit leichter Außenstellung oder mit gerade gestelltem Pferd versuchen – damit unterstützen Sie den zweiten Takt des Galoppsprunges, die Diagonale. Und Sie kommen nicht so sehr in Gefahr, am inneren Zügel zurückzuziehen, wenn Sie das Pferd nicht nach innen stellen.

Ein weiterer Trick bei Schwierigkeiten mit dem richtigen Galopp ist das Angaloppieren über einen kleinen Sprung. Stellen Sie eine Cavaletti-Reihe mit abschließendem Sprung so in die Bahn, dass Sie nach dem Sprung nach beiden Seiten abwenden können. Stellen Sie das Pferd über dem Sprung in die Richtung, in die Sie reiten wollen (und schauen Sie vor allem auch selbst dorthin) und es sollte im richtigen Galopp landen, also rechts, wenn Sie rechtsherum reiten wollen

Das Pferd soll sich möglichst ohne allzuviel Kontrolle am Zügel ausbalancieren.

Guter Galopp braucht einen frei getragenen Hals. Das gilt für alle Reitweisen.

und links, wenn Sie das Pferd über dem Sprung nach links stellen.

Bei Pferden mit einem massiven Angaloppier-Problem setzen Sie den Galopp aus und arbeiten weiter im Trab an der beidseitigen gleichmäßigen Gymnastik oder entwickeln den Galopp in der Longenarbeit.

Üben Sie den »richtigen« Galopp auf beiden Händen und versuchen ein gleichmäßiges ruhiges Tempo in klarem Dreitakt zu erreichen. Achten Sie darauf, immer gut diagonal zu sitzen. Gehen Sie bei Bedarf in den leichten Sitz oder in den »Remontensitz«, passen Sie jedoch auf, den Oberkörper nicht zu weit vorzuneigen, damit Sie dem Pferd nicht auf die Schulter fallen.

Für die ersten Tage reichen ein bis zwei Runden im richtigen Galopp auf beiden Händen. Ob Sie Zirkel oder ganze Bahn reiten, hängt davon ab, wie gut Ihr Pferd schon am äußeren Zügel steht, d.h. wie gut Sie es in einer Wendung im Griff haben. Bei grundlegender Gymnastizierung in den Seitengängen haben Sie auch für den Galopp auf dem Zirkel genug Kontrolle am äußeren Zügel. Auf dem Zirkel fällt die Tempokontrolle mit dem äußeren Zügel leichter, da das Pferd gebogen ist.

Gangartenwechsel Trab-Galopp-Trab-Galopp und häufige Handwechsel bringen Routine ins Anspringen rechts und links. Üben Sie diese Gangartenwechsel jedoch anfangs nicht zu häufig und nicht in zu kurzen Intervallen. Viele Pferde regen sich dabei auf.

Häufiges Angaloppieren verbessert den Galopp

Gutes Galoppieren lernt das Pferd nur durch häufiges Angaloppieren und nicht durch langes Runde-um-Runde-Galoppieren, denn das Angaloppieren bedeutet für das Pferd eine viel größe-

Eine ähnliche Galopp-Phase: Links mit nach hinten wirkendem inneren Zügel und zu starker Stellung, welche das Pferd in der Balance behindern und kopflastig werden lassen. Rechts mit freier Schulter und getragenem Hals.

re Koordinationsleistung als das Weitergaloppieren. Zudem ist der Hinterhandeinsatz beim Anspringen immer am stärksten. Galoppieren Sie mit dem jungen Pferd zu lange am Stück, so wird es in den meisten Fällen auf die Vorhand kommen und damit oft schneller werden und aus dem Takt kommen.

Sie können Ihr Pferd auch aus dem Leichttraben angaloppieren und aus dem Galopp zum Leichttraben durchparieren; das schont den Rücken (allerdings nur, wenn Sie das gut beherrschen).
Später folgen die Wechsel Schritt-Galopp-Schritt. Diese verlangen schon eine Menge Hinterhandeinsatz des Pferdes bei den Paraden zum Schritt. Wird das Pferd Ihnen dabei zu »schwer« in der Hand oder zu unruhig im Schritt stellen Sie diese Wechsel noch eine Weile zurück. Es hat keine Eile damit. Wie auch schon in den Trab-Schritt- und Trab-Halten-Übergängen gilt auch hier der Grundsatz: Sie bringen die jeweilige Gangart in Ordnung und nehmen im eigentlichen Übergang die Zügelspannung weg.

Haben Sie das Tempo des Pferdes im Galopp unter Kontrolle, so können Sie mit den stärker biegenden und gymnastizierenden Lektionen beginnen. Alle Biegeübungen, die im Trab beherrscht werden, können vorsichtig auch im Galopp probiert werden – wahrscheinlich aber noch nicht im ersten Ausbildungsjahr.

Reitstunde,
Müller Rüschlikon, Stuttgart, 2005

Wie sag ich's meinem Pferd?,
Müller Rüschlikon, Stuttgart, 2. Auflage 2007

Erfolgreich arbeiten mit Pferden,
Müller Rüschlikon, Stuttgart, 2. Auflage 2007

Besser reiten im Wahrnehmungssitz,
Müller Rüschlikon, Stuttgart, 2007

Individuelles Training für Pferd und Reiter,
Müller Rüschlikon, Stuttgart, 2009

Dressur für Fortgeschrittene,
Müller Rüschlikon, Stuttgart, 2010

Bodenarbeit für Einsteiger,
blv, München, 5. Auflage 2014

Ausbalanciertes Reiten,
Das pferdegerechte Trainingskonzept
für alle Reitweisen,
blv, München, 2011

Horsemanship-Training
Müller Rüschlikon, Stuttgart, 2016

Seitengänge für feines Reiten
Müller Rüschlikon, Stuttgart, 2018

Grundkurs Sitz und Hilfen,
Müller Rüschlikon, Stuttgart, 4. Auflage 2018

Pferde anreiten,
Müller Rüschlikon, Stuttgart,
2. erweiterte Neuauflage 2019

Kerstin Diacont und Andrea Löffler:
Richtiges Training – Gesundes Pferd
Anatomisches Grundwissen für Reiter
und Ausbilder
Müller Rüschlikon, Stuttgart, 2. Auflage 2010

Kerstin Diacont und Andrea Löffler:
Die Ausbildungsskala für den Reiter –
Besser reiten durch gutes Körpergefühl,
Müller Rüschlikon, Stuttgart, 2011

Kerstin Diacont und Effi B. Rolfs:
Alles Bronco, oder was?
Beziehungskisten zwischen Pferd und Reiter –
kommentiert und illustriert,
Monsenstein und Vannerdat, 2014

Kerstin Diacont und Jürgen Kemmler:
Horse Walking,
Reiter und Pferd gemeinsam aktiv am Boden,
Müller Rüschlikon, Stuttgart, 2017

Kerstin Diacont und Sonja Weber:
Die klassische Arbeit an der Hand,
Müller Rüschlikon, Stuttgart, 2018

Kerstin Diacont und Claudia Severin
Mein Gartentagebuch
Die persönliche Gartenfibel mit Tipps, Tricks
und Rezeptensowie Vorlagen und viel Platz
zum Selbstgestalten
Verlag Claudisfarm GmbH, 2018

Lehr-Videos von Kerstin Diacont:
Lana-Film, Neu-Anspach
Einfach reiten lernen 1:
Bewegungsverständnis und effektive
Biomechanik
Einfach reiten lernen 2:
Harmonische Hilfengebung und Energiekontrolle
Einfach reiten lernen 3:
Das System stabilisieren und Blockaden
beheben